高职高专土建类专业“十四五”规划教材

U0956665

装配式混凝土结构深化设计

主　编　胡永骁　余　杨

副主编　杨梦雪　李　澍　陈天旭

参　编　刘　杰　程彩霞　孟德颖

徐德峰　刘杰明　刘记雄

夏国峻

主　审　易　操

武汉理工大学出版社

·武　汉·

内 容 简 介

本书介绍了装配式混凝土结构深化设计的流程、内容及质量控制要点，详细介绍了预制剪力墙、预制柱、叠合梁、叠合板、预制楼梯等基本构件深化设计的相关基础知识及施工图识读，并以 Planbar 软件为例介绍了基本预制构件模型生成、钢筋布置、预埋件布置、深化图纸生成、BOM 表导出等深化设计流程。

本书可以作为中高职院校土建施工类相关专业的教材，也可以满足建筑相关从业人员对装配式混凝土结构深化设计的学习需求，同时可作为“1＋X”装配式建筑构件制作与安装中级职业技能考试备考用书和自学用书。

图书在版编目(CIP)数据

装配式混凝土结构深化设计 / 胡永骁，余杨主编. 武汉 ：武汉理工大学出版社，2024. 11.
ISBN 978-7-5629-7160-3

Ⅰ. TU370.4

中国国家版本馆 CIP 数据核字第 2024CE8189 号

项目负责人：戴皓华　　**责任编辑**：王品品
责 任 校 对：夏冬琴　　**排版设计**：正风图文
出 版 发 行：武汉理工大学出版社
社　　址：武汉市洪山区珞狮路 122 号　　**邮　　编**：430070
网　　址：http：// www.wutp.com.cn
印　刷　者：武汉精一佳印刷有限公司
经　销　者：各地新华书店
开　　本：787×1092　1/16
印　　张：11.75　　插页：3
字　　数：296 千字
版　　次：2024 年 11 月第 1 版
印　　次：2024 年 11 月第 1 次印刷
定　　价：49.00 元

凡购本书，如有缺页、倒页、脱页等印装质量问题，请向出版社发行部调换。

本社购书热线电话：027－87391631　027－87523148　027－87165708(传真)

前　言

装配式建筑是用预制部品部件在工地装配而成的建筑。发展装配式建筑是建造方式的重大变革，是推进供给侧结构性改革和新型城镇化发展的重要举措。标准化设计、工厂化生产、装配化施工、一体化装修、信息化管理、智能化应用，有利于节约资源能源、减少施工污染、提升劳动生产效率和质量安全水平，促进建筑产业转型升级。

自 2016 年发布的《国务院办公厅关于大力发展装配式建筑的指导意见》中提出“大力发展装配式建筑”以来，我国装配式建筑行业呈现蓬勃发展态势，装配式建筑面积规模不断壮大。2021 年教育部关于印发《职业教育专业目录(2021 年)》的通知发布，新增装配式建筑工程技术、智能建造技术等专业。高职院校承担着行业转型升级、技能人才培养的重任，装配式建筑深化设计是整个装配式建造的关键，因此本课程是装配式建筑工程技术专业的核心课程，是土建施工类专业必备的拓展课程，为后续装配式结构生产与施工等课程开设提供了有力支撑。

本书对接装配式建筑施工员的岗位职责和标准，使用 Planbar 软件，以基础构件为项目载体，融合“1＋X”装配式建筑构件制作与安装职业技能等级标准、全国职业院校技能大赛装配式建筑智能建造赛项竞赛规程，详细介绍了预制剪力墙、预制柱、叠合梁、叠合板、预制楼梯等基本构件深化设计的相关基础知识及施工图识读，以及基本预制构件模型生成、钢筋布置、预埋件布置、深化图纸生成、BOM 表导出等深化设计流程。编写过程融合了高校教师多年积累的教学经验和装配式设计人员丰富的实践经验，以项目为导向，实施教学做一体化设计，培养学生运用软件进行深化设计的能力。

本书由湖北城市建设职业技术学院、中建三局科创发展有限公司、武汉数字建造产业技术研究院有限公司、北京产教融合国际教育咨询有限公司共同编写。由湖北城市建设职业技术学院胡永骁、余杨担任主编，湖北城市建设职业技术学院易操担任主审，湖北城市建设职业技术学院杨梦雪、李澍、陈天旭担任副主编，参与教材编写的还有湖北城市建设职业技术学院刘杰、程彩霞、孟德颖、徐德峰，中建三局科创发展有限公司刘记雄，武汉数字建造产业技术研究院有限公司夏国峻，北京产教融合国际教育咨询有限公司刘杰明等。感谢各位成员的辛勤付出和参编单位的大力支持。

由于编者水平有限，书中难免存在疏漏之处，恳请广大读者批评、指正以便于修订。

编　者

2024 年 3 月

目　　录

绪　论

0.1 装配式混凝土结构深化设计概述

0.1.1 装配式混凝土结构概念及分类

(1) 装配式混凝土结构的概念

根据《装配式混凝土结构技术规程》(JGJ 1—2014)的定义,装配式混凝土结构是由预制混凝土构件通过可靠的连接方式装配而成的混凝土结构。在建筑工程中,其简称为装配式建筑;在结构工程中,其简称为装配式结构。

装配式建筑是指把传统建造方式中的大量现场作业转移到工厂进行,在工厂加工制作好建筑用构件和配件(如楼板、墙板、楼梯、阳台等),之后再运输到建筑施工现场,通过可靠的连接方式在现场装配而成的建筑。

(2) 装配式混凝土结构分类

装配式混凝土结构包括装配整体式混凝土结构、全装配混凝土结构等。根据《装配式混凝土结构技术规程》(JGJ 1—2014)的定义,装配整体式混凝土结构是由预制混凝土构件通过各种可靠的方式连接并与现场后浇混凝土、水泥基灌浆料形成整体受力的装配式混凝土结构。装配式混凝土结构从结构形式的角度分类,主要分为框架结构、剪力墙结构、框架-剪力墙结构、框架-核心筒结构等。

① 装配整体式混凝土框架结构

全部或部分框架梁、柱采用预制构件构建成的装配整体式混凝土结构,简称装配整体式框架结构。

框架结构是由梁和柱连接而成的。梁柱交接处的框架节点通常为刚接,有时也将部分节点做成铰接或半铰接。柱底一般为固定支座,必要时也可设计成铰支座。为利于结构受力,框架梁宜拉通、对直,框架柱宜纵横对齐、上下对中,梁柱轴线宜在同一竖向平面内。有时由于使用功能或建筑造型的要求,框架结构也可做成缺梁、内收或梁斜向布置等。

框架结构的平面布置既要满足生产施工和建筑平面布置的要求,又要使结构受力合理、施工方便,以加快施工进度、降低工程造价。

建筑设计及结构布置时既要考虑构件的最大长度和最大质量,使之满足吊装、运输设备的限制条件,又要考虑构件尺寸的模数化、标准化,并尽量减少规格种类,以满足工厂化生产的要求,提高生产效率。

装配整体式框架结构主要适用于低层和多层建筑。因此,装配整体式框架结构主要应用于厂房、仓库、商场、停车场、办公楼、教学楼、医务楼等具有开敞大空间和相对灵活室内布局的建筑，同时建筑总高度不高。

② 装配整体式混凝土剪力墙结构

全部或部分剪力墙采用预制墙板构建成的装配整体式混凝土结构，简称装配整体式剪力墙结构。

按照主要受力构件的预制及连接方式，国内的装配式剪力墙结构可分为装配整体式剪力墙结构、叠合剪力墙结构和多层剪力墙结构 3 种。装配整体式剪力墙结构整体性好，承载力及侧向刚度大，适用于高层建筑；叠合剪力墙结构目前主要应用于多层建筑或低烈度区高层建筑中；多层剪力墙结构目前应用较少，但基于其高效、简便的特点，在新型城镇化的推进过程中应用前景广阔。

③ 装配式混凝土框架-剪力墙结构

装配式混凝土框架-剪力墙结构计算中采用了楼板平面刚度无限大的假定，即认为楼板在自身平面内是不变形的。水平力通过楼板按抗侧力刚度分配到剪力墙和框架。剪力墙的刚度大、承受了大部分水平力，因而在地震作用下，剪力墙是框架-剪力墙结构的第一道防线，框架是第二道防线。

装配式混凝土框架-剪力墙结构体系兼有框架结构和剪力墙结构的特点，该体系中剪力墙和框架布置灵活，适用高度较高，可满足不同功能建筑的要求，可广泛应用于居住建筑、商业建筑、办公建筑、工业厂房等，有利于用户进行个性化室内空间的改造。

④ 装配式混凝土框架-核心筒结构

装配式混凝土框架-核心筒结构体系在建筑空间使用上可起到很好的优化整体，提供宽敞空间的作用。电梯、楼梯、设备用房以及卫生间、茶炉房等服务型用房均向平面中心靠拢，那么相应的办公或居住空间就会拥有良好的采光，宽阔的视野。

0.1.2 装配式混凝土结构深化设计流程

装配式混凝土建筑的深化设计应考虑工程的实际情况，对于采用标准预制构件的各类建筑结构，可使用标准图集的深化设计大样图及其施工方法。对于结构较复杂而设计文件规定又不够详细的，则需要进行结构深化设计。

装配式深化设计在进行构件设计的过程中，就是对原设计图纸进行补充、完善的设计工作，为了促进设计图纸的深化，通常会参考很多不同的意见，进而将这些意见和建议进行整合，最终完成装配式深化设计。其主要参考的对象包括建筑的业主及设计者，同时还有深化构件的生产单位、施工单位等参建各方。深化设计的完成单位可为原设计单位，也可为其他具备设计能力的相关单位。深化设计的结果应经原设计单位认可，以便于与结构的整体设计相协调。深化设计是设计工作的进一步延续，是施工依据的设计文件。装配式深化设计业务流程图如图 0.1 所示。

深化设计图纸通过设计完成后，还要进行反复的施工深化设计复核方面的工作。构件生产单位以及施工单位的每项需求，均须经过深化设计单位各个专业协同复核，才能保证工业化建筑在最终完成之后，在结构方面拥有极高的安全性，否则在使用工业化建筑时，建筑

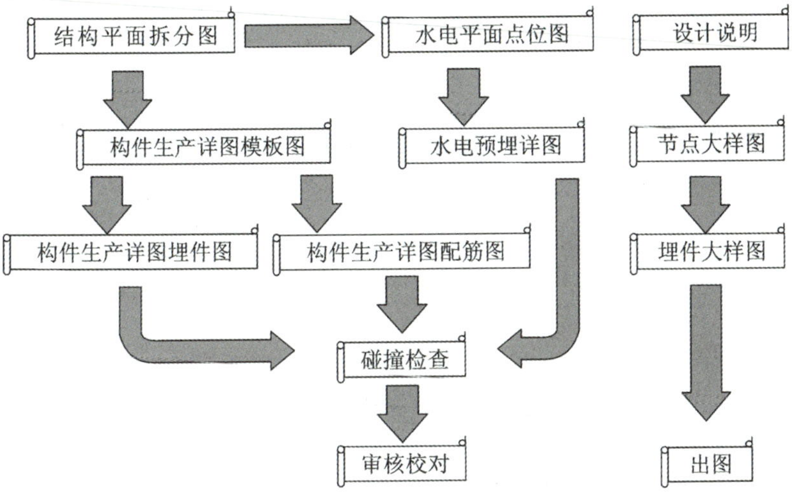

图 0.1　装配式深化设计业务流程图

构件与结构钢筋、水电预埋等产生碰撞，不利于日常工作的开展。为了确保建筑符合结构安全以及施工使用要求，施工单位、构件生产单位必须不断地循环进行调整、复核等方面的工作。

0.1.3　装配式混凝土结构深化设计内容

装配式建筑设计在深化过程阶段，要将整体结构拆分成多个部分，进行更细致的设计和检查。根据功能与受力的不同，构件主要分为垂直构件、水平构件及非受力构件。垂直构件主要是预制剪力墙等；水平构件主要包括预制楼板、预制阳台、预制空调板、预制楼梯等；非受力构件包括 PCF 外墙板及丰富建筑外立面造型、提升建筑整体美观性的装饰构件等。对构件的科学拆分是装配式建筑标准化设计的核心环节，构件拆分对建筑功能、建筑平立面、主体结构受力状况、预制构件承载能力、工程造价等都会产生重大影响。在具体设计过程中，应根据“模数协调原则”优化各预制构件的尺寸和拆分位置，尽量减少预制构件的种类，实现工厂生产和现场装配的有效衔接，保证房屋在建设过程中使用的是最优方案。在项目中根据工程结构特点、建筑结构图及甲方要求，出具拆分设计图纸，主要包括构件拆分深化设计说明、项目工程平面拆分图、项目工程拼装节点详图、项目工程墙身构造详图、项目工程量清单明细、构件结构详图、构件细部节点详图、构件吊装详图、构件预埋件埋设详图，然后进行构件拆分。

装配式混凝土结构深化设计应包括以下内容：

(1) 预制构件设计详图，包括平、立、剖面图，预埋吊件以及其他埋件的细部构造图等；

(2) 预制构件装配详图，包括构件的装配位置、相关节点详图及临时斜撑、临时支架的设计结果等；

(3) 施工方法，包括构件制作、装配的施工及检查验收方法，装配顺序的要求、临时斜撑及临时支架的拆除顺序的要求等。

0.1.4 装配式混凝土结构深化设计质量控制要点(装配式深化设计岗位能力)

装配式深化设计的岗位包含方案设计岗位、深化设计岗位、深化设计软件研发岗位、现场与构件生产岗位以及水电消防设计岗位等。每种岗位所对应的能力如下:

(1) 方案设计岗位:负责公司方案设计,与客户及委托单位进行项目设计沟通,在原方案基础上完成方案深化设计工作,分配设计任务及流程,负责业务洽谈和深化部门完成的施工图审查工作。

(2) 深化设计岗位:负责施工图深化设计工作,将方案部与客户和委托单位的设计理念及要求深化到施工图上,完整、细心、高效率、高质量地完成深化设计任务。

(3) 深化设计软件研发岗位:为了提高深化设计工作效率,有效避免设计师脑力浪费,负责开发二次插件,解决软件技术性问题,研究出更多技巧使工作效率得以提高,同时负责整理项目备案、施工图资源素材,将客户设计文件备案,检查深化部图纸质量与规范,以控制施工图质量与深度。

(4) 现场与构件生产岗位:主要负责每个项目的技术指导与现场施工的问题解决,致力于配合委托单位完成施工现场交底及后期图纸修改的调整工作。

(5) 水电消防设计岗位:负责水电设计、消防施工图设计等工作,负责水电碰撞检查。

0.2 Planbar 软件及界面介绍

0.2.1 Planbar 软件介绍

Planbar 软件是由内梅切克集团开发的建筑工业化设计高品质的综合解决方案所用软件。Planbar 包含了建筑、工程、预制等模块,为预制混凝土(以下简称 PC)工厂自动化设计预制建筑和细化预制构件提供良好的帮助,其应用范围从低成本系列生成到复杂的专业化预制构件设计,并且能做到快速、高效、零失误。

作为一个 BIM 深化设计软件,它为 BIM 设计人员提供了强大的 2D 和 3D 工程设计、建模与绘图功能。高效、精确的数据对接资源库,为装配式建筑施工提供了可视化的技术体验。随着版本的不断升级和功能的增强,Planbar 将快速创建图形、轻松共享设计资源、高效管理 BIM 设计成果等功能不断地扩展和深化。

0.2.2 Planbar 软件界面介绍

打开 Planbar 后会出现如图 0.2 所示的欢迎界面。

打开或创建新项目后,进入工作界面,如图 0.3 所示。

(1)【标题栏】:【标题栏】(图 0.4)中显示目前所在的项目,建筑结构/制图结构,制图文件信息。

图 0.2　欢迎界面

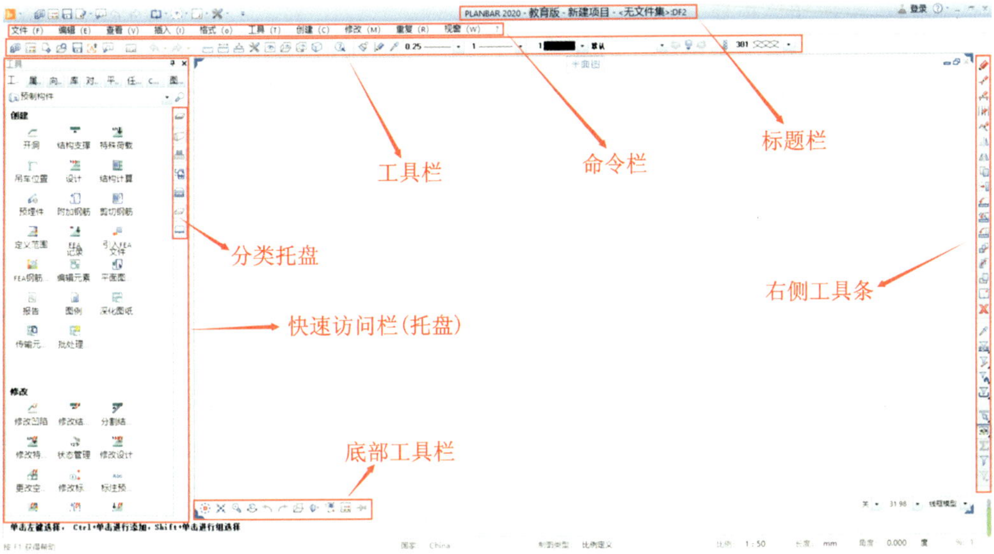

图 0.3　工作界面

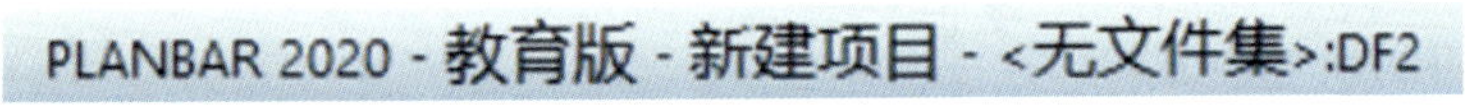

图 0.4　标题栏

(2)【命令栏】:【命令栏】(图 0.5)位于软件操作界面顶部,所有的命令都可以在命令栏中找到。

图 0.5 命令栏

(3)【工具栏】:【工具栏】(图 0.6)里有一些经常使用的工具并可以根据使用需求放置到自己喜欢的位置。

图 0.6 工具栏

(4)【快速访问栏(托盘)】:【快速访问栏(托盘)】(图 0.7)是 Planbar 非常重要的控制面板,它提供非常清晰的使用界面,提升工作效率。

图 0.7 快速访问栏(托盘)

① 工具:快速切换模块;

② 属性:查看所有对象的属性信息;

③ 向导:使用和管理向导实现快速建模;

④ 库:使用和管理符号、智能符号、智能构件;

⑤ 对象:快速确认对象或者对象组;

⑥ Connect:直接连接到 ALLPLAN Connect,获取各种资料;

⑦ 图层:查看图层信息。

(5) 如果将鼠标移动到工作界面的底部,将会在左[图 0.8(a)]、右[图 0.8(b)]两边各出现一个工具栏。

(a) (b)

图 0.8 底部工具栏

(a)底部工具栏(左);(b)底部工具栏(右)

图中由左至右依次为:

① 投影:可切换视图方向;

② 刷新:将工作界面的所有东西全部显示出来,快捷方式为按快捷键〈F5〉或者双击鼠标滚轮;

③ 确定图像区:局部放大,快捷方式为右键框选或者按快捷键〈F6〉;

④ 导航模式：允许旋转视图；
⑤ 前一个图像区；
⑥ 后一个图像区；
⑦ 保存，加载视图；
⑧ 3D 视图：定点定位显示 3D 视图；
⑨ 选择元素：局部显示，如显示某个构件；
⑩ 选择制图文件；
⑪ 剖面显示：显示建筑模型的剖面视图，可以是 2D 或 3D；
⑫ 显示比例；
⑬ 视图类型：选择视图的类型，如动画、线框、隐藏、草图等。

任务1　预制剪力墙深化设计

1.1　任务导入

根据给定预制剪力墙施工图，如图 1.1 所示，使用 Planbar 软件完成图纸中 PCJQ-01L 的深化设计。

1.2　相关知识技能

1.2.1　基础知识

1）构件介绍和构造要求

预制剪力墙属于钢筋混凝土结构的承重构件，包括预制混凝土剪力墙内墙板和预制混凝土剪力墙外墙板，如图 1.2 和图 1.3 所示。

图 1.2　内墙板

图 1.3　外墙板

预制剪力墙混凝土强度等级不应低于 C30，除外叶墙板中钢筋采用冷轧带肋钢筋外，其他钢筋均采用 HRB400 级钢筋。钢材采用 Q235-B 级钢材。预制外墙板保温材料采用挤塑聚苯板（XPS 板）。一般情况下预制外墙板和预制内墙板安全等级为二级，设计使用年限为 50 年。外墙板的外叶墙板按环境类别二 a 类设计，最外层钢筋保护层厚度按 20 mm 设计；外墙板的内叶墙板按环境类别一类设计，钢筋最小保护层厚度按 15 mm 设计。

预制剪力墙宜采用一字形，也可采用 L 形、T 形或 U 形。一字形的预制剪力墙相当于现浇剪力墙的墙身部位，分为开洞和不开洞两种类型。开洞预制剪力墙洞口宜居中布置，洞口两侧的墙肢宽度不应小于 200 mm，洞口上方连梁高度不宜小于 250 mm。预制剪力墙的连梁不宜开洞；当需开洞时，洞口宜预埋套管，洞口上、下截面的有效高度不宜小于梁高的 1/3，且不宜小于 200 mm；被洞口削弱的连梁截面应进行承载力验算，洞口处应配置补强纵向钢筋和箍筋，补强纵向钢筋的直径不应小于 12 mm。设置大洞口的预制剪力墙，一般在洞边设置边缘构件。

预制剪力墙开有边长小于 800 mm 的洞口且在结构整体计算中不考虑其影响时，应沿洞口周边配置补强钢筋；补强钢筋的直径不应小于 12 mm，截面面积不应小于同方向被洞口截断的钢筋面积，该钢筋自孔洞边角算起伸入墙内的长度，非抗震设计时不应小于 l_a（受拉钢筋锚固长度），抗震设计时不应小于 l_{aE}（受拉钢筋抗震锚固长度）。

不开洞的预制剪力墙一般配置双层双向钢筋网片，水平钢筋伸出两侧锚入后浇墙柱，部分竖向钢筋伸出混凝土顶面与上层墙体连接。端部无边缘构件的预制剪力墙，宜在端部配置 2 根直径不小于 12 mm 的竖向构造钢筋；沿该钢筋竖向应配置拉筋，拉筋直径不宜小于 6 mm、间距不宜大于 250 mm。适当加强预制墙板边缘配筋是为了形成边框，保证墙板在形成整体结构之前的刚度、延性及承载力。

当预制剪力墙采用套筒灌浆连接时，自套筒底部至套筒顶部并向上延伸 300 mm 范围内，预制剪力墙的水平分布筋应加密（图 1.4），加密区水平分布筋的最大间距及最小直径应符合表 1.1 的规定，套筒上端第一道水平分布钢筋距离套筒顶部不应大于 50 mm。

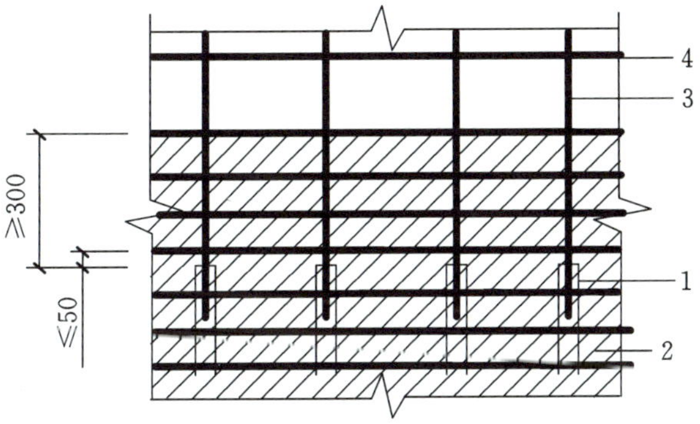

1—灌浆套筒；2—水平分布钢筋加密区域（阴影区域）；3—竖向钢筋；4—水平分布钢筋

图 1.4　钢筋套筒灌浆连接部位水平分布钢筋加密构造示意

表 1.1　加密区水平分布钢筋要求

抗震等级	最大间距/mm	最小直径/mm
一、二级	100	8
三、四级	150	8

当预制外墙采用夹心墙板时，应满足下列要求：①外叶墙板厚度不应小于 50 mm，且外叶墙板应与内叶墙板可靠连接；②夹心外墙板的夹层厚度不宜大于 120 mm；③当作为承重墙时，内叶墙板应按剪力墙进行设计。

预制剪力墙的顶部和底部与后浇混凝土的结合面应设置粗糙面。墙体侧面与后浇混凝土的结合面可设置粗糙面或者设置键槽，至少要有其中一个。键槽深度 t 不宜小于 20 mm，宽度 w 不宜小于深度的 3 倍且不宜大于深度的 10 倍，键槽间距宜等于键槽宽度，键槽端部斜面倾角不宜大于 30°。粗糙面的面积不宜小于结合面的 80%，粗糙面凹凸深度不应小于 6 mm。

2）预制外墙板的规格和选用

预制混凝土剪力墙外墙由内叶墙板、保温层和外叶墙板组成。保温材料置于内外叶墙板之间，内叶墙板、保温材料一次成型，外叶墙板通过贯穿保温层的拉结件与内叶墙板相连，外叶墙板仅作为荷载，不参与结构受力。

(1) 内叶墙板

标准图集《预制混凝土剪力墙外墙板》(15G365—1)中的内叶墙板共有 5 种形式，编号规则如下：

① 无洞口外墙

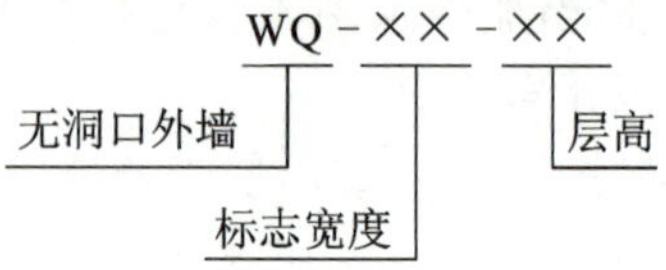

② 一个窗洞外墙(高窗台)

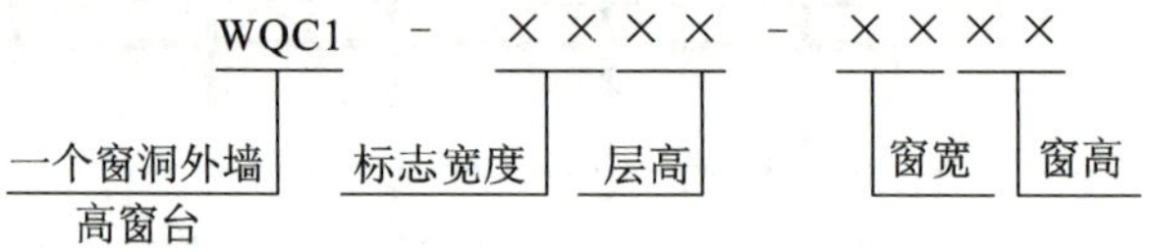

③ 一个窗洞外墙(矮窗台)

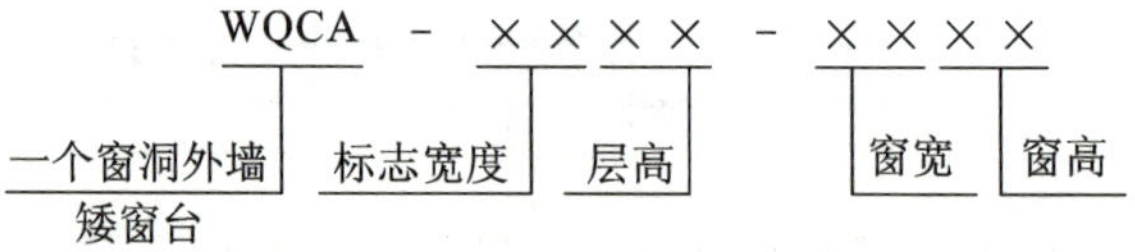

④ 两个窗洞外墙

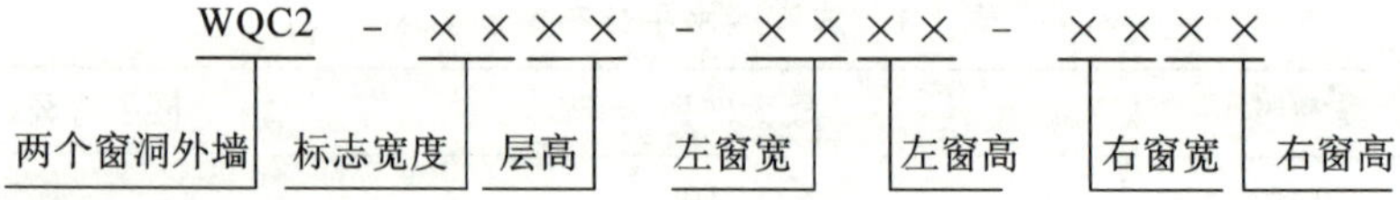

⑤ 一个门洞外墙

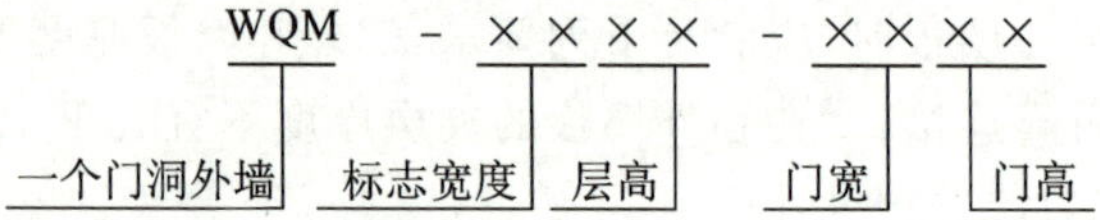

例如：WQC1-3329-1814 代表一个窗洞外墙（高窗台），标志宽度 3300 mm，层高 2900 mm，窗洞宽 1800 mm，窗洞高 1400 mm，示意图见图 1.5(a)。WQC2-4830-0615-1515 代表两个窗洞外墙，标志宽度 4800 mm，层高 3000 mm，第一个窗洞宽 600 mm，第一个窗洞高 1500 mm，第二个窗洞宽 1500 mm，第二个窗洞高 1500 mm，示意图见图 1.5(b)。

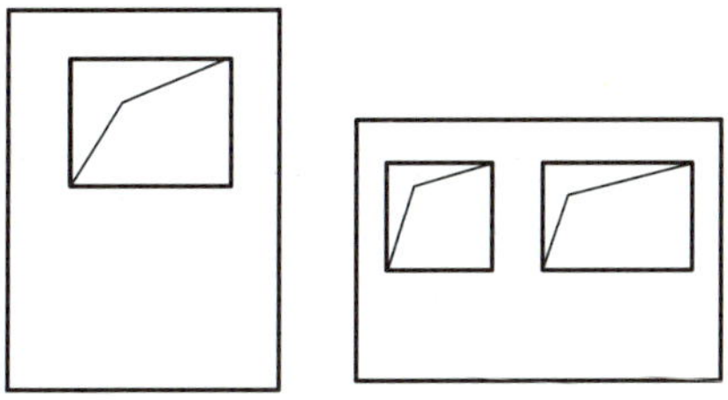

(a) (b)

图 1.5 墙体示意图

(a)一个窗洞外墙（高窗台）；(b)两个窗洞外墙

(2) 外叶墙板

标准图集《预制混凝土剪力墙外墙板》(15G365—1)中的外叶墙板共有 2 种形式，分别为标准外叶墙板和带阳台板外叶墙板。其中标准外叶墙板 wy1(a、b)，按实际情况标注 a、b，当 a、b 均为 290 mm 时，仅注写 wy1；带阳台板外叶墙板 wy2(a、b、c_L 或 c_R、d_L 或 d_R)，按外叶墙板实际情况标注 a、b、c_L 或 c_R、d_L 或 d_R，如图 1.6 所示。

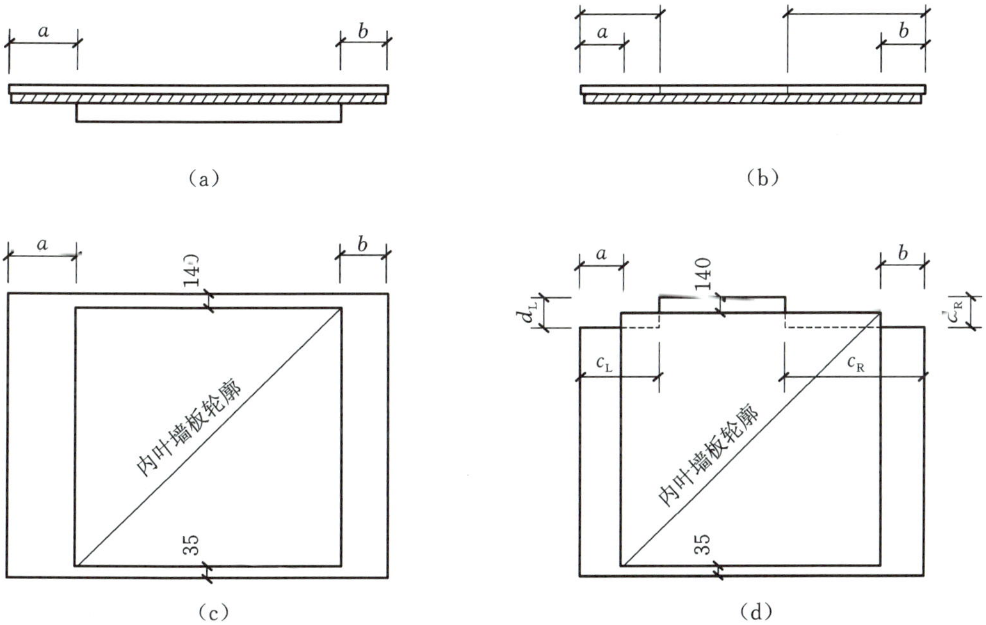

图 1.6 外叶墙板示意图

(a)wy1 俯视图；(b)wy2 俯视图；(c)wy1 主视图；(d)wy2 主视图

选用预制外墙板，首先要看本项目中的墙板各参数与图集适用范围要求是否一致，并在施工图中统一说明。然后根据结构计算分析结果和平面布置要求，以及外墙板门窗洞口位置及尺寸、墙板标志宽度及层高，确定预制外墙板内叶墙板、外叶墙板编号。再结合生产施工实际需求，确定预埋件、拉结件。此外，还需结合设备专业图纸，选定电线盒预埋位置，补充预制外墙板中其他设备孔洞及管线。

当实际建筑房屋房间对应的墙体尺寸与图集中预制外墙板标志宽度不同时，可调整后浇段长度来满足图集墙体尺寸的要求。

3）预制内墙板的规格和选用

预制内墙板与预制外墙板的区别是预制内墙板不存在外叶墙板和内叶墙板，而且没有窗洞。预制内墙板的类型主要有无洞口内墙、一个门洞内墙(固定门垛)、一个门洞内墙(中间门洞)、一个门洞内墙(刀把内墙)，具体表示方式如下：

① 无洞口内墙

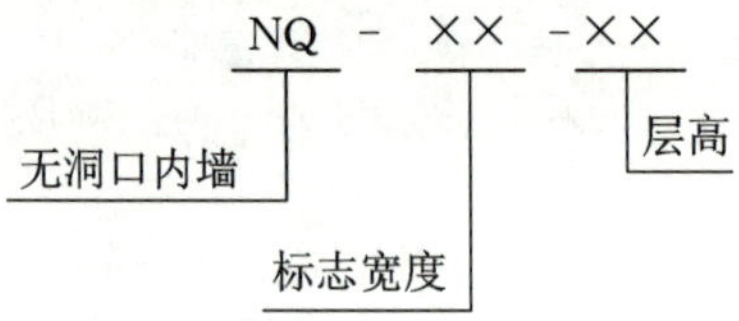

② 一个门洞内墙(固定门垛)

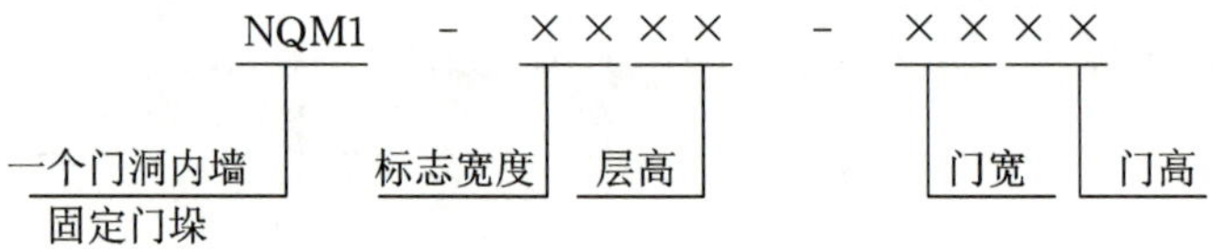

③ 一个门洞内墙(中间门洞)

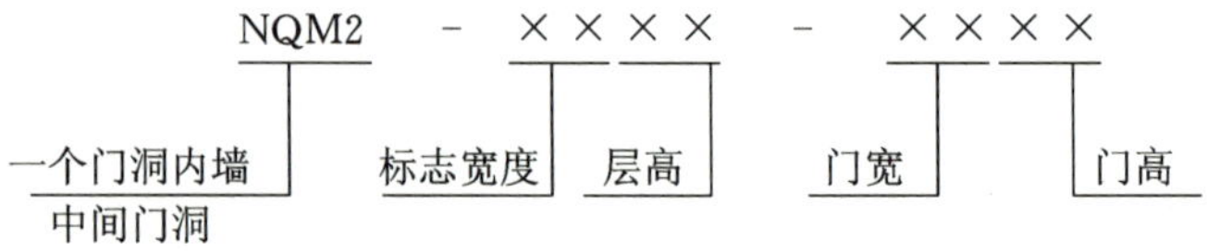

④ 一个门洞内墙(刀把内墙)

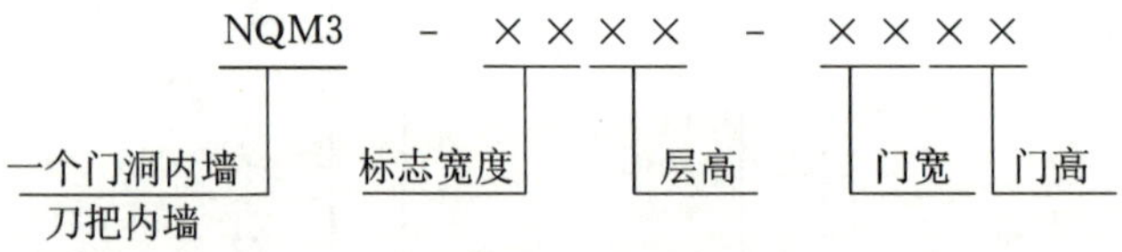

内墙板分段自由，根据具体工程中的户型布置和墙段长度，结合图集中的墙板类型和尺寸，将内墙板分段，对比实际工程中墙板的尺寸，通过调整后浇段长度，使预制内墙板均能够直接选用标准墙板，具体工程设计若与图集中的墙板模板、配筋相差较大，可参考图集中相关构件详图，重新进行构件设计。

预制内墙板的选用方法与预制外墙板的选用方法基本一致。首先要确定各参数与图集适用范围要求是否一致，并在施工图中统一说明。然后根据结构平面布置、预制构件受力分析结果，以及内墙板门窗洞口位置及尺寸、墙板标志宽度及层高，确定预制内墙板编号。最后结合生产施工实际需求，确定预埋件、拉结件。此外，还需结合设备专业图纸，选用电线盒预埋位置，补充预制内墙板中其他设备孔洞及管线。当房屋尺寸和房间大小与图集预制内墙板标志宽度不同时，可局部调整后浇段长度之后选用图集内容。

1.2.2　施工图识读

1）预制剪力墙列表注写内容

预制剪力墙结构可视为由预制剪力墙、现浇剪力墙墙身、现浇墙柱、现浇墙梁和后浇段等构件构成。其中，现浇剪力墙墙身、现浇墙柱和现浇墙梁的注写方式与传统结构施工图保持一致，应符合《混凝土结构施工图平面整体表示方法制图规则和构造详图（现浇混凝土框架、剪力墙、梁、板）》(22G101—1)的规定。对应于预制剪力墙平面布置图上的编号，在预制墙板表中应列出以下内容：

(1) 墙板编号。由代号和序号组成，其中墙板代号包括预制外墙（YWQ）和预制内墙（YNQ）。序号可为数字或者数字加字母的形式。如：YWQ3a 表示某工程某个预制剪力墙外墙板与已编号的 YWQ3 除线盒所处位置不同外，其他几何参数均相同。

(2) 各段墙板的位置信息，包括所在楼层号和所在轴号。

所在楼层号应标注本墙体从下到上涵盖的楼层，如 4～12 层表示剪力墙适用于结构层第 4 层至第 12 层的施工图。所在轴号应先标注垂直于墙板的起止轴号，用“～”表示起止方向；再标注墙板所在轴线、轴号，二者用“/”分隔，如某内墙所在轴号为Ⓑ～Ⓒ/②，表示该墙体从 B 轴出发到 C 轴终止，墙体本身所在的定位在 2 轴。如果同一轴线、同一起止区域内有多块墙板，可在所在轴号后用“－1”“－2”……顺序标注。

(3) 管线预埋位置信息。如果预埋件信息选用标准图集，高度方向可只注写低区、中区和高区，水平方向根据标准图集中的参数进行选择；如果遇到不可选用标准图集的情况，高度方向和水平方向均应注写具体定位尺寸，其参数位置所在装配方向为 X、Y，装配方向背面为 X'、Y'，可用下角标编号区分不同线盒，例如 X_3、X_3'代表 3 号预埋件装配方向正面距离为 X_3，背面距离为 X_3'。

(4) 后浇段。后浇段编号由后浇段类型代号和序号组成。后浇段类型代号包括约束边缘构件后浇段（YHJ）、构造边缘构件后浇段（GHJ）、非边缘构件后浇段（AHJ）。边缘构件与 22G101—1 平法图集中的剪力墙边缘构件一致。注写后浇段编号后，绘制后浇段的截面配筋图，标注后浇段几何尺寸。后浇段还需要注写起止标高，自后浇段根部往上以变截面位置或截面未变但配筋改变处为界分段注写。

2）预制剪力墙图纸图例和说明

预制剪力墙图纸图例见表 1.2，符号及其含义见表 1.3。

表 1.2 预制剪力墙图纸图例

名称	图例	名称	图例
预制钢筋混凝土墙体		预埋线盒	
保温层		防腐木砖	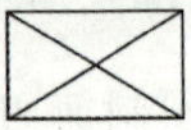
夹心保温墙	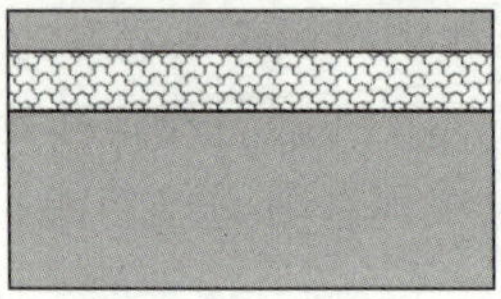	预制外墙模板	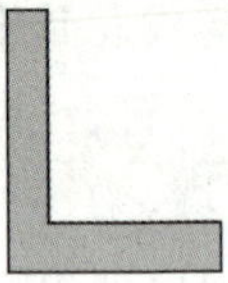
现浇钢筋混凝土墙体	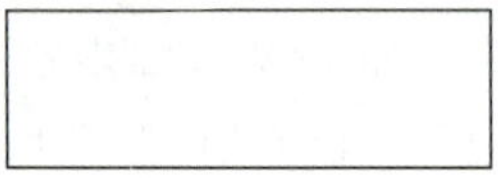	后浇段和边缘构件	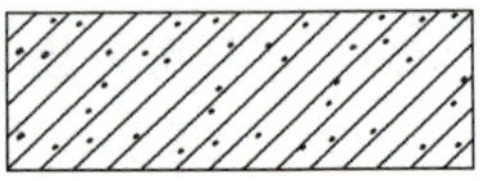

表 1.3 符号及其含义

符号	含义	符号	含义
	粗糙面	L_q	外叶墙板高度
NS	内表面	h_a	窗下墙高度
WS	外表面	h_b	洞口连梁高度
B-30	300 宽填充用聚苯板	L_0	洞口边缘墙垛宽度
B-5	50 宽填充用聚苯板	L_w	窗洞宽度
H	楼层宽度	h_w	窗洞高度
L	标志宽度	L_d	门洞宽度
h_q	内叶墙板高度	h_d	门洞高度

3）模板图识读

从图 1.7 中可以读取模板图中的以下内容：

（1）外墙代号为 WQ-3028，表示外墙板的标志宽度为 3000 mm，层高为 2800 mm。

(2) 夹心保温层宽度为 2980－20×2＝2940 mm，高度为 2640＋140＝2780 mm，厚度为 t，t 的具体值在本图中未给出，还需要查阅配套图纸得到。

(3) 外叶墙板的宽度为 2980 mm，高度为 2780＋35＝2815 mm，厚度为 60 mm，外叶墙板对角线控制尺寸为 4099 mm。

(4) 内叶墙板宽度为 2400 mm，高度为 2640 mm，厚度为 200 mm，内叶墙板对角线控制尺寸为 3568 mm。

(5) 内叶墙板距离外叶墙板边缘宽度方向两边各为 290 mm，高度方向底部高出下方结构板顶面 20 mm，顶部比上方结构板顶面低 140 mm。

(6) 内叶墙板距离夹心保温层边缘宽度方向两边各为 270 mm，高度方向底部平齐，顶部低保温层上边缘 140 mm。

4) 配筋图识读

从图 1.8 配筋图中可知，WQ-3028 中的内叶墙板配筋图中共有 9 种类型的钢筋，预制墙体中各种钢筋信息如下，其中 HRB400 代表热轧带肋钢筋，钢筋屈服强度为 400MPa。

(1) 3a 号钢筋为 7 根直径为 16 mm 的 HRB400 竖向钢筋，下端插入套筒内，上端延伸出墙板顶部，下端车丝长度为 23 mm。

(2) 3b 号钢筋为 7 根直径为 16 mm 的 HRB400 竖向钢筋。

(3) 3c 号钢筋为内叶墙板两端 4 根直径为 12 mm 的 HRB400 竖向钢筋。

(4) 3d 号钢筋为 13 根直径为 8 mm 的 HRB400 水平环向封闭钢筋，两端伸出内叶墙板边缘各 200 mm。

(5) 3e 号钢筋为内叶墙板底部 1 根直径为 8 mm 的 HRB400 水平环向封闭钢筋，两端伸出内叶墙板边缘各 200 mm。

(6) 3f 号钢筋为内叶墙板下部 2 根直径为 8 mm 的 HRB400 水平环向封闭钢筋，两端不伸出内叶墙板。

(7) 3La 号钢筋为内叶墙板中间的拉筋，规格为直径为 6 mm 的 HRB400 钢筋，间距为 600 mm。

(8) 3Lb 号钢筋为内叶墙板两侧竖向拉筋，规格为 26 根直径为 6 mm 的 HRB400 钢筋。

(9) 3Lc 号钢筋为内叶墙板最底部一排拉筋，规格为 5 根直径为 6 mm 的 HRB400 钢筋。

5) 节点详图识读

结合图 1.9 和图 1.10 可读取出节点①、②、③、④、⑤、⑥详图内容如下：

(1) 节点①详图：上顶面为粗糙面，中间保温层厚度为 t，上顶面比内叶墙板顶面高 140 mm。外叶墙板厚度为 60 mm，内叶墙板厚度为 200 mm，上顶面带有坡面，坡面高度为 35 mm，厚度方向的水平段和坡面段细部尺寸分别为 10 mm、15 mm 和 35 mm。

(2) 节点②详图：下底面为粗糙面，中间保温层厚度为 t，下底面与内叶墙板底面平齐。外叶墙板厚度为 60 mm，内叶墙板厚度为 200 mm，下底面带有坡面，坡面起点与内叶墙板和保温层平齐，坡面高度为 35 mm。

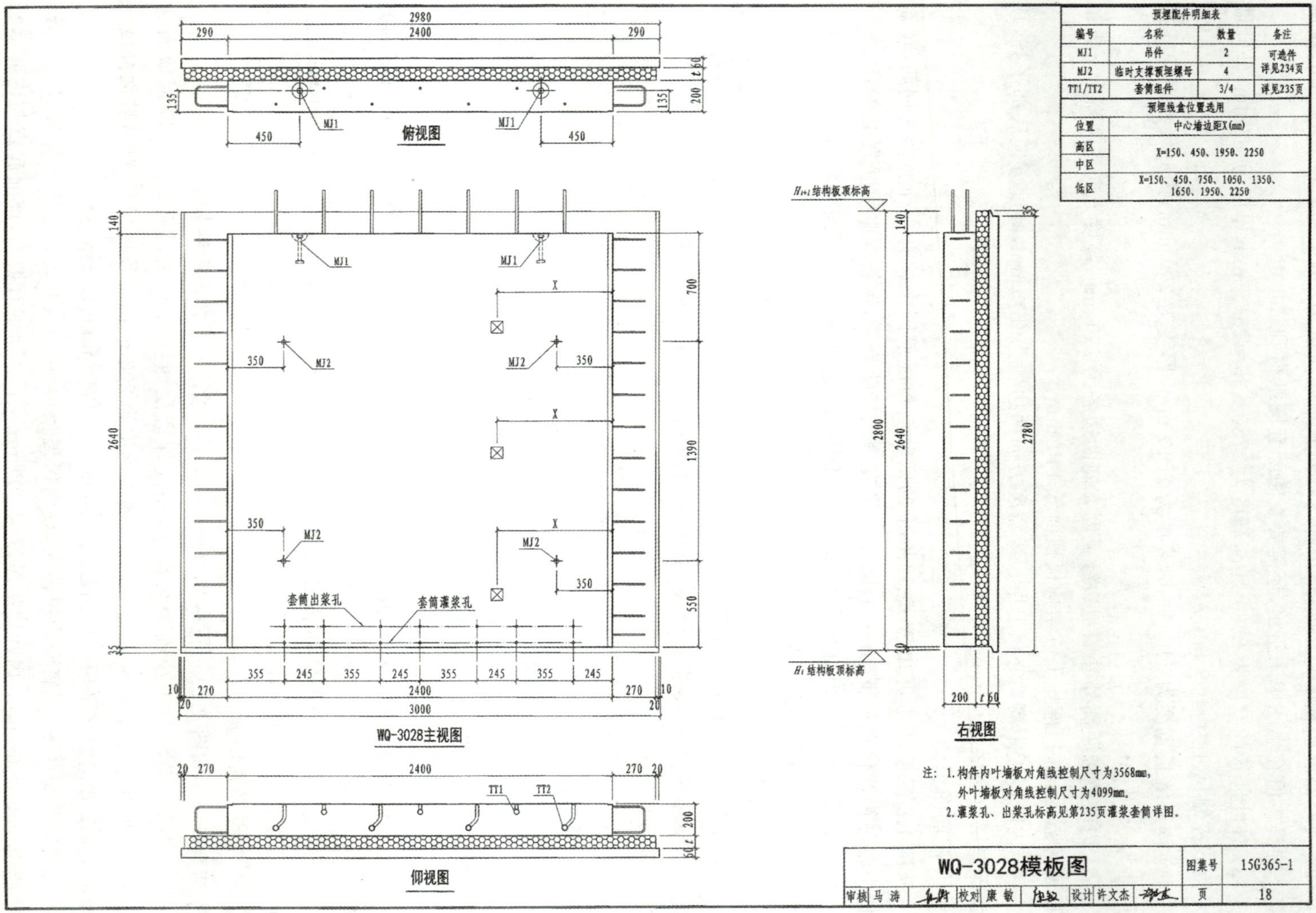
预埋配件明细表
编号 | 名称 | 数量 | 备注
MJ1 | 吊件 | 2 | 可选件 详见234页
MJ2 | 临时支撑预埋螺母 | 4 |
TT1/TT2 | 套筒组件 | 3/4 | 详见235页
预埋线盒位置选用
位置 | 中心墙边距X(mm)
高区、中区 | X=150、450、1950、2250
低区 | X=150、450、750、1050、1350、1650、1950、2250
俯视图
MJ1
WQ-3028主视图
MJ2
X
套筒出浆孔
套筒灌浆孔
仰视图
TT1
TT2
右视图
H_{i+1}结构板顶标高
H_i结构板顶标高
注：1. 构件内叶墙板对角线控制尺寸为3568mm，
外叶墙板对角线控制尺寸为4099mm。
2. 灌浆孔、出浆孔标高见第235页灌浆套筒详图。
WQ-3028模板图
图集号 15G365-1
审核 马涛 校对 康敏 设计 许文杰 页 18

图1.7 模板图图纸案例

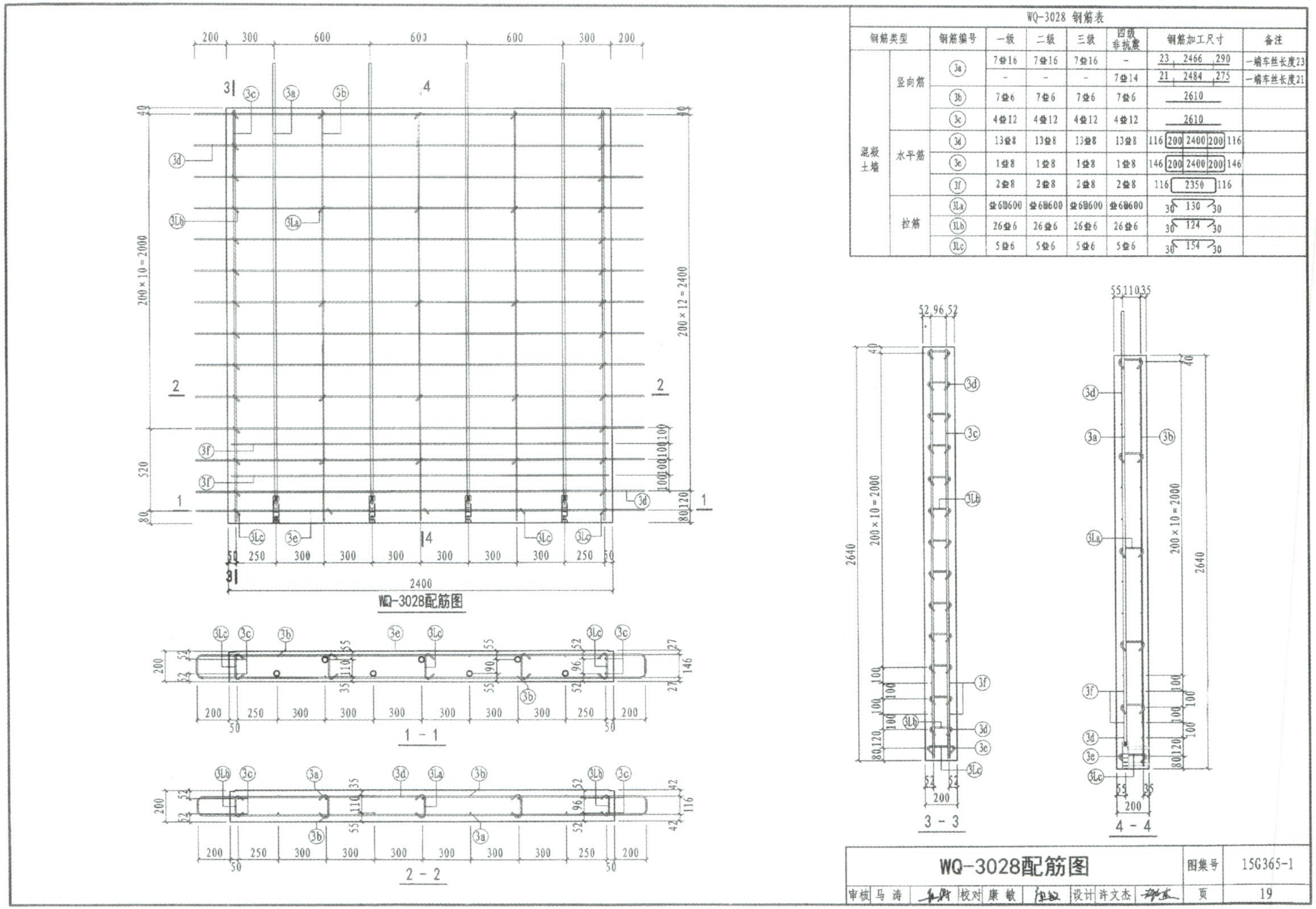

WQ-3028 钢筋表

钢筋类型		钢筋编号	一级	二级	三级	四级非抗震	钢筋加工尺寸	备注
混凝土墙	竖向筋	3a	7⌀16	7⌀16	7⌀16	-	23 2466 290	一端车丝长度23
			-	-	-	7⌀14	21 2484 275	一端车丝长度21
		3b	7⌀6	7⌀6	7⌀6	7⌀6	2610	
		3c	4⌀12	4⌀12	4⌀12	4⌀12	2610	
	水平筋	3d	13⌀8	13⌀8	13⌀8	13⌀8	116 200 2400 200 116	
		3e	1⌀8	1⌀8	1⌀8	1⌀8	146 200 2400 200 146	
		3f	2⌀8	2⌀8	2⌀8	2⌀8	116 2350 116	
	拉筋	3La	⌀6@600	⌀6@600	⌀6@600	⌀6@600	30 130 30	
		3Lb	26⌀6	26⌀6	26⌀6	26⌀6	30 124 30	
		3Lc	5⌀6	5⌀6	5⌀6	5⌀6	30 154 30	

图1.8　配筋图图纸案例

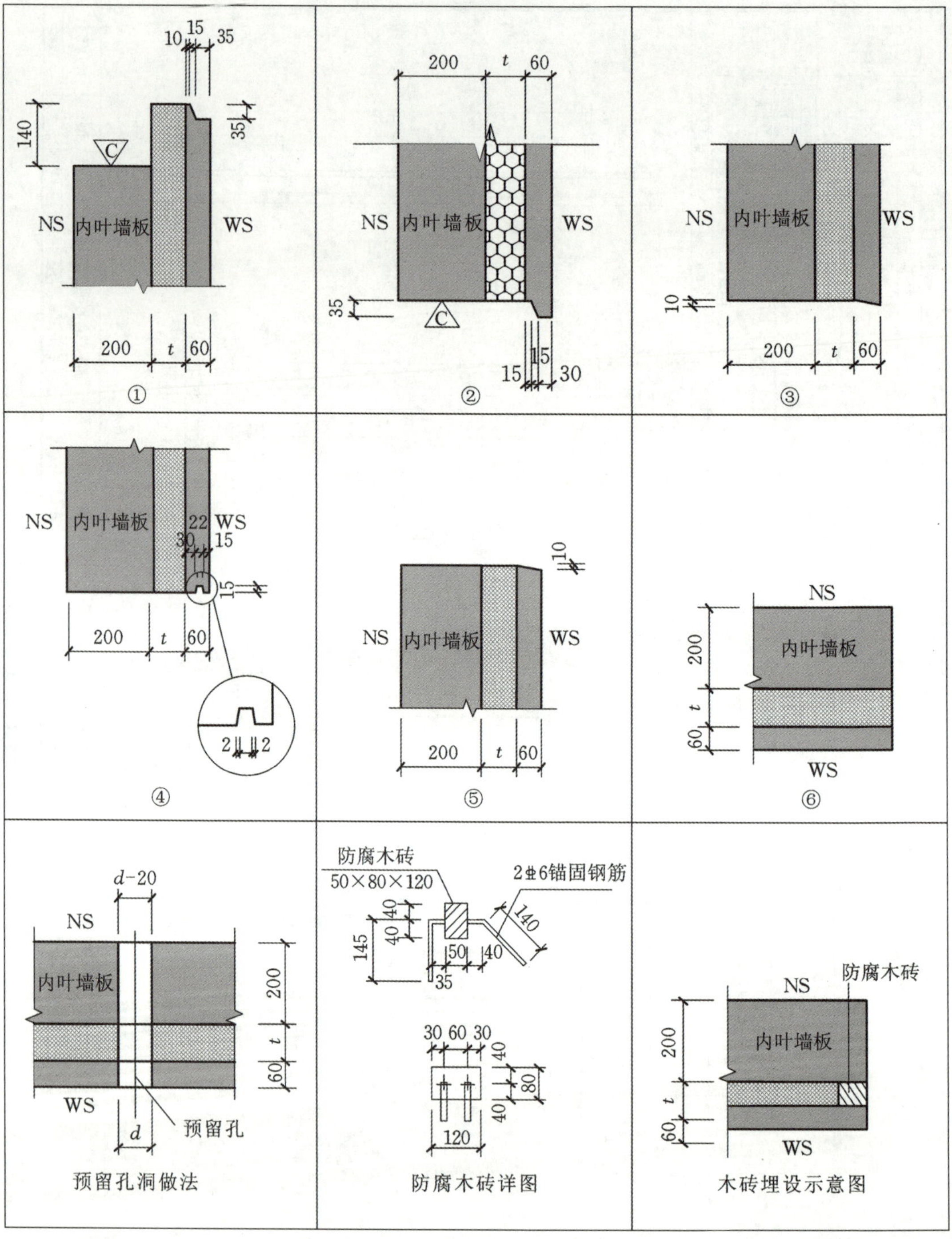

NS
WS
内叶墙板
200
t
60
140
35
10
15
30
22
2
C
①
②
③
④
⑤
⑥
d-20
d
预留孔
预留孔洞做法
防腐木砖
50×80×120
2⌀6锚固钢筋
145
40
50
120
80
防腐木砖详图
木砖埋设示意图

图 1.9 外墙板节点项目

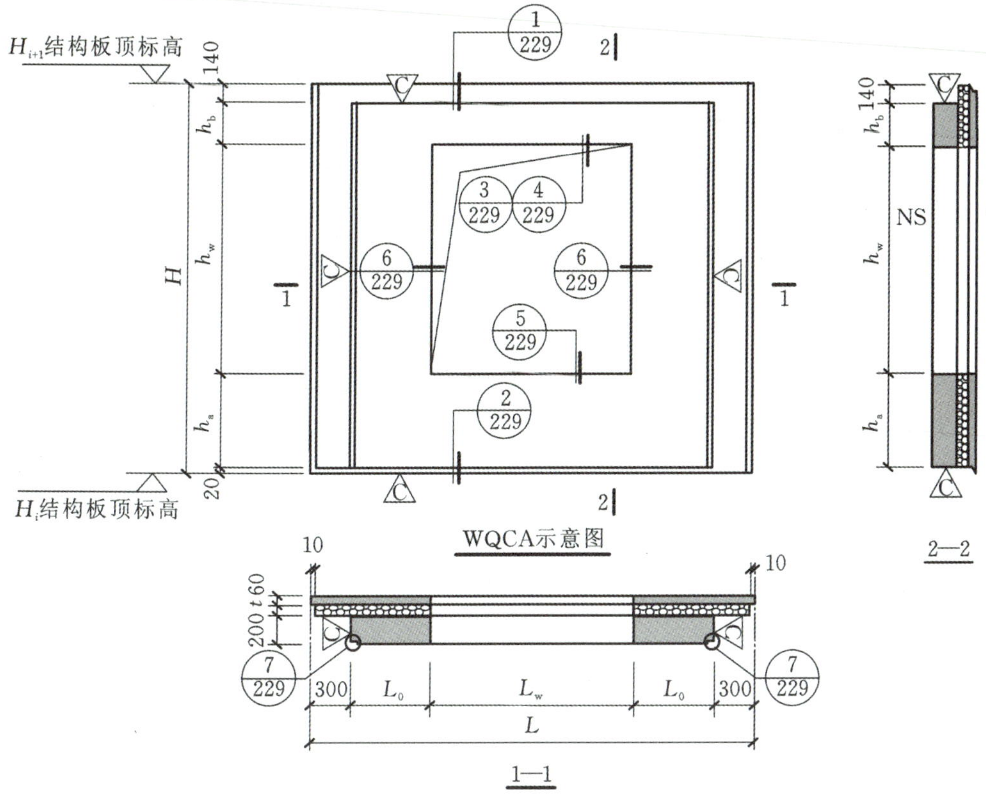

图 1.10　WQCA 墙板示意图

(3) 节点③详图:此处为窗洞上方的墙体部分,具体尺寸为中间保温层厚度为 t,下底面与内叶墙板底面平齐;外叶墙板厚度为 60 mm,内叶墙板厚度为 200 mm,外叶墙板下底面朝下带有坡面,坡面高度为 10 mm。

(4) 节点④详图:内叶墙板厚度为 200 mm;中间保温层厚度为 t,下底面与内叶墙板底面平齐;外叶墙板厚度为 60 mm,下底面带有凹槽,槽深为 15 mm,外叶墙板厚度方向凹槽的水平细部尺寸分别为 30 mm、2 mm、11 mm、2 mm 和 15 mm。

(5) 节点⑤详图:此处为窗洞下方的墙体部分。中间保温层厚度为 t,上表面与内叶墙板顶面平齐;外叶墙板厚度为 60 mm,内叶墙板厚度为 200 mm。外叶墙板上表面带有坡面,坡面高度为 10 mm。

(6) 节点⑥详图:此处为洞口两侧的墙体部分,内叶墙板厚度为 200 mm,中间保温层厚度为 t,外叶墙板厚度为 60 mm,内叶墙板、保温层和外叶墙板表面均平齐。

1.2.3　拆分设计

(1) 拆分设计原则

预制混凝土剪力墙结构拆分设计就是在工程中以流水线的模式生产构件,生产成功后将构件运输至施工现场直接进行积木式组装,混凝土剪力墙具有良好的抗震性能,能够承受一定程度的荷载。装配式混凝土剪力墙结构拆分设计中,剪力墙主要以墙体、楼层以及梁部作为主要的受力构件，建筑内外的墙体是围护构件，能起到隔断和保护的作用，装配式建筑施工过程中通过一定的连接方式将建筑组成，拆分设计十分灵活，可以达到抗震的要求，通过调整各个构件之间拼接缝的位置，改变构造的方式方法，从而更加科学地设计出塑性铰发展的位置，增强装配式建筑的抗震性，保证建筑的安全性和稳定性。

拆分设计时要注意：①预制构件尺寸遵循少规格、多组合的原则，构件拆分连接巧妙简单。②外立面的外围护构件尽量单开间拆分。③预制剪力墙接缝位置选择结构受力较小处。④长度较大的构件，可考虑对称居中拆分，尽量选择在套用图集时选择余地更大的拆分点。⑤因为现场脱模、堆放、运输、吊装的影响，要求单构件质量尽量相差不大，一般不超过 6 t，高度不宜跨越楼层，长度不宜超过 6 m，限值为 7 m。

装配式混凝土结构工程的拆分工作需要做到确定现浇与预制的范围、边界，确定结构构件在哪个部位拆分。《装配式混凝土结构技术规程》(JGJ 1—2014)6.1.8 条规定了高层装配整体式结构的现浇部位：宜设置地下室，地下室宜采用现浇混凝土；剪力墙结构底部加强部位的剪力墙宜采用现浇混凝土；框架结构首层柱宜采用现浇混凝土，顶层宜采用现浇楼盖结构。当采用部分框支剪力墙结构时，底部框支层不宜超过 2 层，且框支层及相邻上一层应采用现浇结构；部分框支剪力墙以外的结构中，转换梁、转换柱宜现浇。

装配式混凝土结构拆分设计不仅要考虑结构安全性问题，满足结构规范要求，而且还要充分考虑预制混凝土构件生产、安装和运输方面的限制问题。只有综合考虑装配式混凝土结构安全、构件生产、构件安装和构件运输对预制混凝土构件的限制条件，才能真正做好装配式混凝土结构拆分设计。

(2) 拆分设计要点

对于装配式剪力墙结构，L 形、T 形等外部或内部剪力墙中墙身长度不小于 1000 mm 时，墙身一般为预制，但其边缘构件处采用现浇。外隔墙(带梁)一般为预制。边缘构件现浇，基于以下因素设计：第一是受力的角度，边缘构件为结构设计和受力分析时剪力墙的重要传力部位；第二，边缘构件两端一般为梁的支座，梁钢筋在此部位锚固，锚固段本就应该做成现浇。

预制外墙比较短且全部都开窗或者门洞时，预制外墙可以与相邻剪力墙的边缘构件(暗柱)一起预制，将现浇部位向内移。如果预制长度太短，在满足起吊总质量的前提下，该范围的剪力墙可以与边缘构件及带梁外隔墙一起预制，减少装配构件的个数。外隔墙或内隔墙垂直方向一侧有剪力墙与之垂直相交时，如果满足起吊质量，可将隔墙连成一块，方便吊装与施工。

剪力墙与带梁隔墙的连接，主要是满足梁的锚固长度，在平面内一般不会出现问题，因为往往暗柱留有 400 mm 现浇(200 mm 厚墙)或者与暗柱一起预制；一字形剪力墙平面外一侧伸出的墙垛一般可取 100 mm，门垛不小于 200 mm，整体预制时可为 0。无论在剪力墙平面内还是平面外，门垛或者窗垛不小于 200 mm 或者为 0(留刀把)。当梁钢筋锚固采用锚板的形式时，梁纵筋直径应小于或等于 14 mm。需要注意的是，现浇暗柱的位置可以在图集规定的位置附近转移。

1.2.4　深化设计

1.2.4.1　配筋设计

首先确定剪力墙的混凝土强度等级，箍筋保护层厚度。混凝土强度等级可根据结构施工图中的楼层表确定，箍筋保护层厚度可根据结构施工图中的结构设计总说明取值。混凝土强度等级最小值参考行业标准《装配式混凝土结构技术规程》(JGJ 1—2014)第 4.1.2 条要求："预制构件的混凝土强度等级不宜低于 C30；预应力混凝土预制构件的混凝土强度等级不宜低于 C40，且不应低于 C30；现浇混凝土的强度等级不应低于 C25。"箍筋保护层厚度最小值参考国家标准《混凝土结构设计标准》(GB/T 50010—2010)(2024 年版)第 8.2.1 至 8.2.3 条，以及行业标准《钢筋套筒灌浆连接应用技术规程》(JGJ 355—2015)(2023 年版)第 4.0.7 条要求。

然后确定剪力墙的预制尺寸，预制构件净高要考虑各向梁、楼板、阳台等的尺寸以及水平灌浆缝的高度。

预制剪力墙内主要配置纵筋及水平筋，且应符合以下要求。

(1) 纵筋。当上、下层预制剪力墙竖向钢筋采用套筒灌浆连接时：①竖向分布钢筋采用"梅花形"方式连接时(图 1.11)，连接钢筋的直径不应小于 12 mm，同侧间距不应大于 600 mm，且在剪力墙构件承载力设计和分布钢筋配筋率计算中不得计入未连接的分布钢筋；未连接的竖向分布钢筋直径不应小于 6 mm。②竖向分布钢筋采用单排连接时(图 1.12)，剪力墙两侧竖向分布钢筋与配置于墙体厚度中部的连接钢筋搭接连接，连接钢筋位于内、外侧被连接钢筋的中间；连接钢筋受拉承载力不应小于上、下层被连接钢筋受拉承载力较大值的 1.1 倍，间距不宜大于 300 mm。下层剪力墙连接钢筋自下层预制墙顶算起的埋置长度不应小于 $1.2l_{aE}+b_w/2$(l_{aE} 为受拉钢筋的抗震锚固长度，b_w 为墙体厚度)，上层剪力墙连接钢筋自套筒顶面算起的埋置长度不应小于 l_{aE}，上层连接钢筋顶部至套筒底部的长度不应小于 $1.2l_{aE}+b_w/2$，l_{aE} 按连接钢筋直径计算。

(2) 水平筋。纵向受力钢筋采用套筒灌浆连接时，水平筋加密区长度不应小于套筒长度与 300 mm 之和；套筒上端第一道箍筋距离套筒顶部不应大于 50 mm。加密区水平分布钢筋的最大间距及最小直径应满足下列要求：抗震等级为一、二级时，最大间距为 100 mm，最小直径为 8 mm；抗震等级为三、四级时，最大间距为 150 mm，最小直径为 8 mm。水平筋出筋的锚固方式要参考所提供节点，考虑生产方便，尽量不要采用封闭箍筋做法。

(3) 拉筋。钢筋连接长度范围内应配置拉筋，拉筋沿竖向的间距不应大于水平分布钢筋间距，且不宜大于 150 mm；拉筋沿水平方向的间距不应大于竖向分布钢筋间距，直径不应小于 6 mm；拉筋应紧靠连接钢筋，并钩住最外层分布钢筋。

(4) 端部无边缘构件的预制剪力墙，宜在端部配置 2 根直径不小于 12 mm 的竖向构造钢筋；沿该钢筋竖向应配置拉筋，拉筋直径不宜小于 6 mm，间距不宜大于 250 mm。

(5)预制剪力墙开有边长小于 800 mm 的洞口，且在结构整体中不考虑其影响时，应沿洞口周边配置补强钢筋。

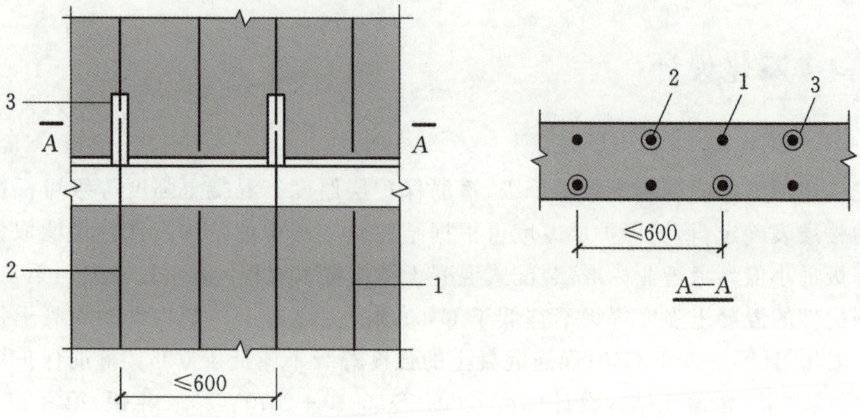

1—未连接的竖向分布钢筋；2—连接的竖向分布钢筋；3—灌浆套筒

图 1.11 竖向分布钢筋“梅花形”套筒灌浆连接构造示意

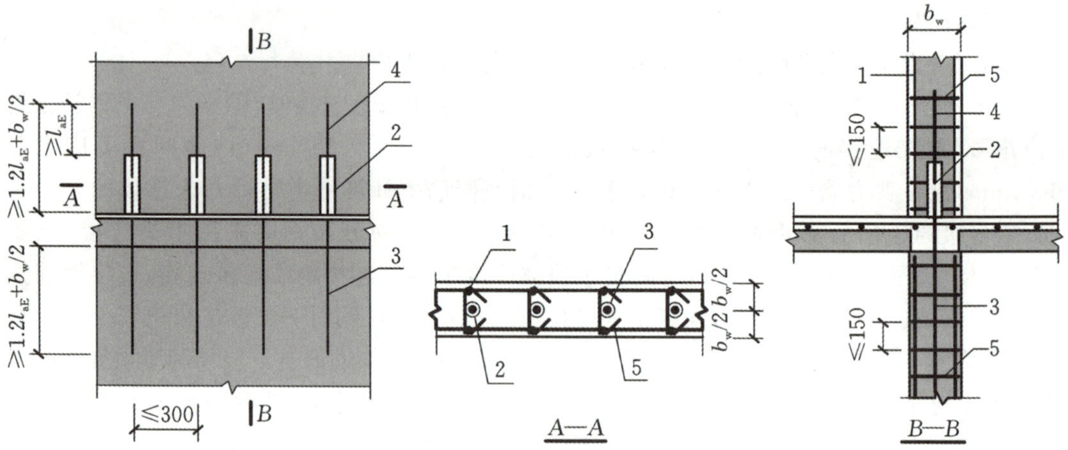

1—上层预制剪力墙竖向分布钢筋；2—灌浆套筒；3—下层剪力墙连接钢筋；

4—上层剪力墙连接钢筋；5—拉筋

图 1.12 竖向分布钢筋单排套筒灌浆连接构造示意

1.2.4.2 连接节点设计

《装配式混凝土建筑技术标准》(GB/T 51231—2016)规定楼层内相邻预制剪力墙之间应采用整体式接缝连接，且应符合下列要求：

(1) 当接缝位于纵横墙交接处的约束边缘构件区域时，约束边缘构件部分区域(图 1.13 中阴影区域)宜全部采用后浇混凝土，并应在后浇区内设置封闭箍筋，如图 1.13 所示。

(2) 当接缝位于纵横墙交接处的构造边缘构件区域时，构造边缘构件宜全部采用后浇混凝土，当仅在一面墙上设置后浇段时，后浇段的长度不宜小于 300 mm，如图 1.14、图 1.15 所示。

(3) 预制剪力墙水平连接采用后浇混凝土连接，其水平钢筋采用附加钢筋搭接的连接方式，如图 1.16 所示。

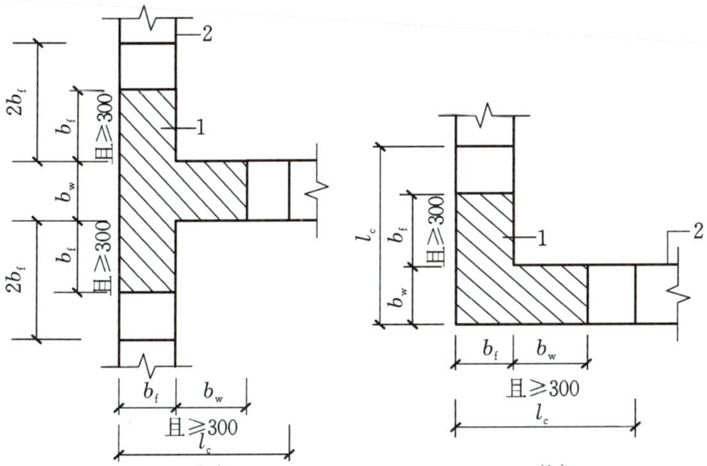

（a） （b）

1—后浇段；2—预制剪力墙

图 1.13 约束边缘构件阴影区域全部后浇构造示意图

（a）有翼墙；（b）转角墙

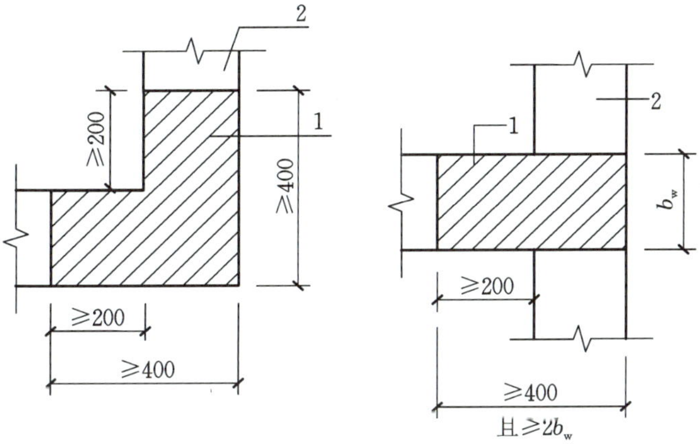

（a） （b）

1—后浇段；2 预制剪力墙

图 1.14 构造边缘构件全部后浇构造示意图（阴影区域为构造边缘构件范围）

（a）转角墙；（b）有翼墙

剪力墙两侧出筋做法：若符合规范优先考虑直锚，然后考虑 135°弯锚，最后考虑封闭锚。

1.2.4.3 预埋预留设计

预埋件设计应根据设计要求和施工方案对脱模、吊运、运输、安装等环节进行施工验算，满足承载力、变形和裂缝等相关要求。灌浆套筒和套筒灌浆料应符合国家现行行业标准《钢筋连接用灌浆套筒》（JG/T 398—2019）和《钢筋连接用套筒灌浆料》（JG/T 408—2019）的规定；构件吊装用吊件、临时支撑用预埋螺母等其他预埋件应符合《钢筋混凝土结构预埋件》

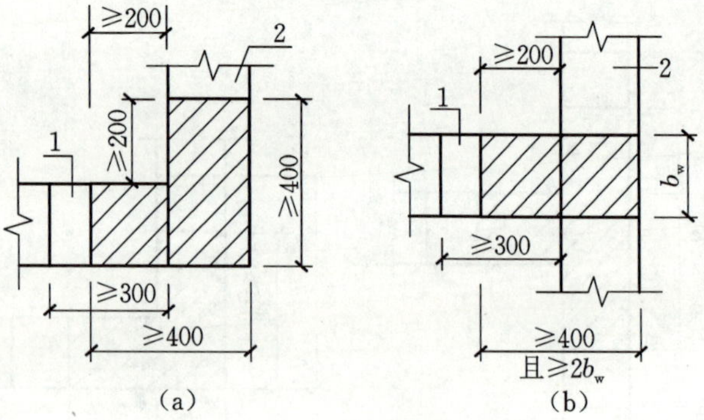

1—后浇段；2—预制剪力墙

图 1.15 构造边缘构件部分后浇构造示意图（阴影区域为构造边缘构件范围）

(a)转角墙；(b)有翼墙

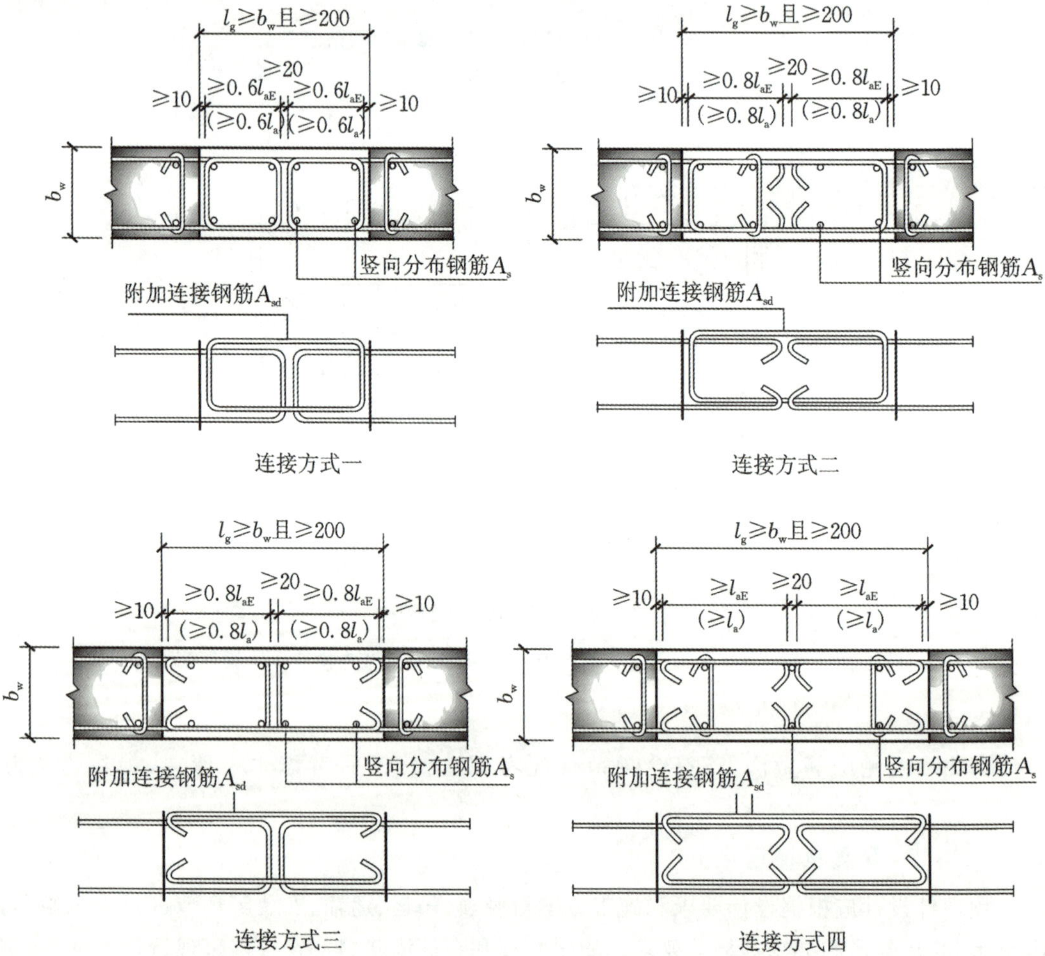

图 1.16 剪力墙水平连接方式

(16G362)、《建筑施工临时支撑结构技术规范》(JGJ 300—2013)等有关标准、规范的规定：

(1) 斜支撑、脱模套筒，布置在墙高的1/4处，向上取整百值。

(2) 吊点，沿重心对称布置。

(3) 键槽，粗糙面。参考行业标准《装配式混凝土结构技术规程》(JGJ 1 —2014)第6.5.5条“预制剪力墙的顶部和底部与后浇混凝土的结合面应设置粗糙面；侧面与后浇混凝土的结合面应设置粗糙面，也可设置键槽；键槽深度 t 不宜小于 20 mm，宽度 w 不宜小于深度的3倍且不宜大于深度的10倍，键槽间距宜等于键槽宽度，键槽端部斜面倾角不宜大于30°。”预制剪力墙侧面的结合面优先设置粗糙面，粗糙面的面积不宜小于结合面的80%，预制剪力墙底面、顶面及侧面的粗糙面凹凸深度不应小于 6 mm。预制剪力墙侧面键槽构造可以选用不贯通截面，键槽边缘距离外墙板边缘大于或等于 20 mm，键槽深度大于或等于20 mm；也可以选用贯通截面，如图1.17所示。

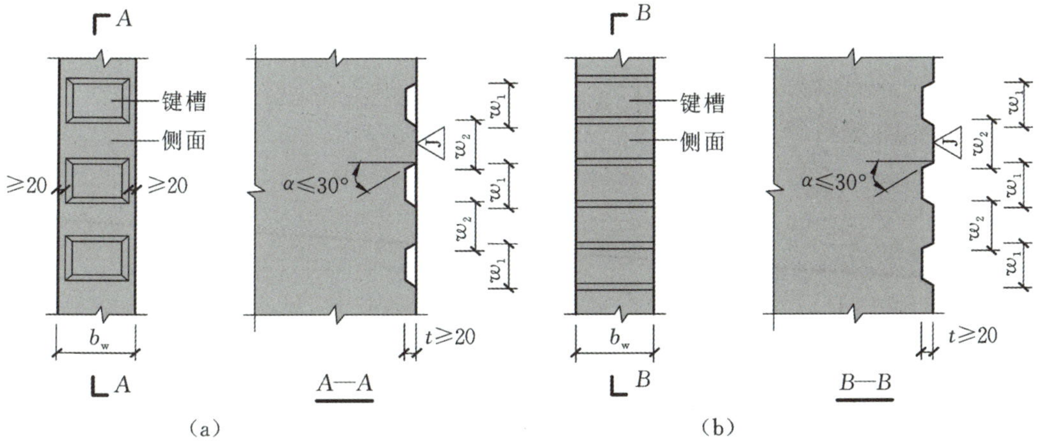

图1.17　预制外墙板侧面键槽构造示意

(a)键槽不贯通截面；(b)键槽贯通截面

套筒宜采用一种类型的套筒，套筒参数尽量事先确定好，若不能事先确定就采用图集参数。

(4) 对接孔的设置，要注意与钢筋的碰撞，除了考虑生产的方便，还应考虑与斜支撑点的碰撞。

(5)线盒及手孔的做法，要避免和钢筋碰撞。

(6)三明治外墙中保温材料采用挤塑聚苯板(XPS)，且满足国家现行的有关标准的要求。

(7)带窗洞剪力墙构件中的窗下墙轻质填充材料采用模塑聚苯板(EPS)。

1.2.4.4　构件加工图设计

构件加工图主要包括预制剪力墙构件模板图、配筋图、材料和配件明细表。

① 构件模板图应表示模板尺寸、轴线关系，预留洞和预埋件的编号、位置、尺寸、必要的标高等；后张预应力构件还需表示预留孔道的定位尺寸、张拉端、锚固端等。

② 构件配筋图中纵剖面应表示钢筋形式、箍筋直径与间距，横剖面应注明断面尺寸，钢

筋的规格、位置、数量等。

通过对预制剪力墙的设计特点和相关规范，预制剪力墙本身设计及其连接设计，拆分的优缺点，在预制阶段、运输吊装阶段及使用阶段的荷载工况等进行分析，得出预制剪力墙构件加工图的基本要求：

(1) 图中绘制预制剪力墙主视图、左视图、右视图、俯视图、配筋图、装配方向 3D 视图、装配反方向 3D 视图，为了方便识图，模板图可合并在配筋图中，但需要表示清楚门窗、装饰材料、预留洞口、预埋件、管线、开关插座；粗糙面、键槽构造，面砖、石材需绘制排板图。其中主视图为车间生产时构件在台模上的样式，其他各图均以主视图为依据，多画俯视图和仰视图。

(2) 钢筋用双线表示，带肋钢筋要用外径值表示(按照钢筋加工最大正误差)。

(3) 套筒连接的钢筋，钢筋表要有加工误差要求，并与套筒对接钢筋的误差要求相匹配。

(4) 预制剪力墙参数表。

(5) 预埋件明细表。

1.3 任务实施

1.3.1 生成构件模型

(1) 在【快速访问栏(托盘)】的【工具】选项卡→【建筑】模块中单击【墙】选项，如图 1.18 所示。点击属性设置按钮，如图 1.19 所示。

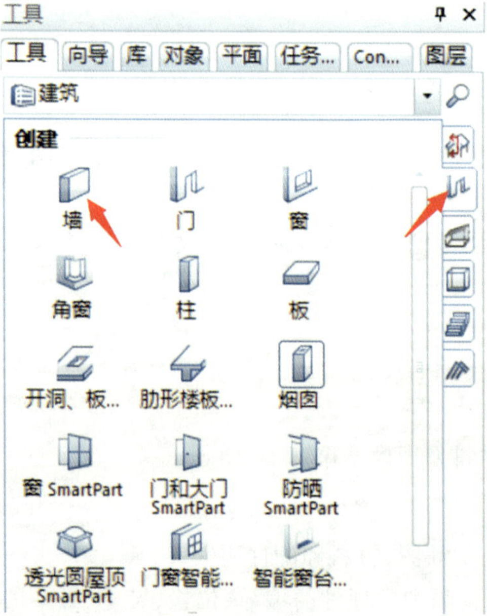

图 1.18 【墙】选项

图 1.19 【墙】选项的属性设置按钮

(2) 按图纸编辑墙厚度、高度尺寸，如图 1.20 所示。绘制一道长 2 m 的墙，如图 1.21 所示。

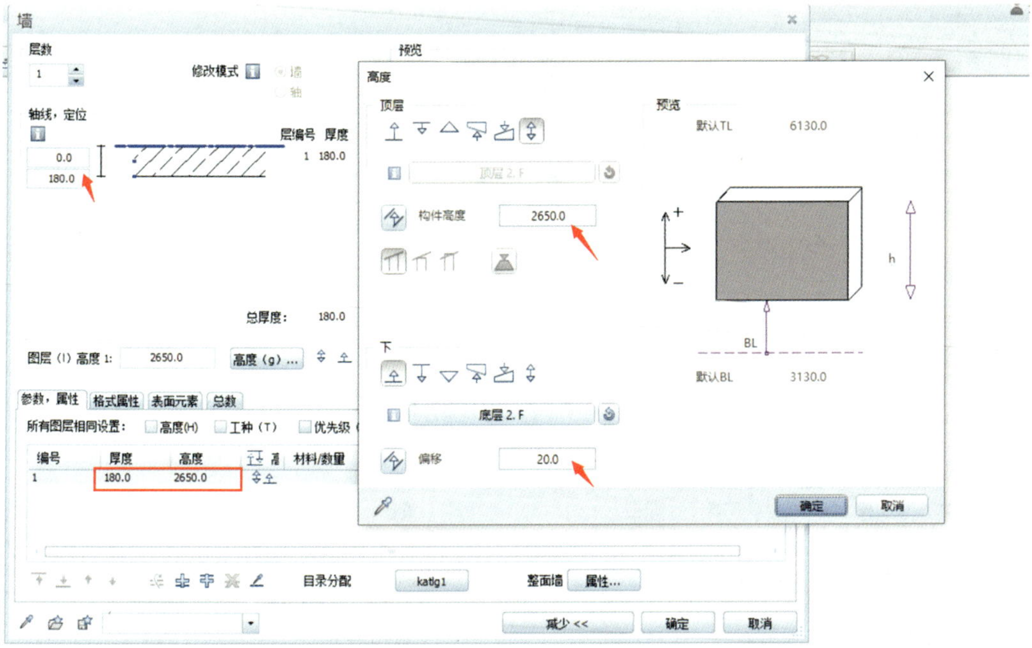

图 1.20　设置墙的参数

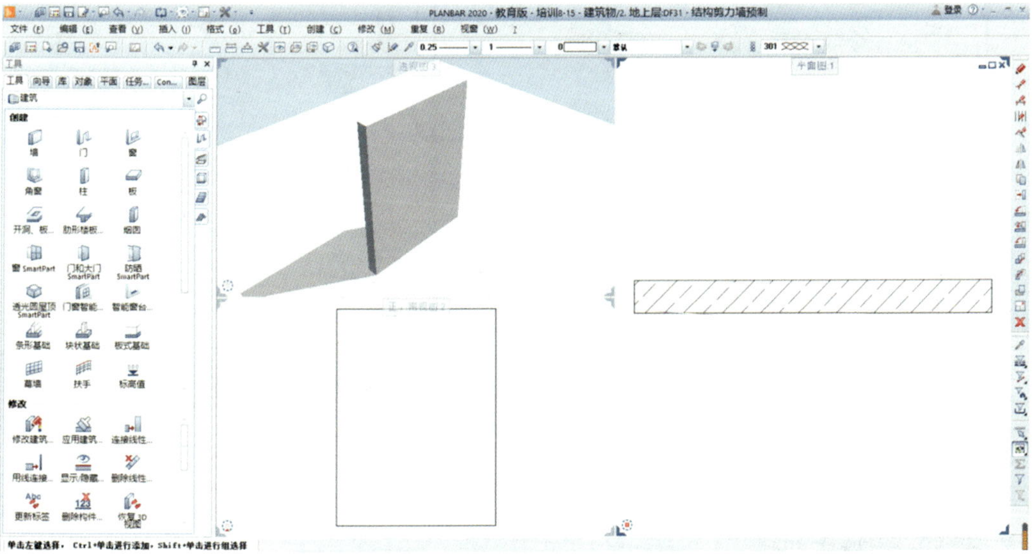

图 1.21　绘制一道长 2 m 的墙

(3) 在【快速访问栏(托盘)】的【工具】选项卡→【预制构件】模块中单击【墙体构件设计】选项，如图 1.22 所示；在【墙体构件设计】选项卡中设置墙体属性，如图 1.23、图 1.24 所示，在平面视图中点击墙体为墙体赋予属性，如图 1.25 所示。

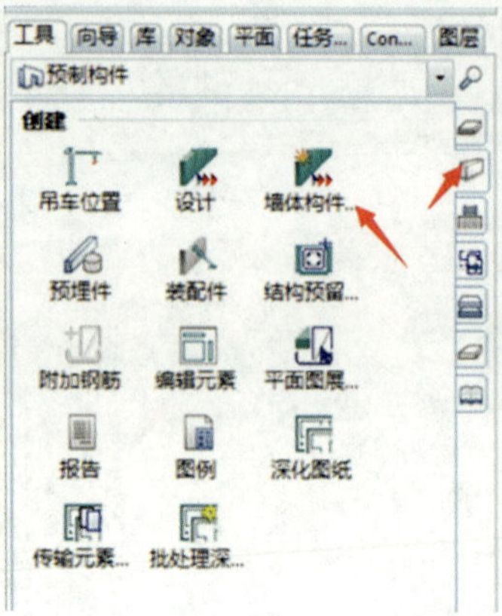

图 1.22 【墙体构件设计】选项

图 1.23 设置墙体属性(1)

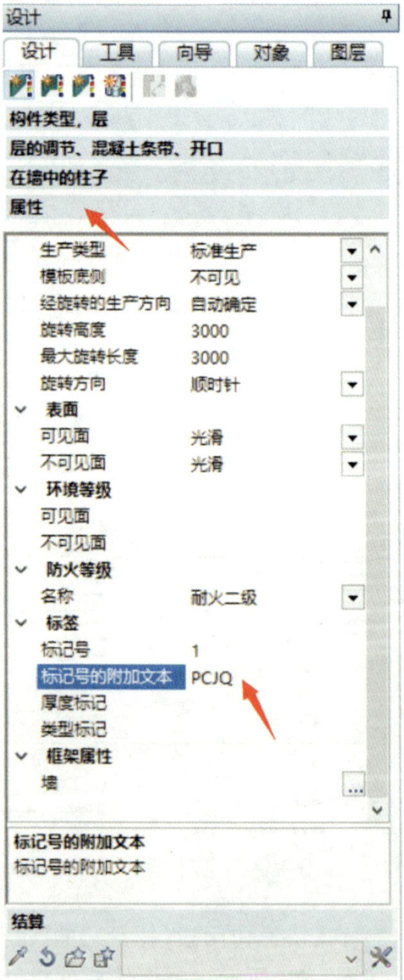

图 1.24 设置墙体属性(2)

图 1.25　赋予了属性的墙体

1.3.2　钢筋布置

(1) 在【快速访问栏(托盘)】的【工具】选项卡→【视图、剖面、详细说明】模块中单击【创建视图】选项,如图 1.26 所示,分别创建前视图、左视图、平面视图,如图 1.27 所示。

图 1.26　【创建视图】选项(墙体)

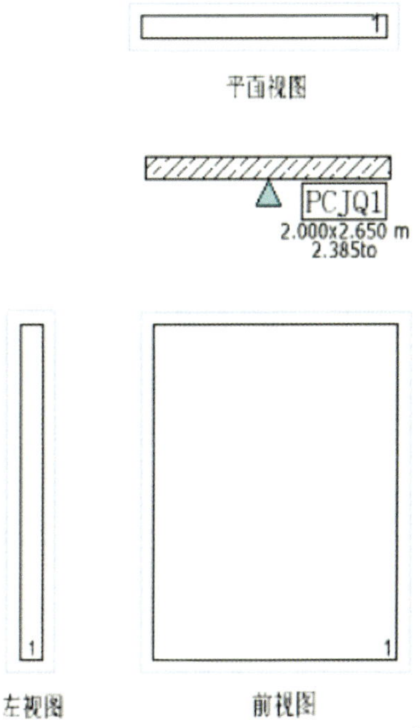

图 1.27　墙体视图

(2) 在【快速访问栏(托盘)】的【工具】选项卡→【工程】模块中单击【条筋形状】选项，如图1.28所示，选择【直钢筋】，修改钢筋规格，如图 1.29 所示，绘制 1 号竖向筋，如图 1.30 所示。

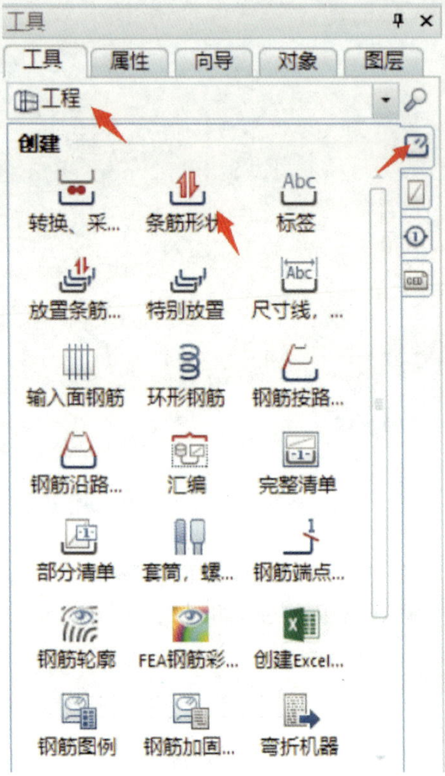

图 1.28 【条筋形状】选项(墙体)

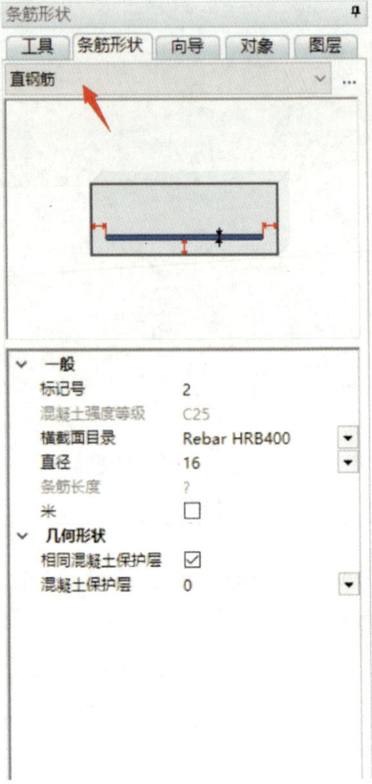

图 1.29 1 号竖向筋规格

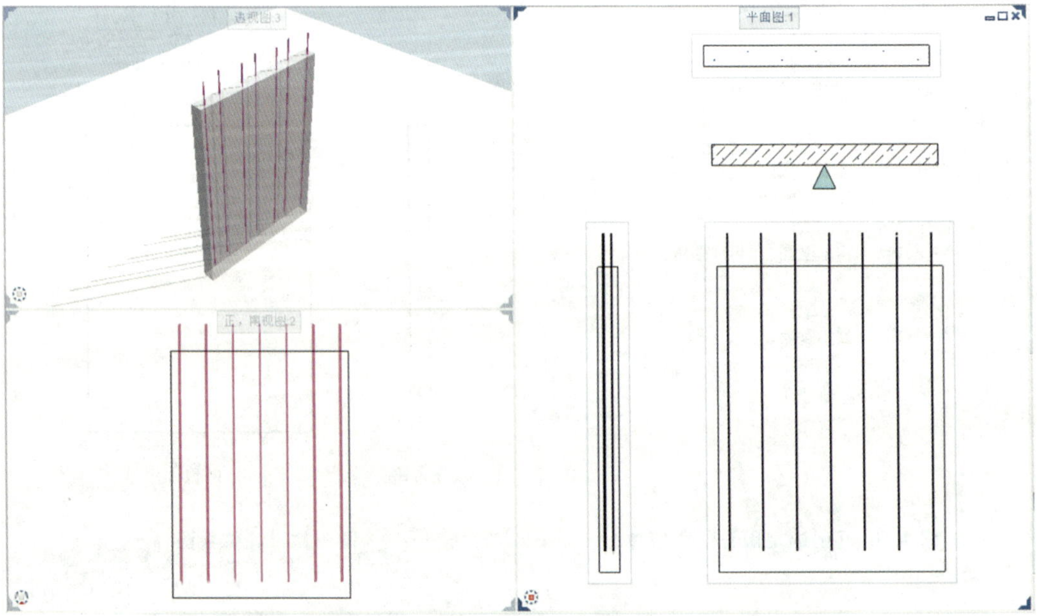

图 1.30 绘制的 1 号竖向筋

(3) 在【快速访问栏(托盘)】的【工具】选项卡→【工程】模块中单击【条筋形状】选项，选择【任意形状】，修改钢筋规格，如图 1.31 所示，创建剖面视图，绘制 2 号竖向筋，如图 1.32 所示。采用同样的方法，绘制 3 号竖向筋，如图 1.33 所示。

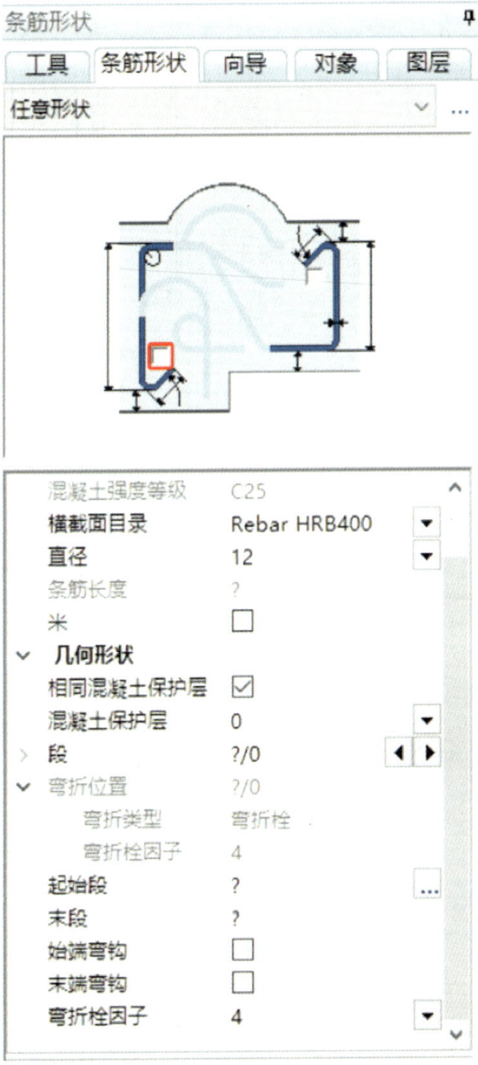

图 1.31　2 号竖向筋规格

(4) 在【快速访问栏(托盘)】的【工具】选项卡→【工程】模块中单击【条筋形状】选项，选择【任意形状】，修改钢筋规格，如图 1.34 所示，绘制 4 号水平筋，如图 1.35 所示。

(5) 在【快速访问栏(托盘)】的【工具】选项卡→【工程】模块中单击【条筋形状】选项，选择【带弯钩的直钢筋】，修改钢筋规格，如图 1.36 所示，绘制 5 号、6 号拉筋，如图 1.37 所示。

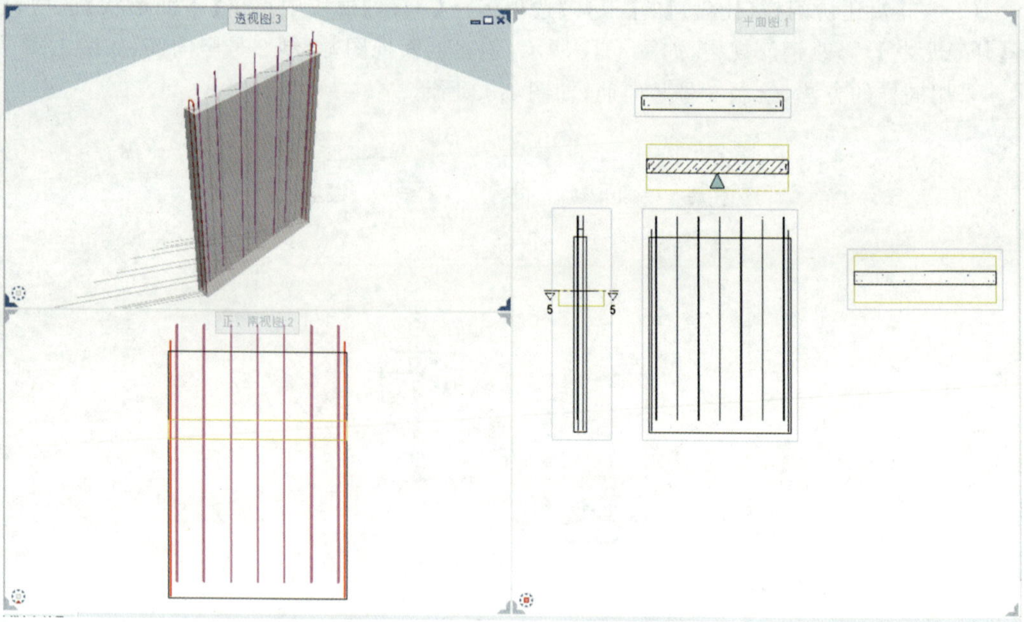

图 1.32 绘制的 2 号竖向筋

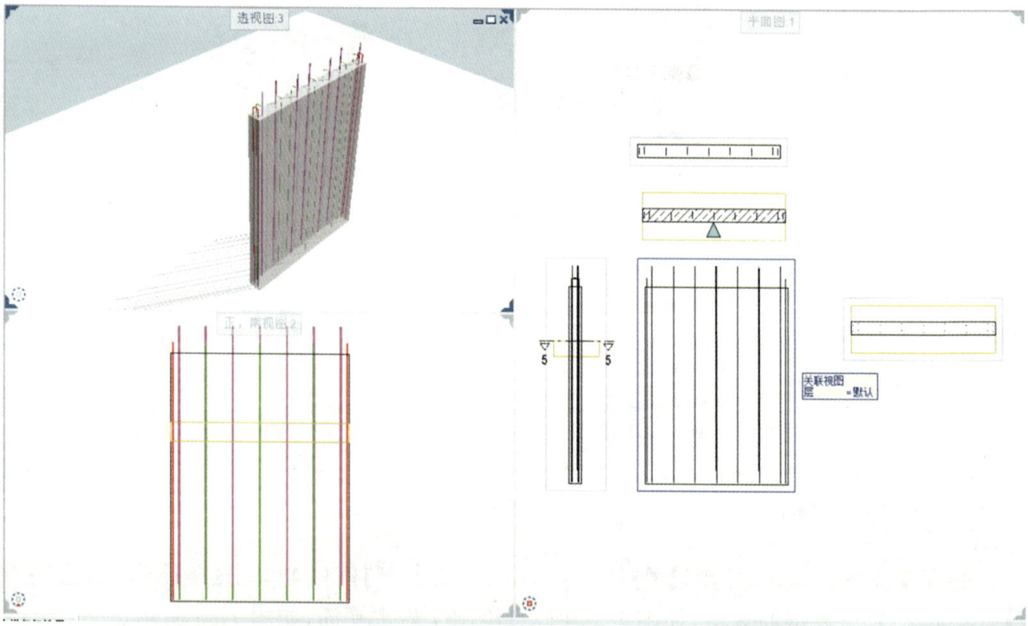

图 1.33 绘制的 3 号竖向筋

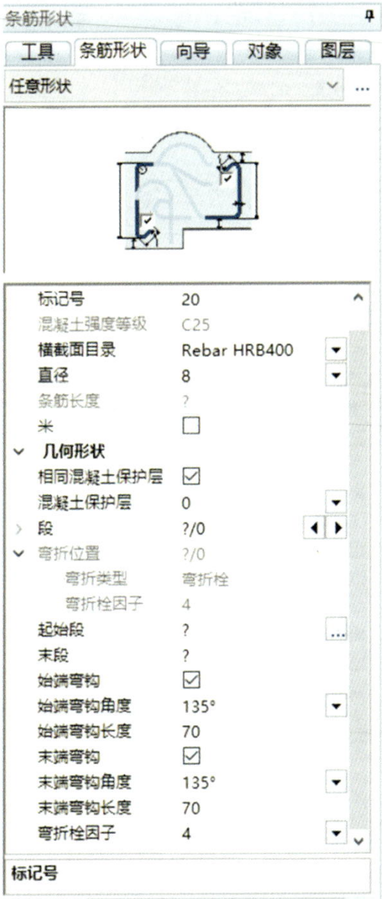

图 1.34　4 号水平筋规格

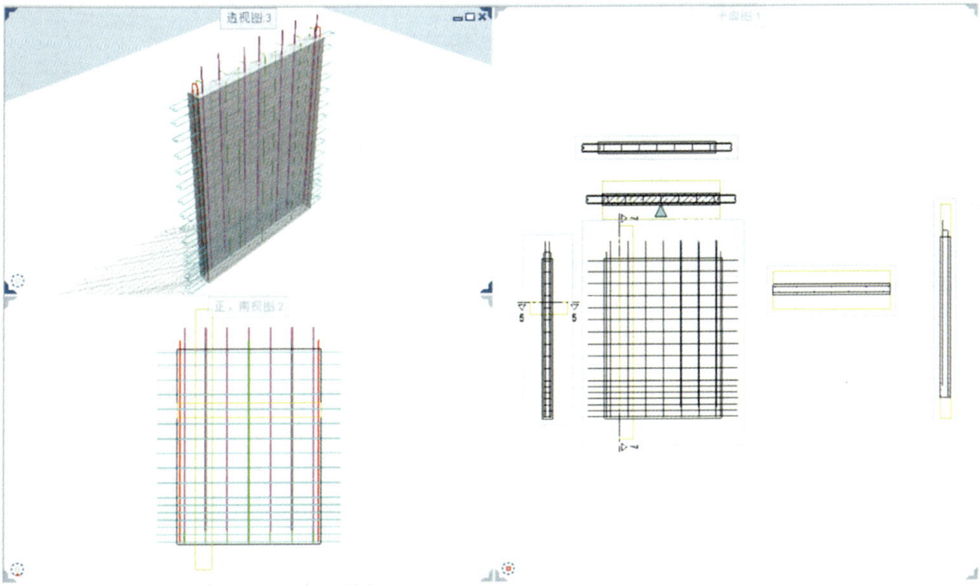

图 1.35　绘制的 4 号水平筋

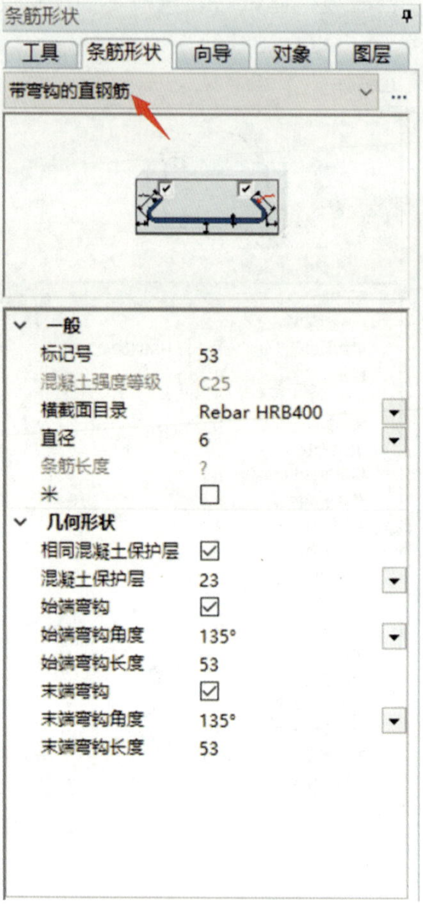

图 1.36　5 号、6 号拉筋规格

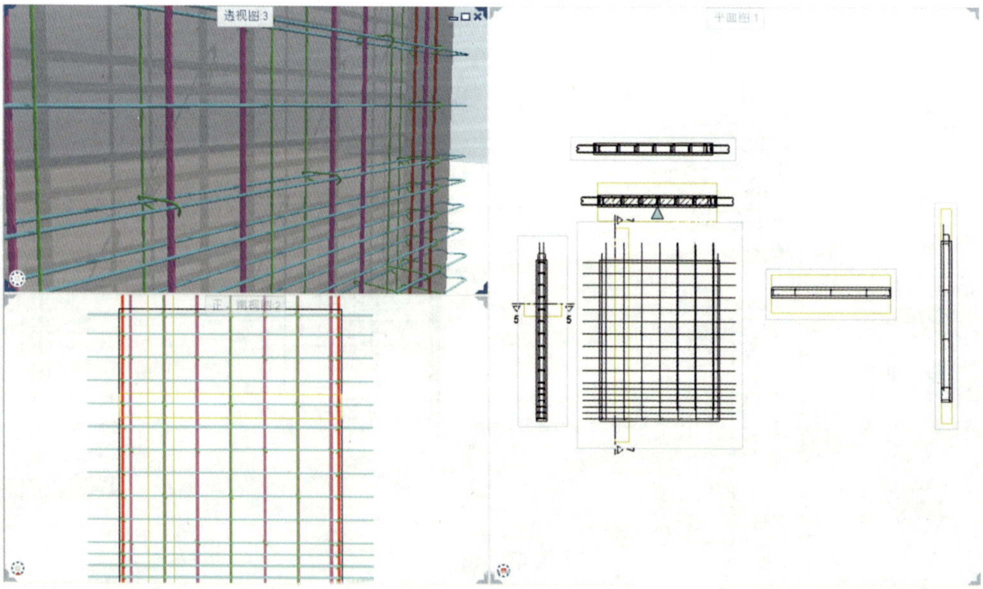

图 1.37　绘制的 5 号、6 号拉筋

1.3.3　预埋件布置

(1) 打开 2 号制图文件重命名为预埋件并进入，如图 1.38 所示，在该制图文件中分别绘制灌浆套筒前视图、左视图、右视图、3D 视图，如图 1.39 所示，并定义套筒预埋件。

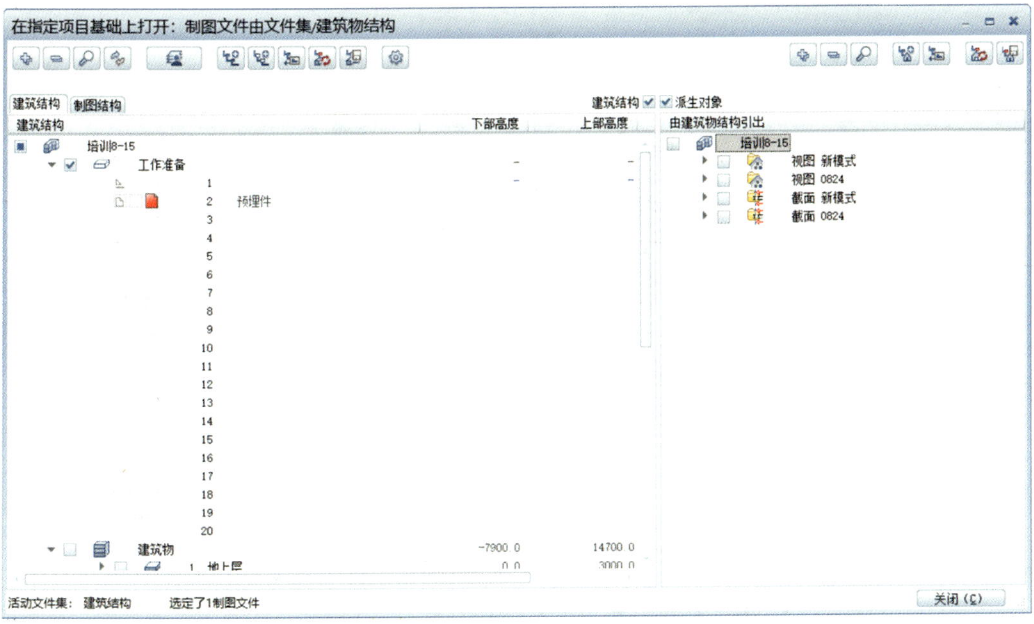

图 1.38　2 号制图文件重命名为预埋件

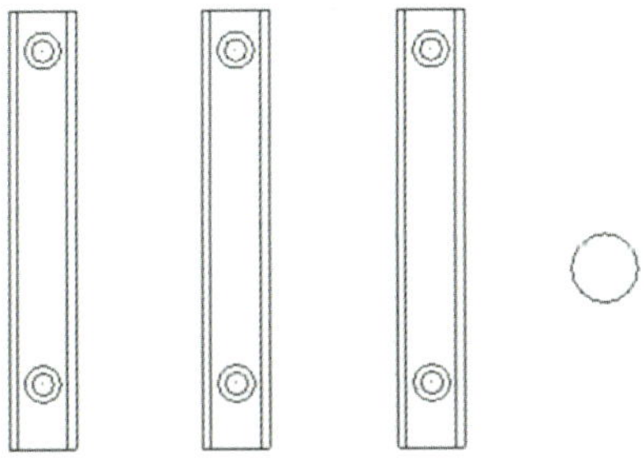

图 1.39　绘制的墙体灌浆套筒

(2) 在【快速访问栏(托盘)】的【工具】选项卡→【预制构件】模块中单击【预埋件】选项，选择调用预埋件，如图 1.40、图 1.41 所示，将上一步创建的套筒预埋件按图纸定位放置于墙体中，如图 1.42 所示。

图 1.40 【预埋件】选项

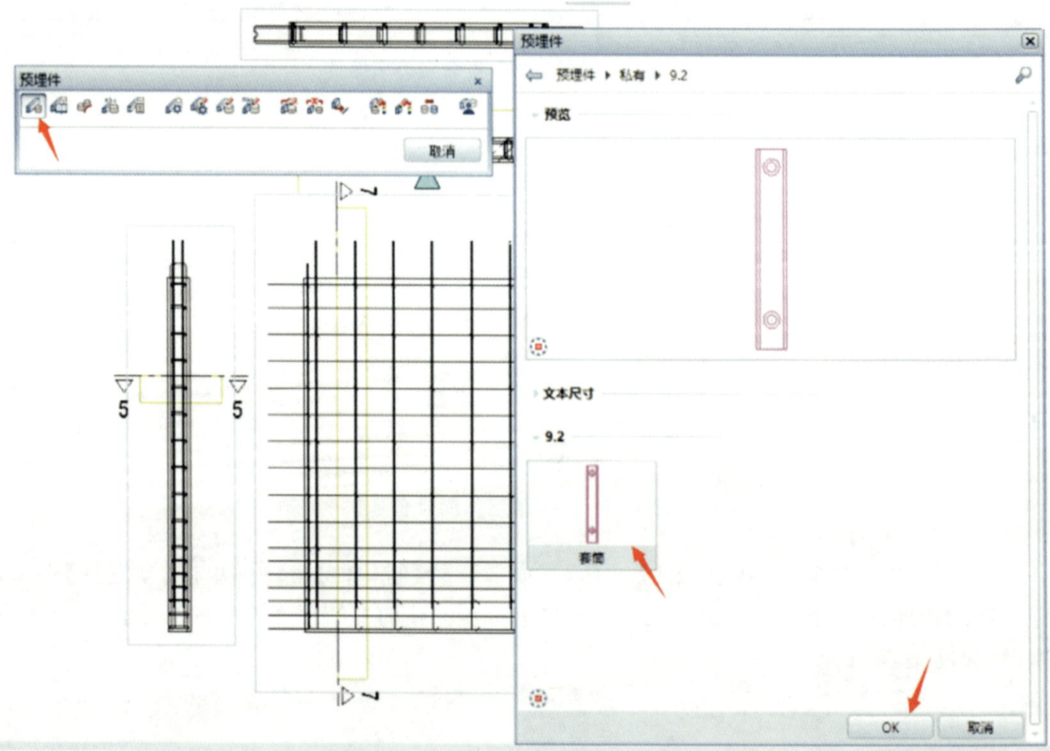

图 1.41 调用预埋件

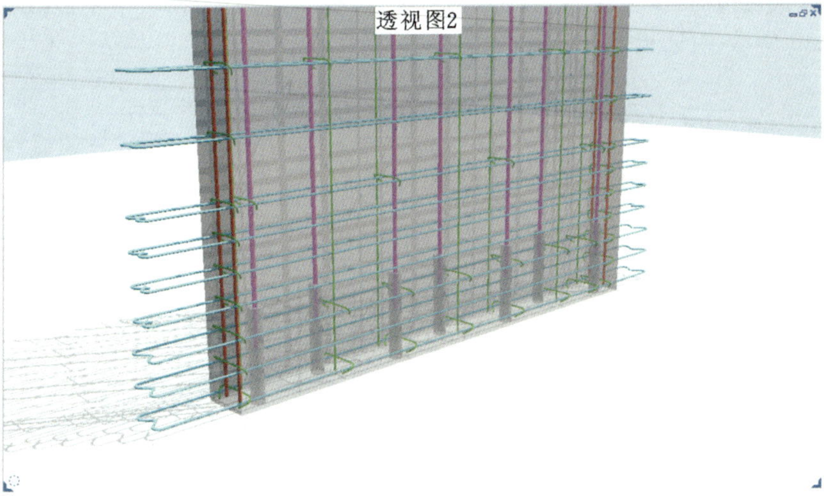

图 1.42　在墙体中放置套筒预埋件

(3) 采用同样的方法，在2号制图文件中定义线盒预埋件，如图1.43所示，在【快速访问栏(托盘)】的【工具】选项卡→【预制构件】模块中单击【预埋件】选项，选择调用预埋件，将创建的线盒预埋件按图纸定位放置于墙体中，如图1.44所示。

图 1.43　定义的线盒预埋件

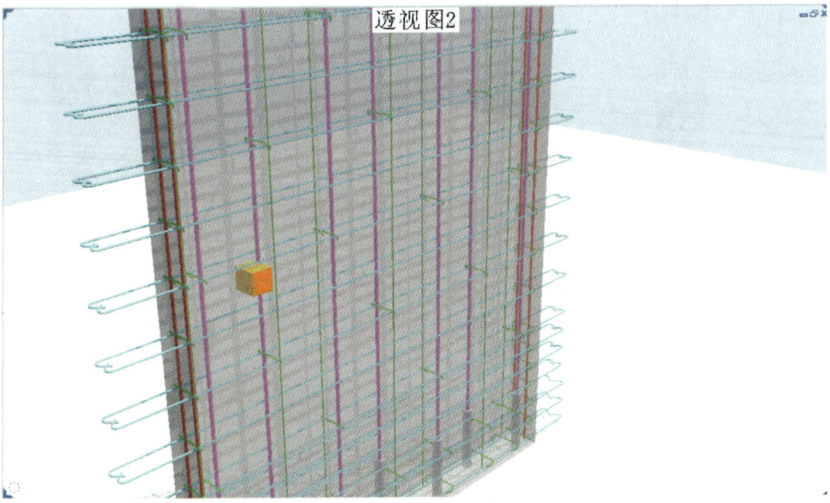

图 1.44　在墙体中放置线盒预埋件

(4) 在【快速访问栏(托盘)】的【工具】选项卡→【预制构件】模块中单击【编辑元素】选项,如图 1.45 所示,对墙板进行开槽,如图 1.46 所示。

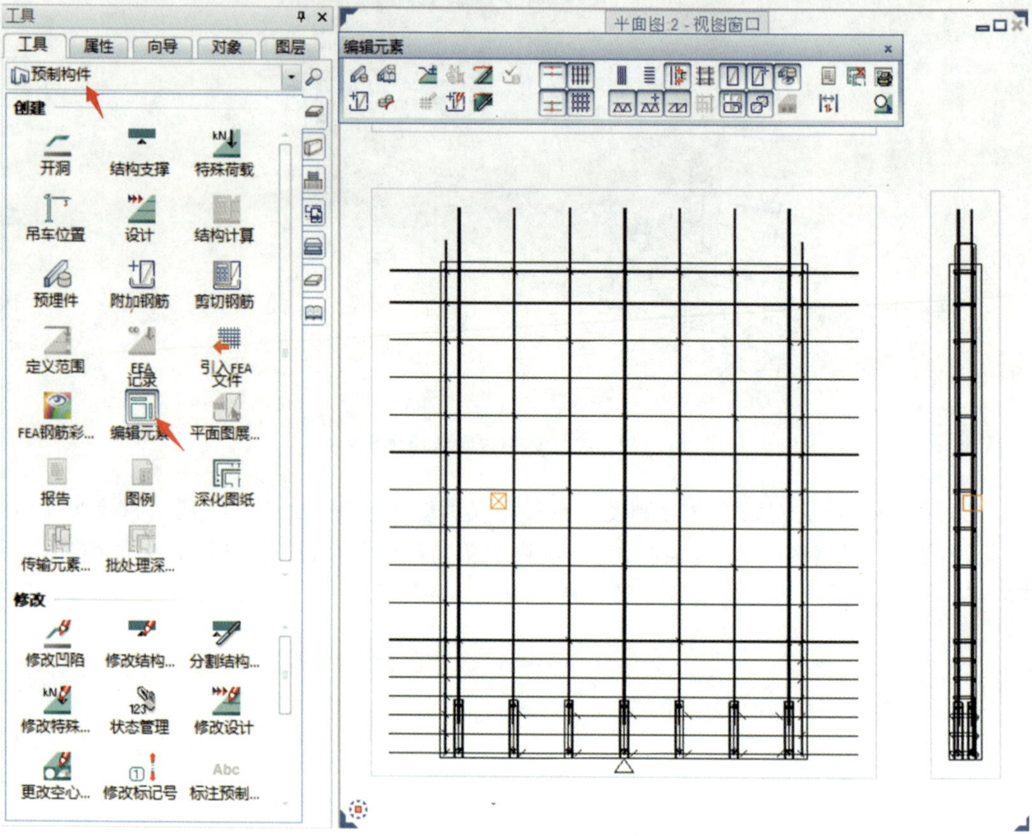

图 1.45 【编辑元素】选项

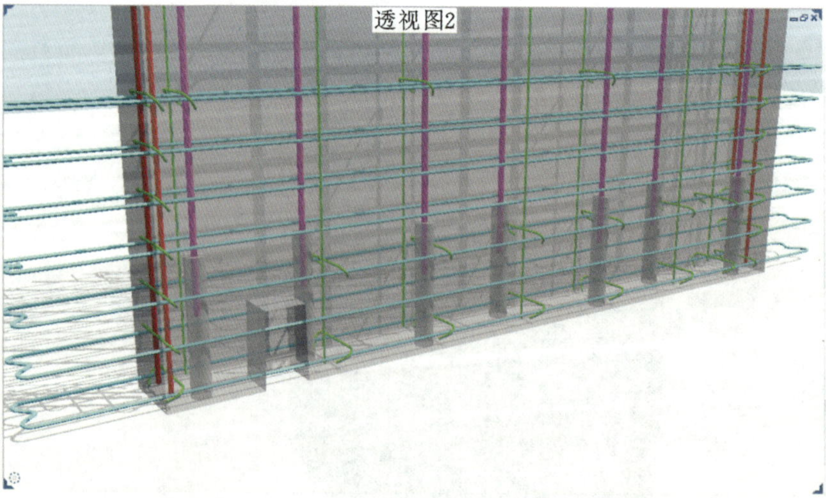

图 1.46 开槽的墙板

(5) 在【快速访问栏(托盘)】的【工具】选项卡→【预制构件】模块中单击【预埋件】选项，按图 1.47、图 1.48 所示定义 PVC 线管，在墙板中放置线管，如图 1.49 所示。

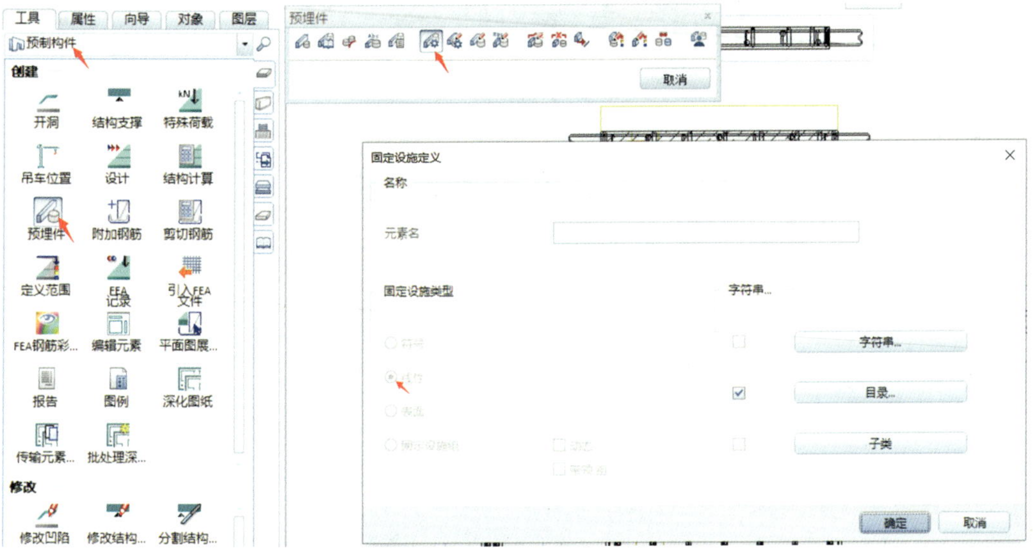

图 1.47　在【预埋件】选项中定义 PVC 线管(1)

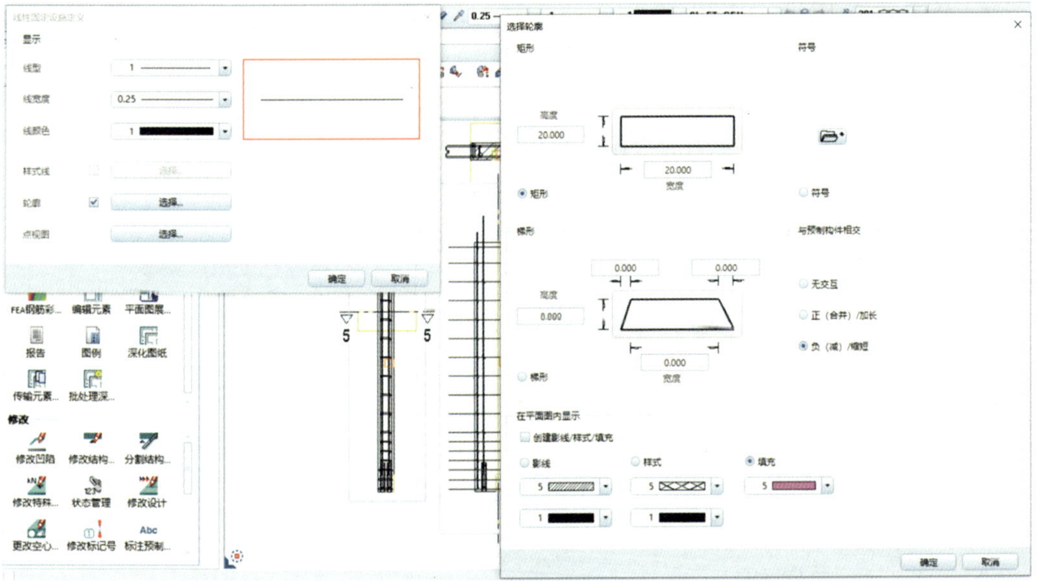

图 1.48　在【预埋件】选项中定义 PVC 线管(2)

(6) 在【快速访问栏(托盘)】的【工具】选项卡→【预制构件】模块中单击【预埋件】选项，按图1.50所示设置吊钉，在墙板中放置吊钉，如图 1.51 所示。

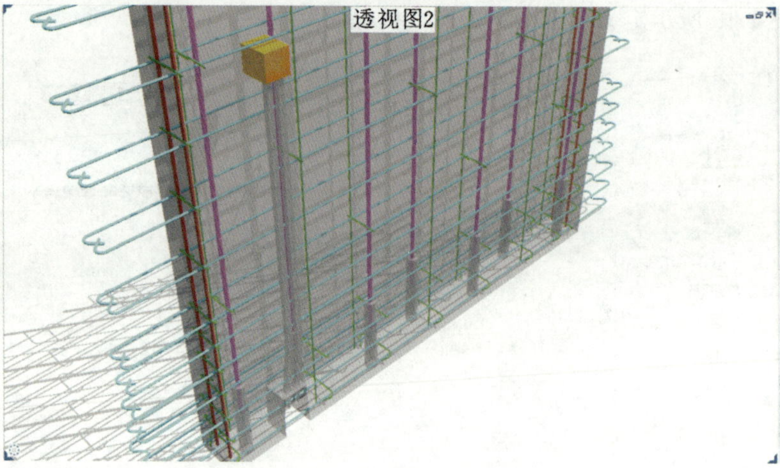

图 1.49 在墙板中放置线管

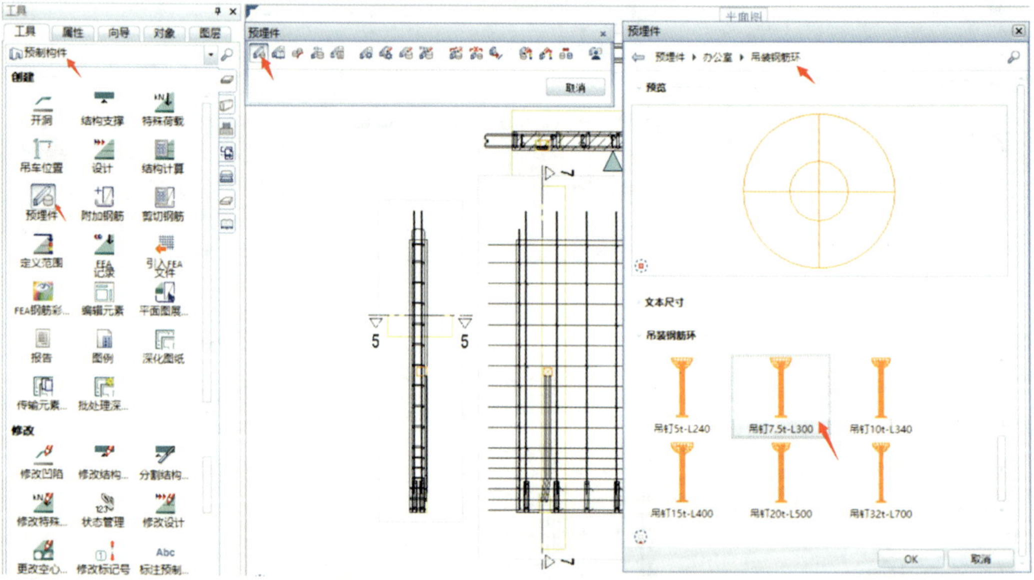

图 1.50 在【预埋件】选项中设置吊钉

1.3.4 生成图纸

在【快速访问栏(托盘)】的【工具】选项卡→【预制构件】模块中单击【深化图纸】选项，如图1.52所示，框选 PCJQ1，生成的深化图纸如图 1.53 所示。

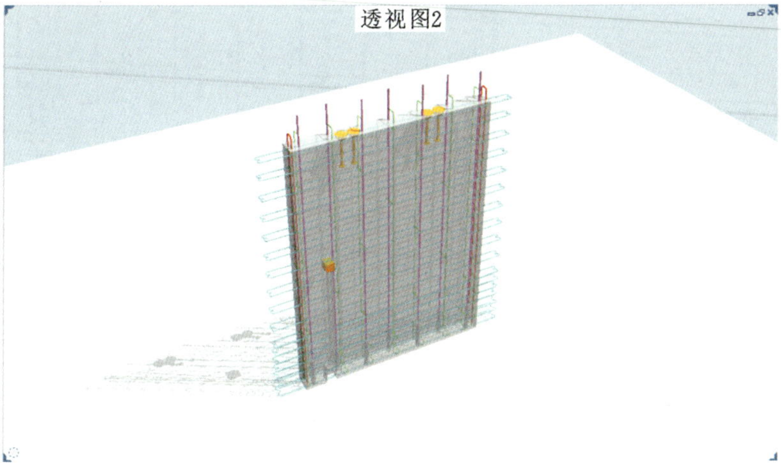

图 1.51　在墙板中放置吊钉

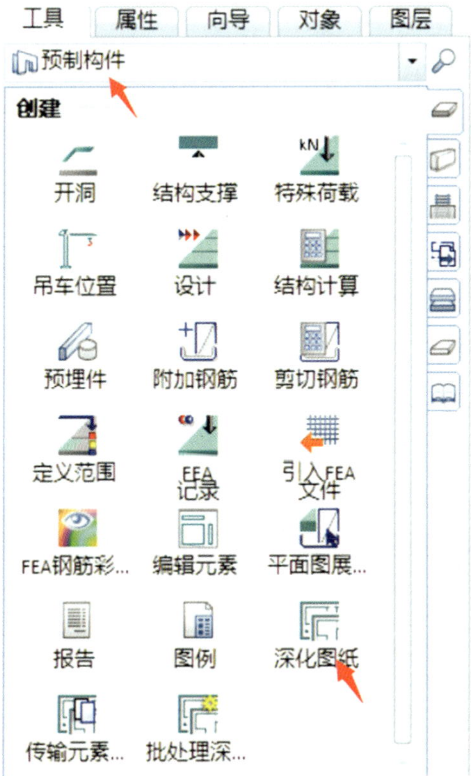

图 1.52　【深化图纸】选项

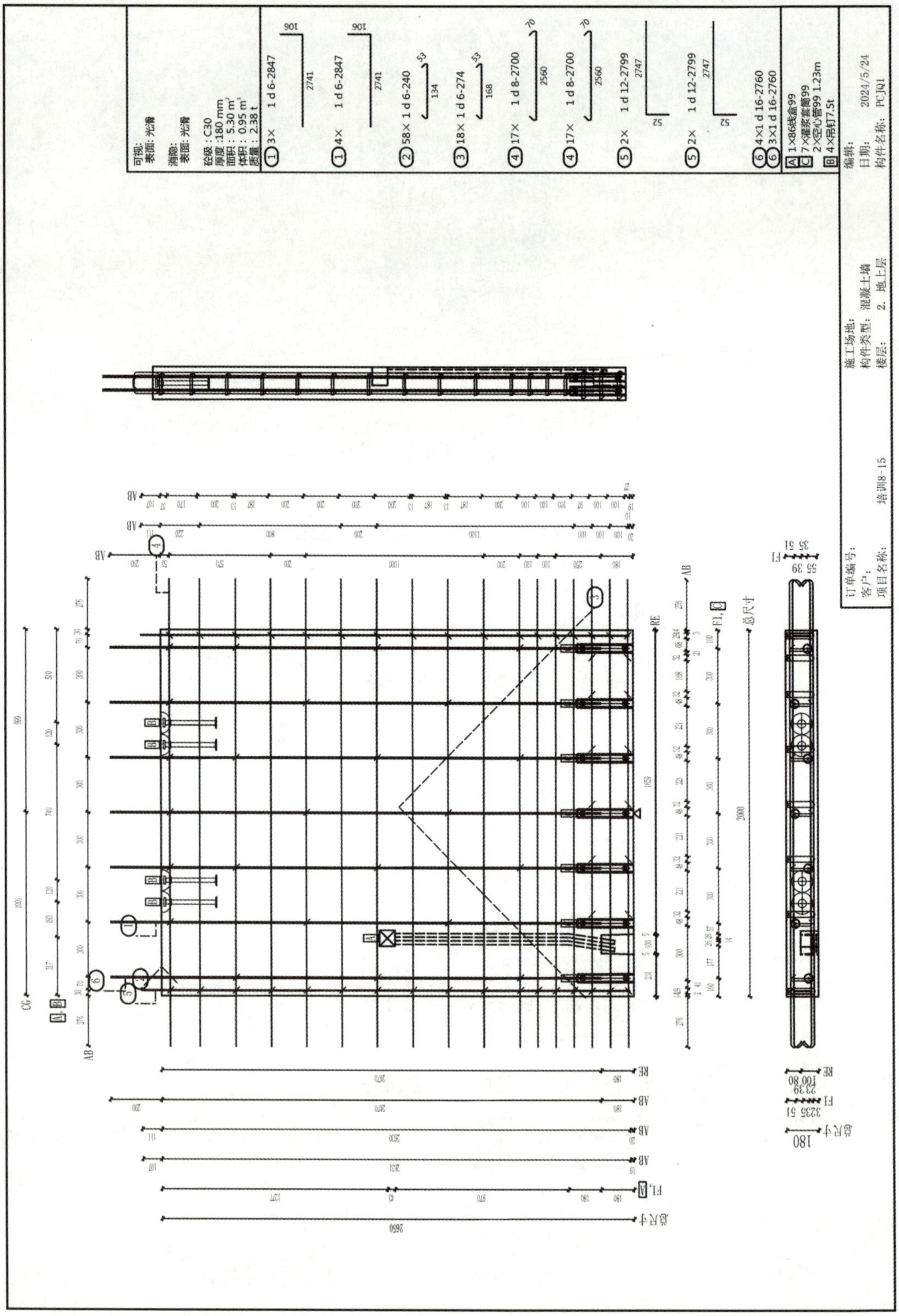
可视:
表面: 光滑
消隐:
表面: 光滑
砼级 : C30
厚度 :180 mm
面积 : 5.30 m²
体积 : 0.95 m³
质量 : 2.38 t
① 3× 1 d 6-2847
① 4× 1 d 6-2847
② 58× 1 d 6-240
③ 18× 1 d 6-274
④ 17× 1 d 8-2700
④ 17× 1 d 8-2700
⑤ 2× 1 d 12-2799
⑤ 2× 1 d 12-2799
⑥ 4×1 d 16-2760
⑥ 3×1 d 16-2760
A 1×86线盒99
C 7×灌浆套筒99
2×空心管99 1.23m
B 4×吊钉7.5t
编辑:
日期: 2024/5/24
构件名称: PCJQ1
施工场地:
构件类型: 混凝土墙
楼层: 2. 地上层
订单编号:
客户:
项目名称: 培训8-15
总尺寸

图1.53 墙体深化图纸

1.3.5　导出 BOM 表

(1) 在【快速访问栏(托盘)】的【工具】选项卡→【预制构件】模块中单击【报告】选项，按图1.54所示，选择【构件清单-墙板.rdlc】选项作为生成构件清单模板，框选 PCJQ1，生成的构件清单表如图 1.55 所示，可选择导出保存。

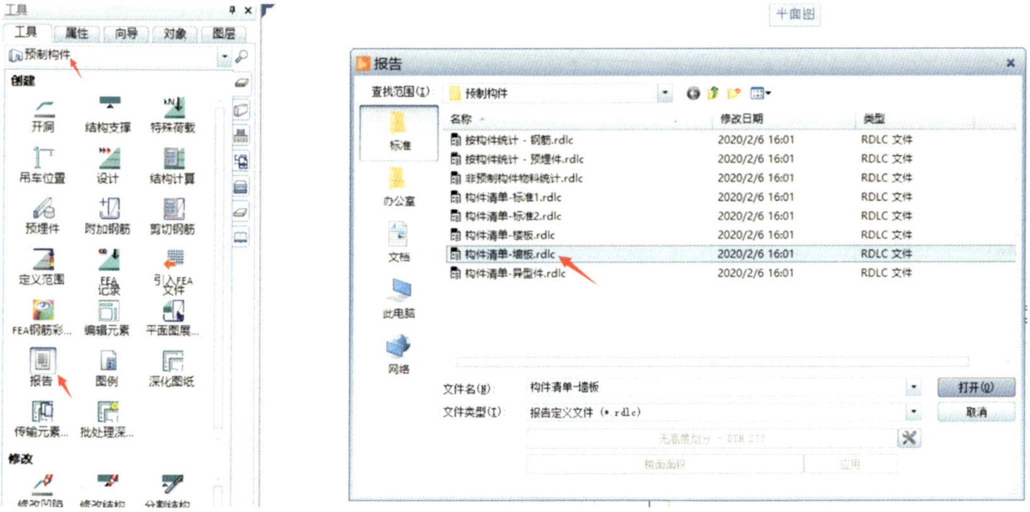

图 1.54　【报告】选项(墙体)

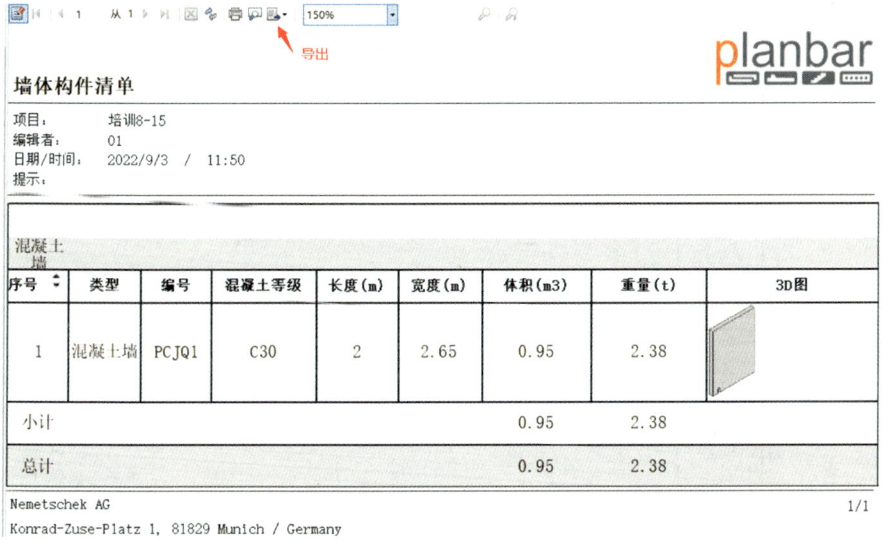

墙体构件清单

项目：　培训8-15
编辑者：　01
日期/时间：　2022/9/3 / 11:50
提示：

混凝土墙

序号	类型	编号	混凝土等级	长度(m)	宽度(m)	体积(m3)	重量(t)	3D图
1	混凝土墙	PCJQ1	C30	2	2.65	0.95	2.38	
小计						0.95	2.38	
总计						0.95	2.38	

Nemetschek AG　1/1
Konrad-Zuse-Platz 1, 81829 Munich / Germany

图 1.55　墙体构件清单表

(2) 采用同样的方法，可根据需要分别导出构件钢筋清单表、构件预埋件统计表等，分别如图 1.56 至图 1.58 所示。

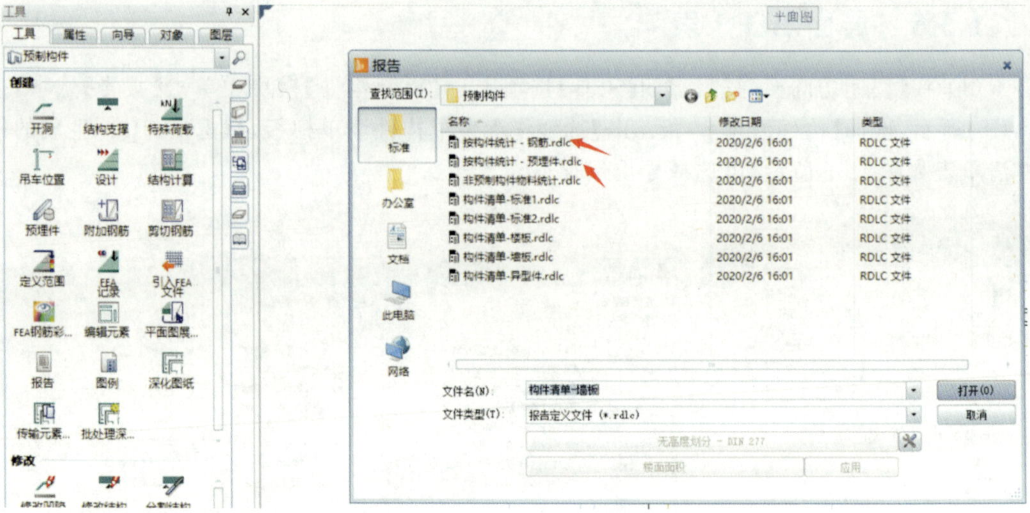

图 1.56 墙体构件钢筋清单表、预埋件统计表文件

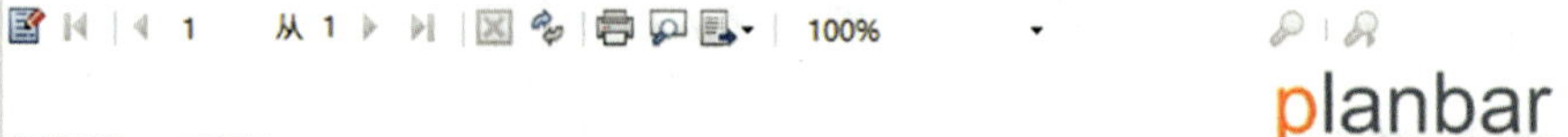

钢筋清单——按构件

项目名称: 培训8-15

楼层:

备注: 请核对!

预制构件		钢筋明细						
件数	编号	钢筋编号	根/件	总计	直径	单根长度	弯折形状	总重
1x	PCJQ1	(1)	7	7	6	19.929	2741 / 108	0.632
		(2)	58	58	6	13.920	134 / 53	0.053
		(3)	18	18	6	4.932	168 / 53	0.061
		(4)	34	34	8	91.800	2560 / 70	1.067
		(5)	4	4	12	11.196	2747 / 83	2.486
		(6)	7	7	16	19.320	2760	4.358
							钢筋总计	8.656

1/1

图 1.57 墙体构件钢筋清单表

预埋件统计

项目名称：　培训8-15
Ersteller:　01
Datum / Zeit:　2022/9/3　/　11:57
Hinweis:

构件编号	名称	类别	数量	长度 m	面积 m2
PCJQ001					
符号预埋件					
		86线盒99	1		
	吊钉7.5t-L300	吊钉7.5t	4		
		灌浆套筒99	7		
线型预埋件					
		空心管99	2	1.230	

Nemetschek AG　1/1
Konrad-Zuse-Platz 1, 81829 Munich / Germany

图 1.58　墙体构件预埋件统计表

任务 2　预制柱深化设计

2.1　任务导入

根据给定预制柱施工图，如图 2.1、图 2.2 所示，使用 Planbar 软件完成给定图纸中 PCZ1 深化设计。

2.2　相关知识技能

2.2.1　基础知识

预制柱是指预先按规定尺寸做好模板，然后浇筑成型，强度达到要求后再运至施工现场按设计要求进行安装固定的柱。在框架结构中，柱承受梁和板传来的荷载，并将荷载传给基础，是主要的竖向支撑结构。预制柱的优点是提升施工效率、改善受力性能、提高经济效益。

预制柱的截面形状一般为正方形或矩形，边长不宜小于 400 mm，且不宜小于同方向梁宽的 1.5 倍。

(1) 预制柱的保护层厚度要求

混凝土保护层的最小厚度见表 2.1，表中混凝土保护层厚度指最外层钢筋外边缘至混凝土表面的距离，适用于设计使用年限为 50 年的混凝土结构。构件中受力钢筋的保护层厚度不应小于钢筋的公称直径。设计使用年限为 100 年的混凝土结构，在一类环境中，最外层钢筋的保护层厚度不应小于表 2.1 中数值的 1.4 倍。对于采用工厂化生产的预制构件，当有充分依据时，可适当减少混凝土保护层厚度。最小混凝土保护层厚度的要求既适用于预制构件，也适用于后浇混凝土部分。

表 2.1　混凝土保护层最小厚度　　单位：mm

环境类别	板、墙、壳	梁、柱、杆
一	15	20
二 a	20	25
二 b	25	35
三 a	30	40
三 b	40	50

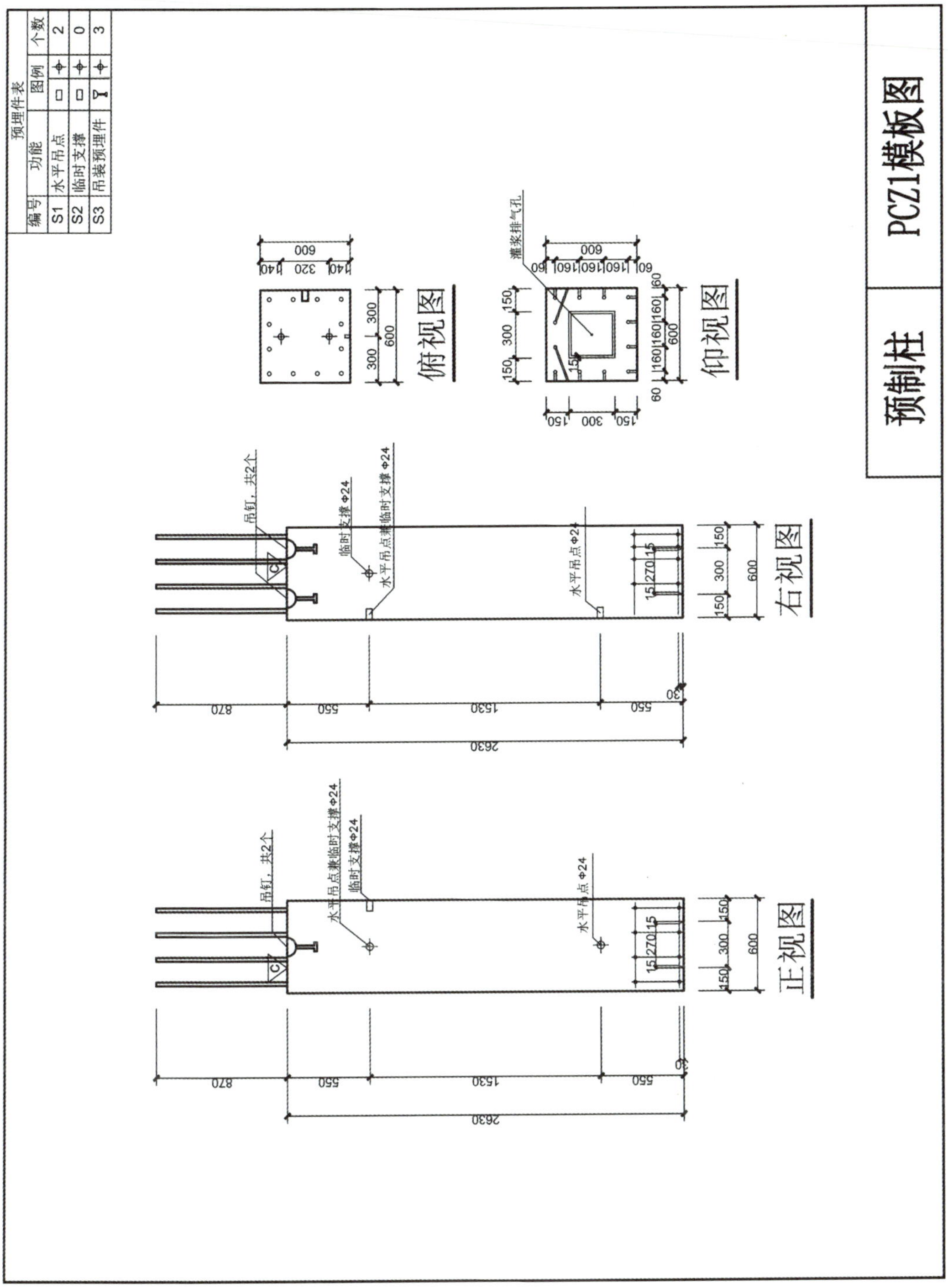
预埋件表
编号 功能 图例 个数
S1 水平吊点 2
S2 临时支撑 0
S3 吊装预埋件 3
预制柱
PCZ1模板图
俯视图
仰视图
灌浆排气孔
右视图
正视图
吊钉，共2个
临时支撑Φ24
水平吊点兼临时支撑Φ24
水平吊点Φ24
870
550
1530
550
2630
600
300
150

图2.1　PCZ1模板图

钢筋表

钢筋类型		钢筋编号	钢筋加工尺寸	钢筋下料长度	钢筋数量	备注
梁	纵筋	①	3270	3270	12⌀25	
	箍筋	②	560	2436	5⌀10	
		③	240	1796	10⌀10	
		④	530	2316	17⌀10	
		⑤	210	1676	34⌀10	制作详图
灌浆套筒			GTZQ4 25		12	

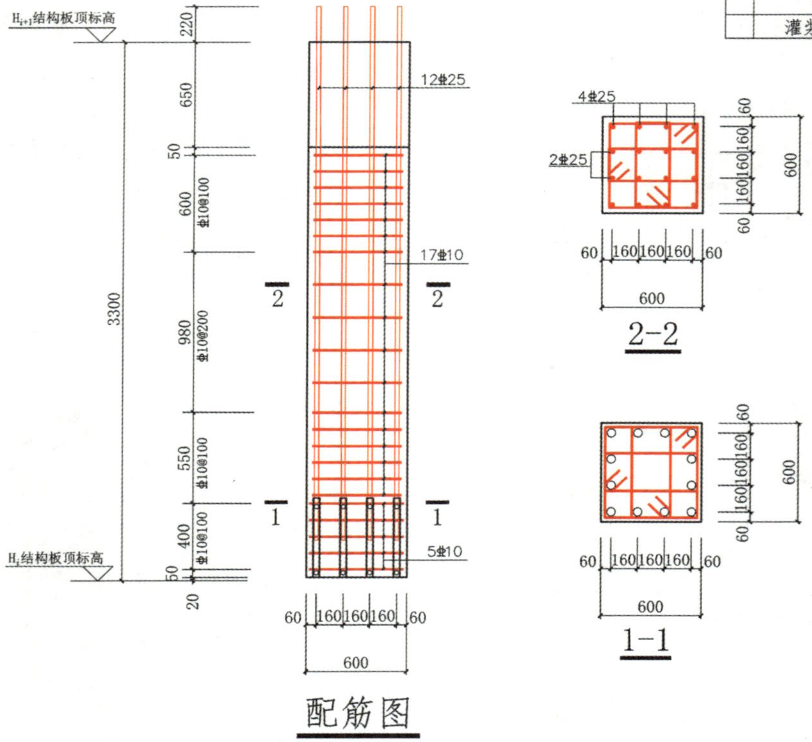

预制柱 PCZ1配筋图

图2.2 PCZ1配筋图

(2) 纵向钢筋和箍筋的要求

预制柱纵向受力钢筋直径不宜小于20 mm,间距至少为50 mm且不宜大于200 mm。纵筋可沿柱截面四周均匀布置,如图2.3(a)所示;当柱边长大于600 mm时,柱纵筋也可集中于四角对称布置,并在柱中设置直径不宜小于12 mm和箍筋直径的纵向辅助钢筋,纵向辅助钢筋一般不伸入框架节点,在预制柱端部锚固,如图2.3(b)所示。

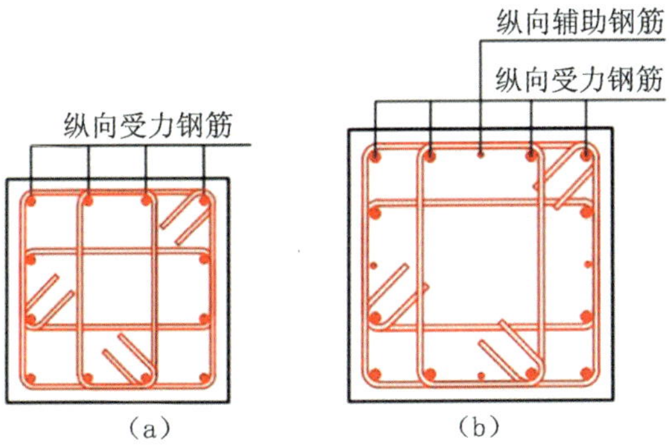

图2.3　预制柱纵筋的布置

(a)纵筋沿四周均匀布置;(b)柱纵筋集中于四角

预制柱的纵向钢筋宜采用套筒灌浆连接,当房屋高度不大于12 m或房屋层数不超过3层时,也可采用浆锚搭接、焊接等连接方式。采用预制柱的钢筋混凝土框架中,柱底接缝宜设置在楼面标高处,柱纵向受力钢筋应贯穿后浇节点区,伸入上层柱灌浆套筒内,柱底接缝厚度宜为20 mm,并应采用灌浆料填实。

顶层中柱纵向钢筋采用直线锚固,当锚固长度不足时,宜采用锚固板锚固;顶层边柱纵向钢筋宜伸出屋面并锚固在伸出段内,伸出段长度不宜小于500 mm,伸出段内箍筋间距不应大于$5d$(d为柱纵向受力钢筋直径),且不应大于100 mm;柱纵向钢筋宜采用锚固板锚固,锚固长度不应小于$40d$。

预制柱的箍筋采用普通复合箍筋或连续复合式箍筋,表示方法为$m\times n$,同现浇柱的表示方法。预制柱箍筋加密区高度除应满足现浇混凝土框架结构要求外,当纵向受力钢筋在柱底采用套筒灌浆连接时,不应小于纵向受力钢筋连接区域长度与500 mm之和,且套筒上端第一道箍筋距离套筒顶部不应大于50 mm,如图2.4所示。

通常情况下,箍筋应做成封闭式,形式包括焊接封闭箍筋和带弯钩的封闭箍筋。焊接封闭箍筋一般在工厂加工制作,带弯钩的封闭箍筋弯钩弯折角度为135°,抗震构件或受扭构件弯钩长度L_d不小于$10d$(d为钢筋直径)和75 mm的较大值,非抗震构件弯钩长度L_d不小于$5d$和50 mm的较大值。拉筋的弯钩弯折要求同箍筋,可采用以下三种形式:拉筋紧靠箍筋并钩住纵筋,拉筋紧靠纵筋并钩住箍筋,拉筋同时钩住纵筋和箍筋。

(3) 钢筋的连接

钢筋的连接方式主要包括绑扎搭接连接、机械连接或焊接连接,除此之外,装配式混凝

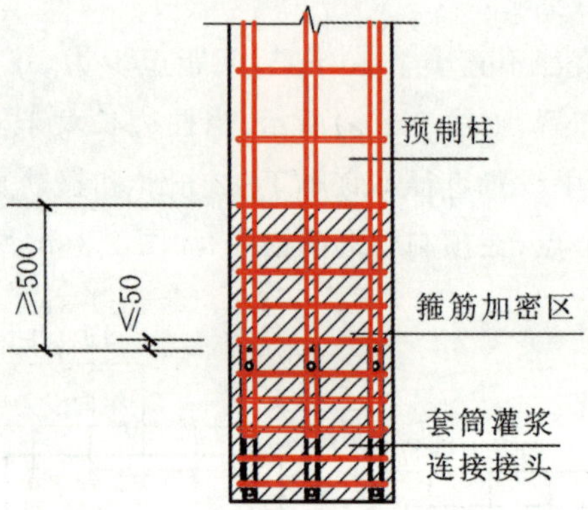

图 2.4　钢筋采用套筒灌浆连接时柱底箍筋加密区域构造示意

土结构重要的连接形式还包括钢筋套筒灌浆连接和浆锚连接。混凝土结构中受力钢筋的连接接头宜设置在受力较小处，如钢筋混凝土柱钢筋的连接接头一般设置在柱的中间部位，梁上部钢筋的连接接头设置在跨中 1/3 处。在同一根受力钢筋上宜少设接头。在结构的重要构件和关键传力部位，纵向受力钢筋不宜设置连接接头。轴心受拉及小偏心受拉杆件的纵向受力钢筋不得采用绑扎搭接；其他构件中的钢筋采用绑扎搭接时，受拉钢筋直径不宜大于 25 mm，受压钢筋直径不宜大于 28 mm。

① 绑扎搭接

同一构件中相邻纵向受力钢筋的绑扎搭接接头宜互相错开。钢筋绑扎搭接接头连接区段的长度为 1.3 倍搭接长度，凡搭接接头中点位于该连接区段长度内的搭接接头均属于同一连接区段，同一连接区段内纵向受力钢筋搭接接头面积百分率为该区段内有搭接接头的纵向受力钢筋截面面积与全部纵向受力钢筋截面面积的比值。当直径不同的钢筋搭接时，按直径较小的钢筋计算。

纵向受力钢筋连接的位置宜避开梁端、柱端箍筋加密区；如必须在此连接，应采用机械连接或焊接。混凝土构件位于同一连接区段内的纵向受力钢筋接头面积百分率不宜超过 50%。

② 机械连接

纵向受力钢筋的机械连接接头宜相互错开。钢筋机械连接区段的长度为 $35d$，d 为连接钢筋的较小直径。凡接头中点位于该连接区段长度内的机械连接接头均属于同一连接区段。位于同一连接区段内的纵向受拉钢筋接头面积百分率不宜大于 50%；对板、墙、柱及预制构件的拼接处，可根据实际情况放宽。纵向受压钢筋的接头百分率可不受限制。

机械连接套筒的保护层厚度宜满足有关钢筋最小保护层厚度的规定。机械连接套筒的横向净间距不宜小于 25 mm；套筒处箍筋的间距仍应满足相应的构造要求，宜采取在机械连接套筒两侧减小箍筋布置间距，避开套筒的解决办法。

③ 焊接接头

纵向受力钢筋的焊接接头应相互错开。钢筋焊接接头连接区段的长度为 35d 且不小于 500 mm，d 为连接钢筋的较小直径，凡接头中点位于该连接区段长度内的焊接接头均属于同一连接区段。

纵向受拉钢筋的接头面积百分率不宜大于 50%，但对预制构件的拼接处，可根据实际情况放宽。纵向受压钢筋的接头百分率可不受限制。

(4) 柱的键槽和预埋件

预制柱的底部应设置键槽且宜设置粗糙面。其中底部设置的键槽有单个和多个的情况，键槽为规则图形，向内凹陷。键槽的尺寸和数量应通过受力计算确定，主要形状包括矩形、十字形、米字形等。键槽应均匀布置，这样可使上下柱子结合更紧密，同后浇筑混凝土共同受力，粗糙面亦可起到上下柱紧密结合的作用。键槽深度不宜小于 30 mm，键槽端部斜面倾角不宜大于 30°，柱顶应设置粗糙面，凹凸深度不小于 6 mm。柱底键槽示意如图 2.5 所示。

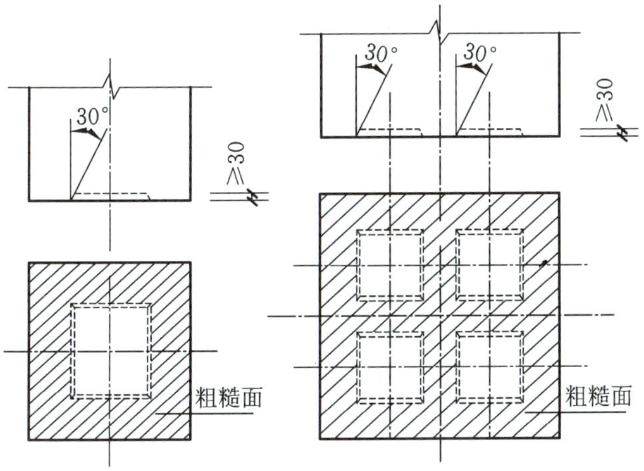

图 2.5　预制柱底部键槽示意图

预制柱需设置吊装预埋件与临时支撑预埋件。吊装预埋件设置在柱顶，一般设置 3 个，呈三角形，也可设置 2 个；水平吊点设置在正面，对称布置，一般设置 4 个或 2 个；临时支撑预埋件设置在正面和相邻侧面中间部位。柱顶部有时需设置支模套筒。此外，在柱底部中心部位需设置灌浆排气孔，排气孔的孔口应高出灌浆套筒出浆孔 100 mm 以上。

2.2.2　施工图识读

预制柱的施工图纸内容相对较少，通常分为模板图和配筋图。

(1) 模板图识读

从图 2.1 模板图中可以读取以下内容：

① 预制柱代号为 PCZ1。PC 为英语 precast concrete 的缩写，是指在工厂中通过标准

化、机械化方式加工生产的混凝土制品。与之相对应的传统现浇混凝土需要现场制模、现场浇筑和现场养护，传统混凝土柱主要通过 22G101 平法图集表示相应符号和节点。PC 构件主要通过模板图和配筋图表示。

② 柱顶部倒三角形中间有一个 C 的符号代表顶部为粗糙面，与上部后浇混凝土充分连接，粗糙面可通过工具凿毛或者机器凿毛。顶部还有两个吊钉，吊钉起到了吊装预制柱的作用。吊钉通过半圆凹型套头(俗称"半球胶套")放置在模具中，凹型套头起固定吊钉作用并在预制件成型后形成一个用于连接万向接头(俗称"起重接驳器""起重离合器")的凹面。图中两个吊钉分别距离柱顶平面上下边缘 140 mm，左右方向上正好位于中间，上下对称布置。

③ 预制柱有两个临时支撑点。斜向支撑主要用于固定与调整预制柱体，确保预制柱安装垂直度，加强预制柱与主体结构的连接，确保灌浆和后浇混凝土浇筑时，柱体不产生位移。楼面斜支撑常规采用膨胀螺栓进行安装。安装时需综合考虑安装处提前布置的预埋件及钢筋位置、板厚等因素，避免损坏、打穿、打断预制柱预埋线管、钢筋以及其他预埋装置等。图中的预埋膨胀螺栓共 3 个，正面看有两个，右边看有一个。距离顶部 550 mm 的水平吊点预埋件还顺便兼作临时支撑的预埋件。

④ 模板图中的仰视图可体现柱底部的构造，再结合正视图和右视图可知，柱底包括凹进去的键槽和灌浆排气孔。键槽最外边缘为 300 mm×300 mm 的正方形，向内凹进去 30 mm，键槽形成斜面，左右各收进 15 mm，符合小于 30°的要求。

(2) 配筋图识读

从图 2.2 配筋图可知，此预制柱中共有 1 种纵向钢筋，5 种箍筋。断面图 1—1 代表套筒部分钢筋情况，断面图 2—2 预制墙体中各种钢筋信息如下，其中 HRB400 代表热轧带肋钢筋，钢筋屈服强度为 400 MPa：

① 纵向钢筋只有一种，编号为 1 号。在柱的外沿保护层内均匀布置，共有 12 根直径为 25 mm 的 HRB400 竖向钢筋。纵筋下端插入套筒内，上端延伸出柱顶部，钢筋在预制柱上方外露长度为 870 mm，但其中有 650 mm 的范围为后浇筑混凝土，与预制柱顶面的粗糙面相结合。

② 此预制柱内配置 4×4 复合箍筋，共有四种，均为直径为 10 mm 的 HRB400 箍筋。预制柱箍筋同样有加密区和非加密区，@100 表示箍筋加密区间距为 100 mm，@200 表示非加密区间距为 200 mm。下部 470 mm 范围内为套筒区域，灌浆套筒直径比纵筋直径大，因此套筒范围内箍筋围成的区域面积大于上方箍筋围成的面积，也即 2、3 号箍筋代表套筒范围内箍筋，4、5 号箍筋代表套筒范围外箍筋。注意不能将加密区和套筒区域弄混，套筒上方仍有一段 550 mm 范围内的加密区。

③ 通过配筋图可知实际的结构层层高为 3300 mm，但是预制柱的长度仅为 2630 mm。从下一层板顶向上预留了 20 mm 空隙，上层板顶向下有 650 mm 高为后浇区域，因此非预制部分一共有 650 mm＋20 mm 共 670 mm，预制柱长度 2630 mm 加上非预制高度 670 mm，得到的刚好是 3.3 m，即为层高。

2.2.3　深化设计

2.2.3.1　配筋设计

首先确定预制柱的混凝土强度等级，箍筋保护层厚度。混凝土强度等级可根据结构施工图中的楼层表确定，箍筋保护层厚度可根据结构施工图中的结构设计总说明确定。混凝土强度等级最小值参考行业标准《装配式混凝土结构技术规程》(JGJ 1—2014)第4.1.2条要求；箍筋保护层厚度最小值参考国家标准《混凝土结构设计标准》(GB/T 50010—2010)(2024年版)第8.2.1至8.2.3条，以及行业标准《钢筋套筒灌浆连接应用技术规程》(JGJ 355—2015)(2023年版)第4.0.7条要求。

然后确定柱的预制尺寸，预制柱的截面尺寸可依据结构施工图中柱定位及平法配筋图，预制构件净高要考虑各向梁的尺寸，以及水平灌浆缝的高度。

预制柱内主要配置纵筋及箍筋，且应符合下列要求。

(1) 纵筋，采用普通复合箍筋柱时，柱纵向受力钢筋可沿截面四周均匀布置，可集中于四角对称配置。柱纵向受力钢筋直径不宜小于20 mm，间距如大于国家规范的有关规定，可增设直径不小于$s/10$(HPB300、HRB335级钢筋)，$s/15$(HRB400、HRB500级钢筋)且不小于12 mm的构造钢筋，其中s为柱非加密区箍筋间距。构造钢筋仅位于预制柱内，可不外伸至梁柱接头内，并在预制构件端部锚固。预制柱的纵筋分布如图2.3所示。柱纵向受力钢筋在柱底采用灌浆套筒连接时，连接区域的钢筋保护层厚度不得小于15 mm，相邻套筒之间的净距不宜小于25 mm。

(2) 箍筋，柱纵向受力钢筋在柱底采用套筒灌浆连接时，柱箍筋加密区长度不应小于纵向受力钢筋连接区域长度与500 mm之和；套筒上端第一道箍筋距离套筒顶部不应大于50 mm。柱箍筋加密区还应满足行业标准《高层建筑混凝土结构技术规程》(JGJ 3—2010)第6.4.6条的要求。柱底箍筋加密区域构造如图2.4所示。

2.2.3.2　连接节点设计

(1) 预制柱与预制柱、现浇柱连接形式

柱的截面在高度范围内宜相同，需要变截面时，应单侧收进；柱筋宜选用大直径钢筋、大间距布置，尽量保证配筋统一；柱截面不变时，尽量改变钢筋直径不改变根数，使模具标准化；纵筋根据实际情况，尽量布置在四角。预制柱的连接如图2.6至图2.8所示。

(2) 对框架顶层中节点，柱纵向受力钢筋宜采用直线锚固，如图2.9所示。

(3) 对框架顶层端节点，①柱宜伸出屋面并将柱纵向受力钢筋锚固在伸出段内[图2.10(a)]，伸出段长度不宜小于500 mm，伸出段内箍筋间距不应大于$5d$(d为柱纵向受力钢筋直径)，且不应大于100 mm；柱纵向钢筋宜采用锚固板锚固，锚固长度不应小于$40d$；②柱外侧纵向受力钢筋也可与梁上部纵向受力钢筋在后浇节点区搭接[图2.10(b)]，其构造要求应符合现行国家标准《混凝土结构设计标准》(GB/T 50010—2010)(2024年版)中的规定；柱内侧纵向受力钢筋宜采用锚固板锚固。

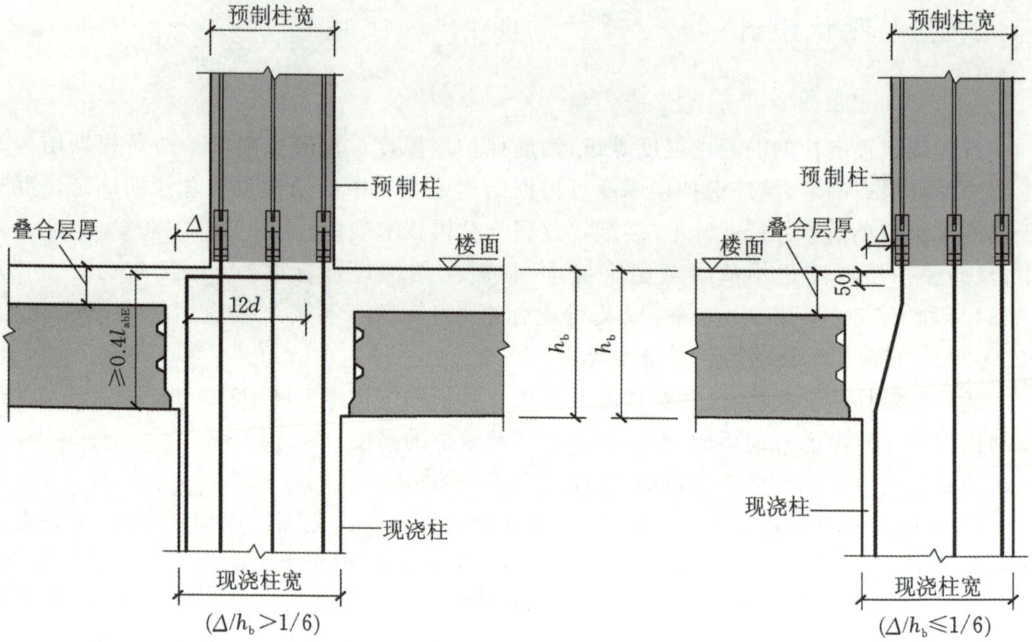

Δ—柱变截面的尺寸；h_b—梁高；l_{abE}—受拉钢筋的抗震基本锚固长度；d—钢筋直径

图 2.6　预制柱与现浇柱连接

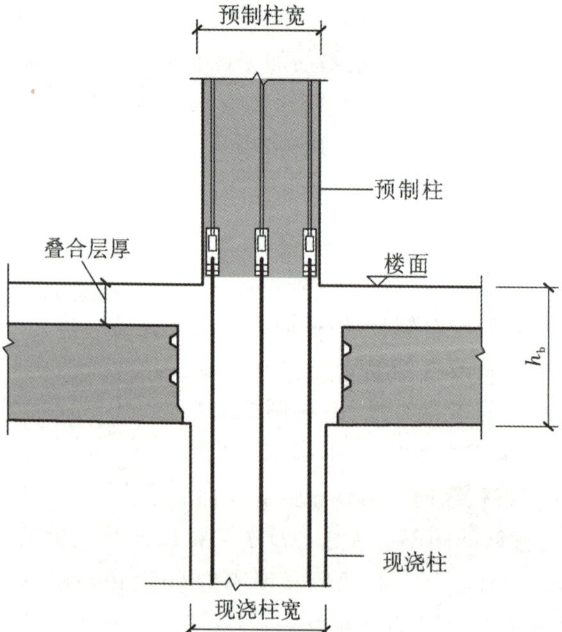

h_b—梁高

图 2.7　等截面预制柱与现浇柱连接

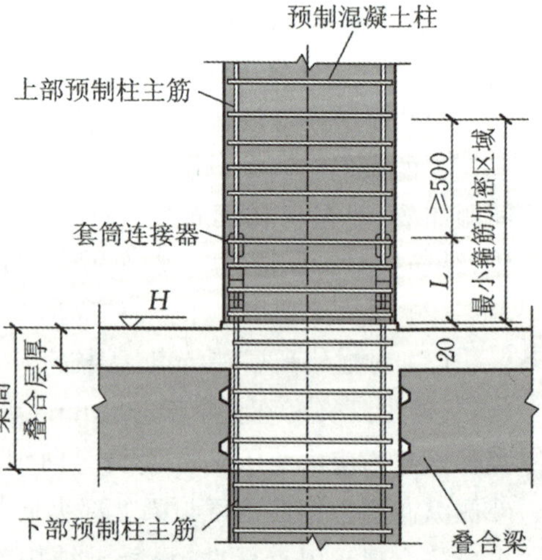

L—纵向受力钢筋连接区域长度；H—楼面标高

图 2.8　等截面预制柱间连接(灌浆套筒连接)

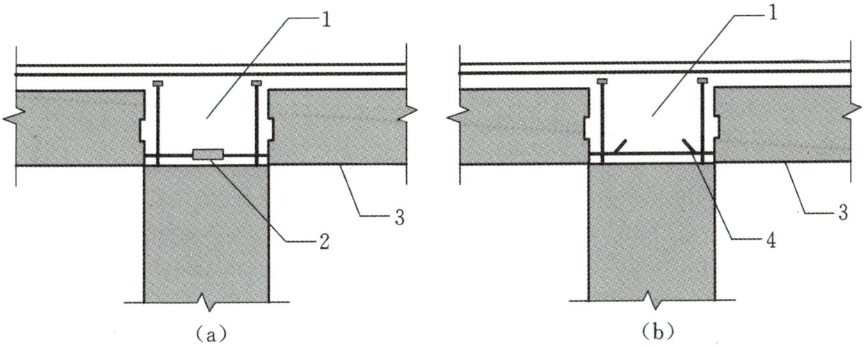

1—后浇区；2—梁下部纵向受力钢筋连接；3—预制梁；4—梁下部纵向受力钢筋锚固

图 2.9　预制柱及叠合梁框架顶层中节点构造示意

(a)梁下部纵向受力钢筋连接；(b)梁下部纵向受力钢筋锚固

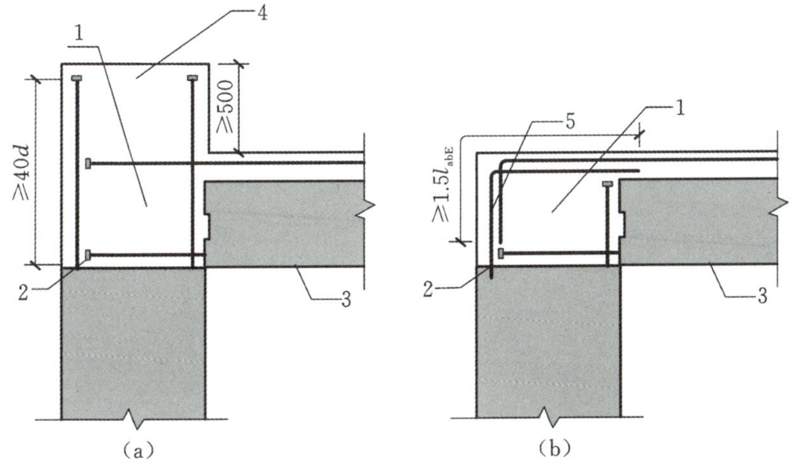

1—后浇区；2—梁下部纵向受力钢筋锚固；3—预制梁；4—柱延伸段；5—梁柱外侧钢筋搭接

图 2.10　预制柱及叠合梁框架顶层端节点构造示意

(a)柱向上伸长；(b)梁柱外侧钢筋搭接

2.2.3.3　预埋预留设计

预埋件设计应根据设计要求和施工方案对脱模、吊运、运输、安装等环节进行施工验算，满足承载力、变形和裂缝等相关要求。

(1) 斜支撑、脱模套筒，布置在柱高的 1/4 处，向上取整百值。

(2) 吊点在柱顶居中布置。

(3) 键槽，粗糙面，键槽中心需预留排气孔。参考行业标准《装配式混凝土结构技术规程》(JGJ 1—2014)第 6.5.5 条“预制柱的底部应设置键槽且宜设置粗糙面，键槽应均匀布置，键槽深度不宜小于 30 mm，键槽端部斜面倾角不宜大于 30°。柱顶应设置粗糙面。粗糙面的面积不宜小于结合面的 80%，预制板的粗糙面凹凸深度不应小于 4 mm，预制梁端、预制柱端、预制墙端的粗糙面凹凸深度不应小于 6 mm。”

2.2.3.4 构件加工图设计

预制柱构件加工图的基本要求：

(1) 图中绘制预制柱正视图、左视图、右视图、背视图、正视配筋图、俯视图、底视图、3D正视钢筋骨架图、3D正视图、3D背视图；

(2) 钢筋用双线表示，带肋钢筋要用外径值表示(按照钢筋加工最大正误差)；

(3) 套筒连接的钢筋，钢筋表要有加工误差要求，并与套筒对接钢筋的误差要求相匹配；

(4) 预制柱参数表；

(5) 预埋件明细表。

2.3 任务实施

2.3.1 生成构件模型

(1) 在【快速访问栏(托盘)】的【工具】选项卡→【预制构件】模块中单击【辅助预制元素】选项，如图2.11所示。选择柱构件，如图2.12所示，在【属性】选项中编辑预制柱属性，如图2.13所示，在【几何形状】选项中分别输入预制柱宽度、厚度、高度尺寸，如图2.14所示。

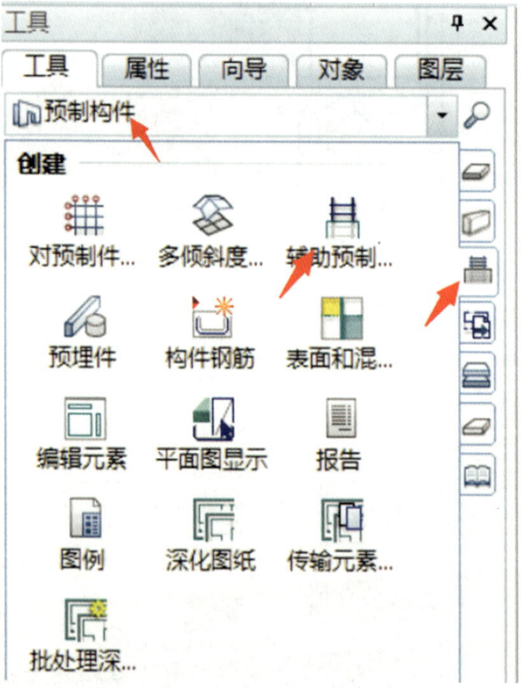

图 2.11 【辅助预制元素】选项(预制柱)

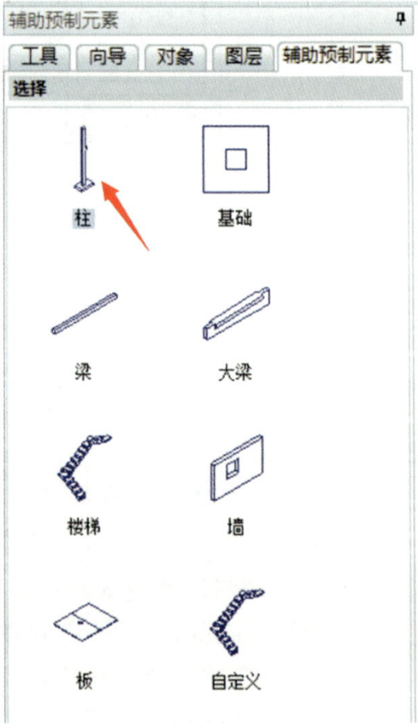

图 2.12 选择柱构件

(2) 在平面图绘图区域单击放置预制柱，完成PCZ1模型创建，如图2.15所示。

2.3.2 钢筋布置

(1) 在【快速访问栏(托盘)】的【工具】选项卡→【视图、剖面、详细说明】模块中单击【创建视图】选项，如图 2.16 所示，分别创建前视图、左视图、平面视图；单击【创建剖面】选项，创建剖面图。创建的预制柱视图如图 2.17 所示。

(2) 在【快速访问栏(托盘)】的【工具】选项卡→【工程】模块中单击【条筋形状】选项，如图 2.18所示，选择【直钢筋】，修改钢筋规格，如图 2.19 所示，绘制的纵筋如图 2.20、图 2.21 所示。

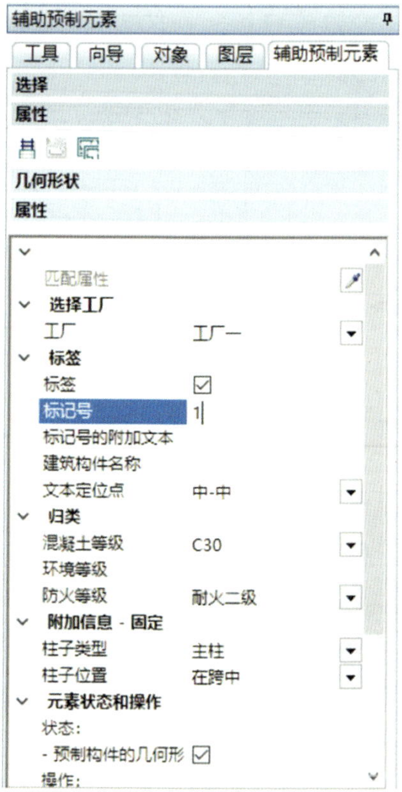

图 2.13 预制柱属性

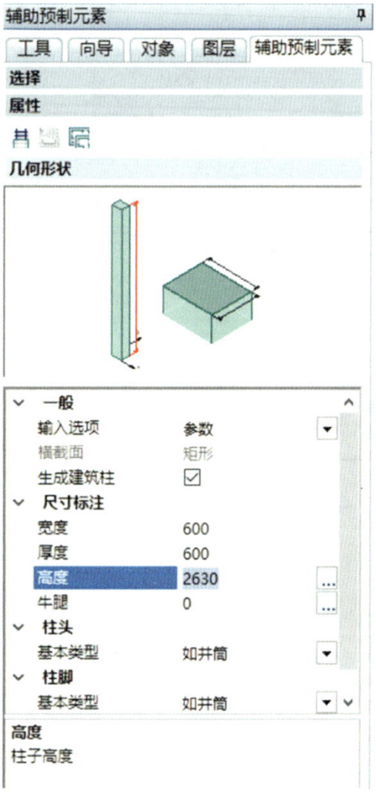

图 2.14 预制柱几何形状

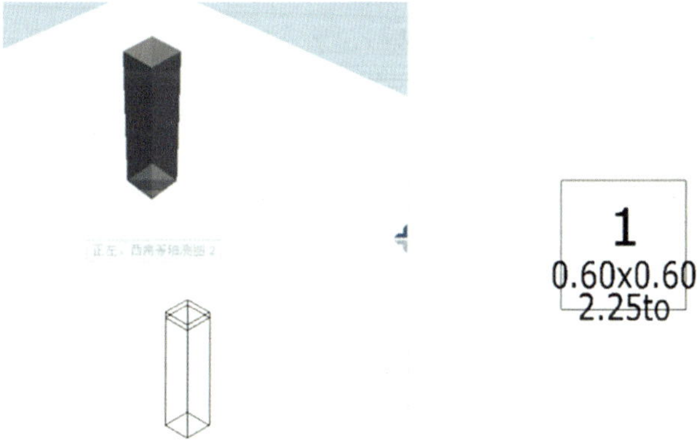

图 2.15 创建的 PCZ1 模型

(3) 在【快速访问栏(托盘)】的【工具】选项卡→【工程】模块中单击【条筋形状】选项，选择【封闭式箍筋】，修改钢筋规格，如图 2.22 所示，绘制 4 号箍筋，如图 2.23 所示。采用同样的方法分别绘制 2、3、5 号箍筋，完成箍筋布置，如图 2.24 所示。

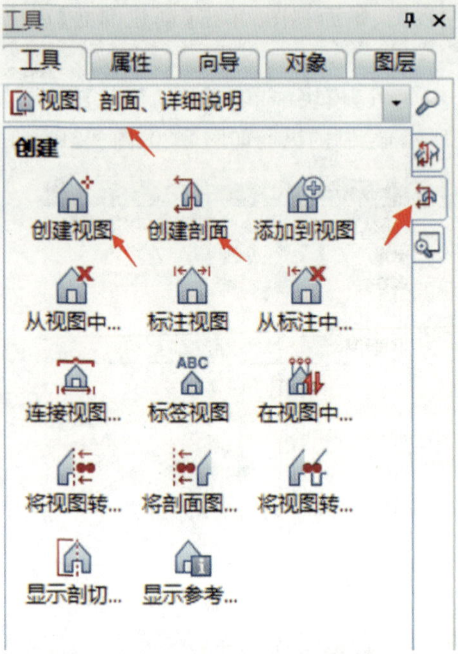

图 2.16 【创建视图】选项(预制柱)

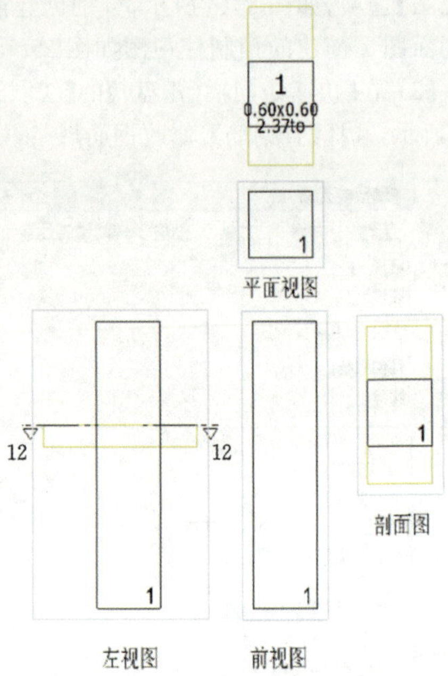

图 2.17 预制柱视图

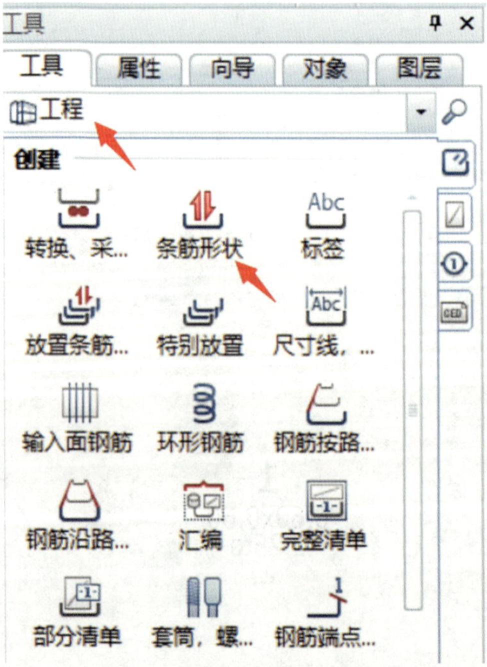

图 2.18 【条筋形状】选项(预制柱)

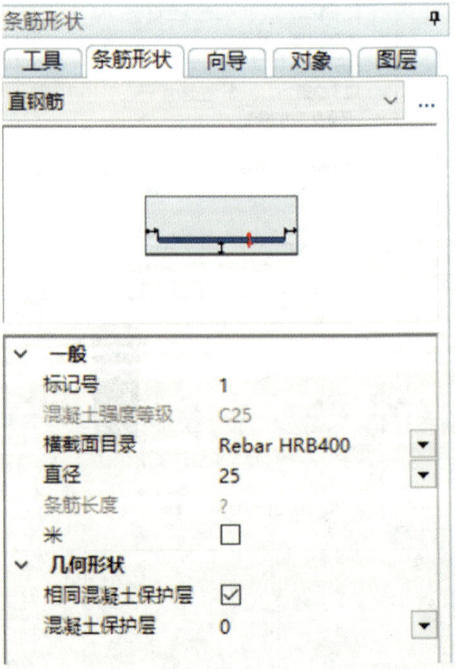

图 2.19 预制柱纵筋规格

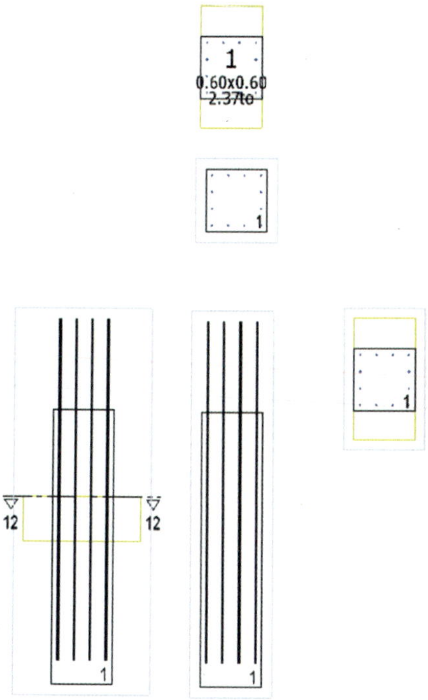

图 2.20　绘制的预制柱纵筋(1)

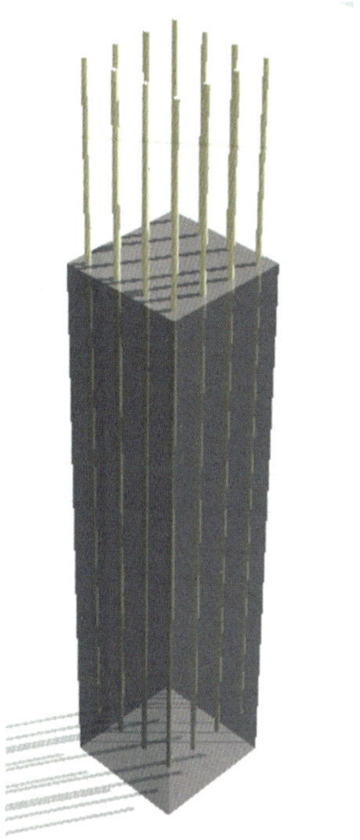

图 2.21　绘制的预制柱纵筋(2)

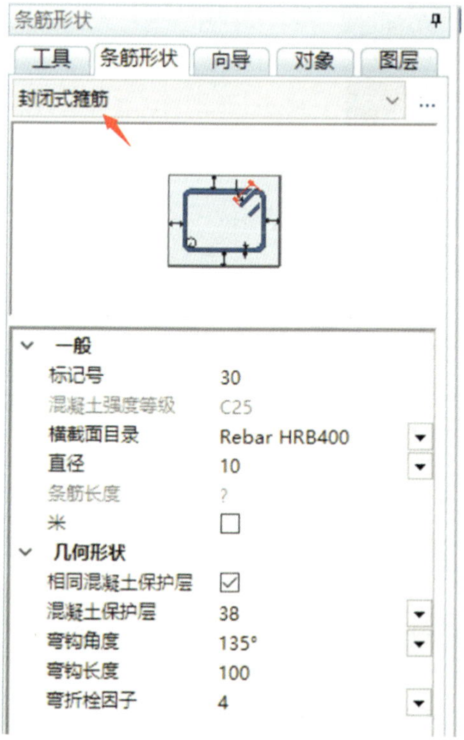

图 2.22　预制柱箍筋规格

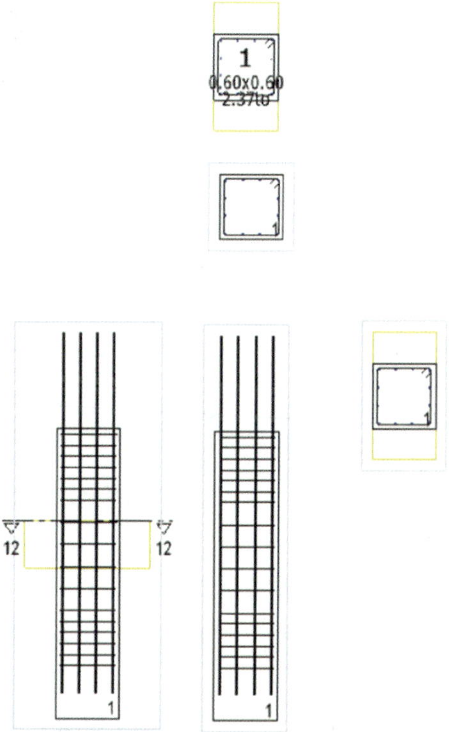

图 2.23　绘制的 4 号箍筋

图 2.24 布置的预制柱箍筋

2.3.3 预埋件布置

(1) 打开 2 号制图文件重命名为预埋件并进入，在该制图文件中分别绘制灌浆套筒前视图、左视图、右视图、3D 视图，并定义套筒预埋件，参考图 1.39。

(2) 在【快速访问栏(托盘)】的【工具】选项卡→【预制构件】模块中单击【预埋件】选项，选择调用预埋件，将上一步创建的套筒预埋件按图纸定位放置于预制柱中，如图 2.25 所示。

(3) 在【快速访问栏(托盘)】的【工具】选项卡→【预制构件】模块中单击【预埋件】选项，按图 2.26 所示设置吊钉，在预制柱中放置吊钉，如图 2.27 所示。

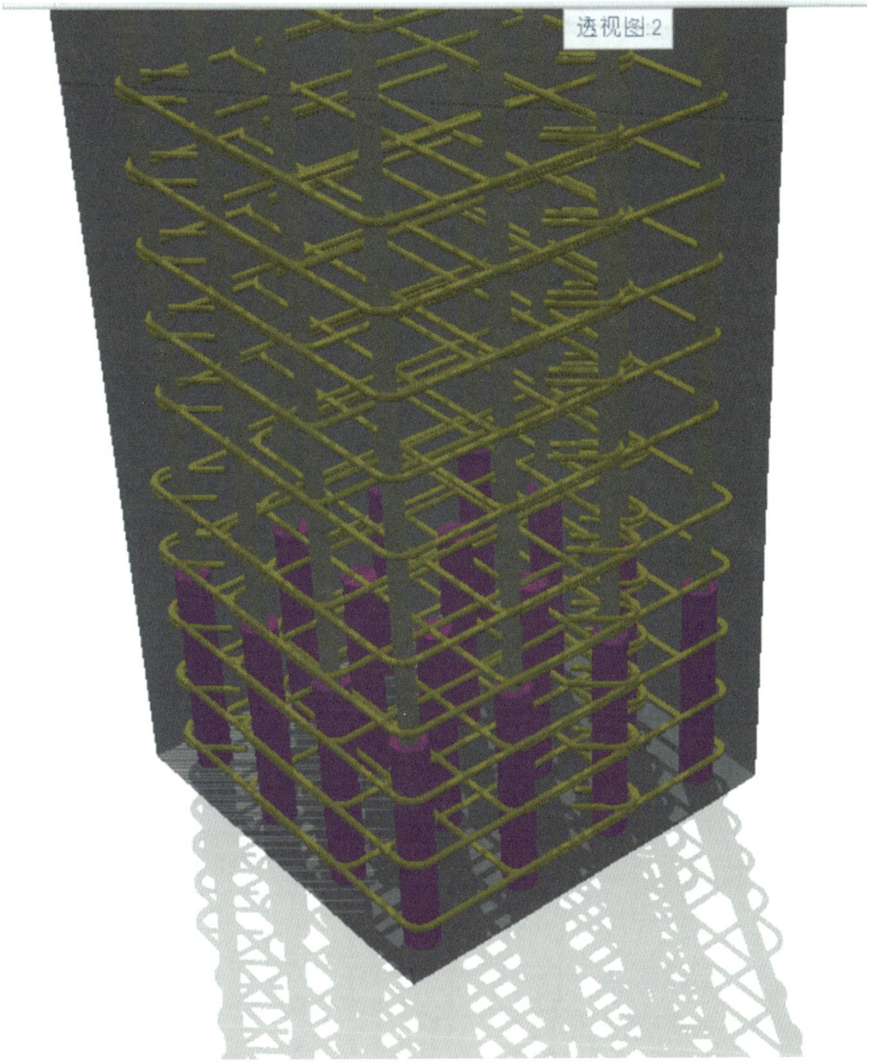

图 2.25　预制柱中放置的套筒预埋件

2.3.4　生成图纸

在【快速访问栏(托盘)】的【工具】选项卡→【预制构件】模块中单击【深化图纸】选项，框选 PCZ1，生成的深化图纸如图 2.28 所示。

2.3.5　导出 BOM 表

(1) 在【快速访问栏(托盘)】的【工具】选项卡→【预制构件】模块中单击【报告】选项，按图2.29所示，选择【构件清单-异型件.rdlc】作为生成构件清单模板，框选 PCZ1，生成的构件清单表如图 2.30 所示，可选择导出保存。

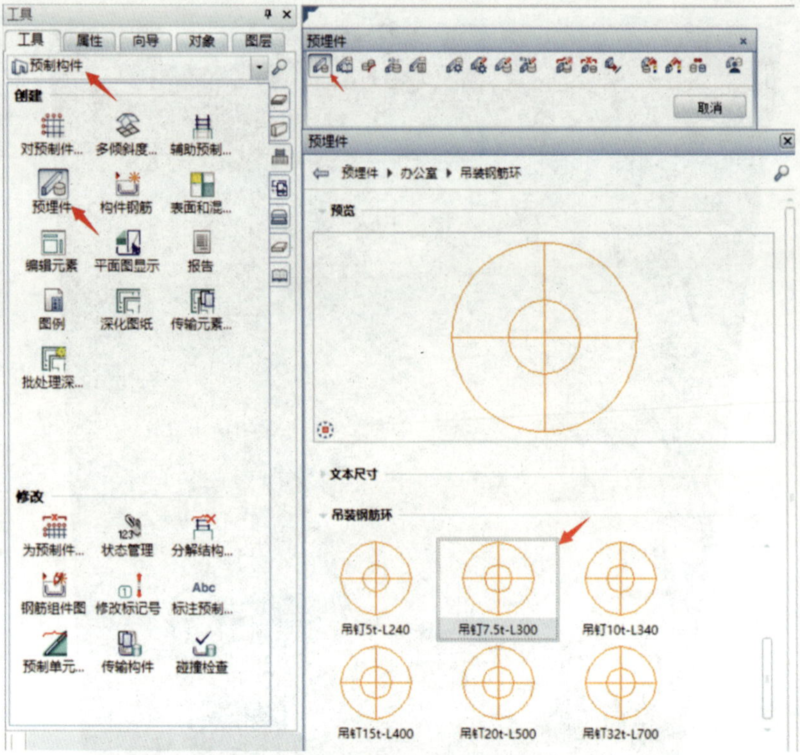

图 2.26　设置预制柱吊钉

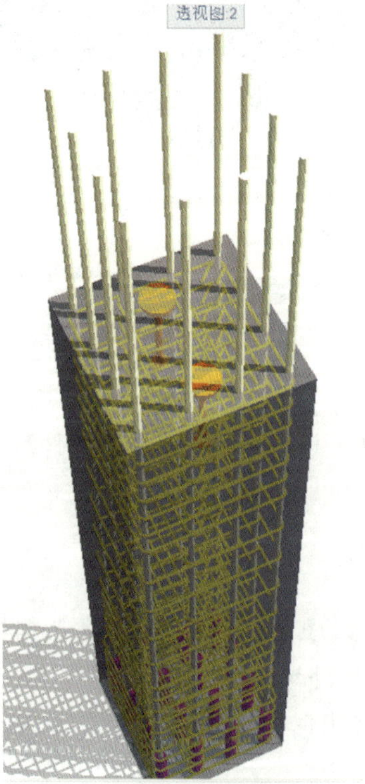

图 2.27　放置的预制柱吊钉

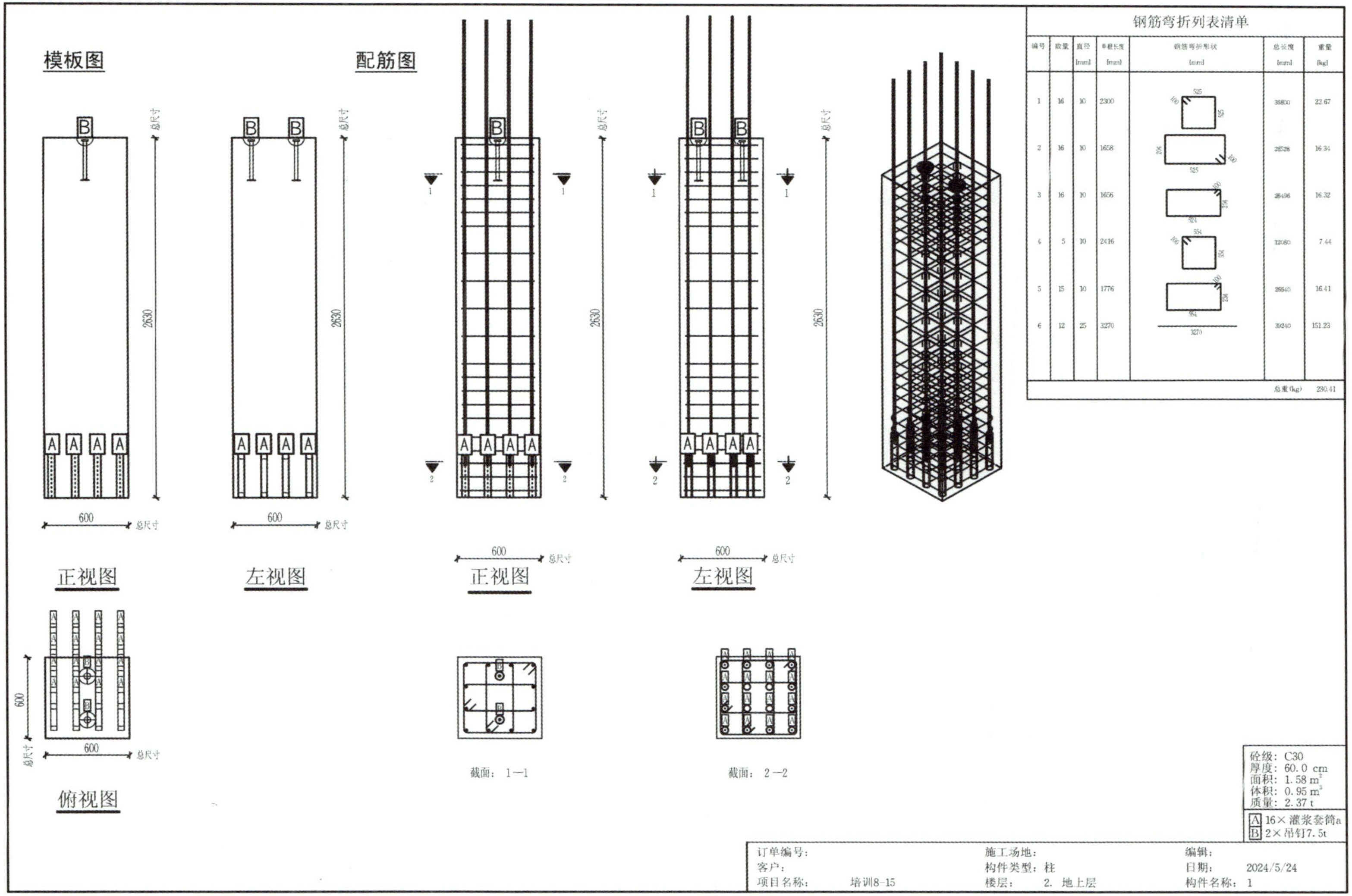

编号	数量	直径 [mm]	单根长度 [mm]	钢筋弯折形状 [mm]	总长度 [mm]	重量 [kg]
1	16	10	2300	525, 525, 100	36800	22.67
2	16	10	1658	204, 525, 100	26528	16.34
3	16	10	1656	100, 204, 524	26496	16.32
4	5	10	2416	554, 554, 100	12080	7.44
5	15	10	1776	100, 254, 554	26640	16.41
6	12	25	3270	3270	39240	151.23
					总重(kg)	230.41

图2.28　PCZ1深化图纸

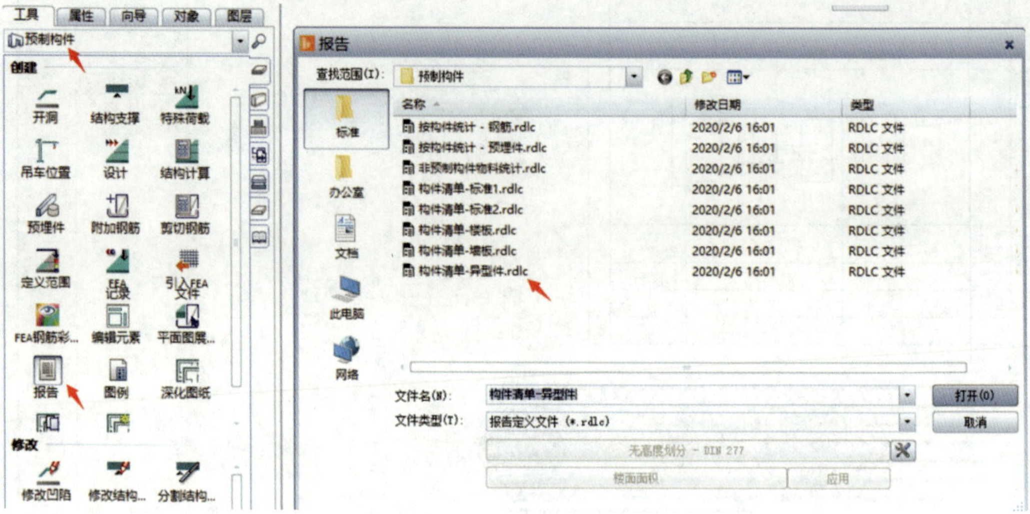

图 2.29 【报告】选项(预制柱)

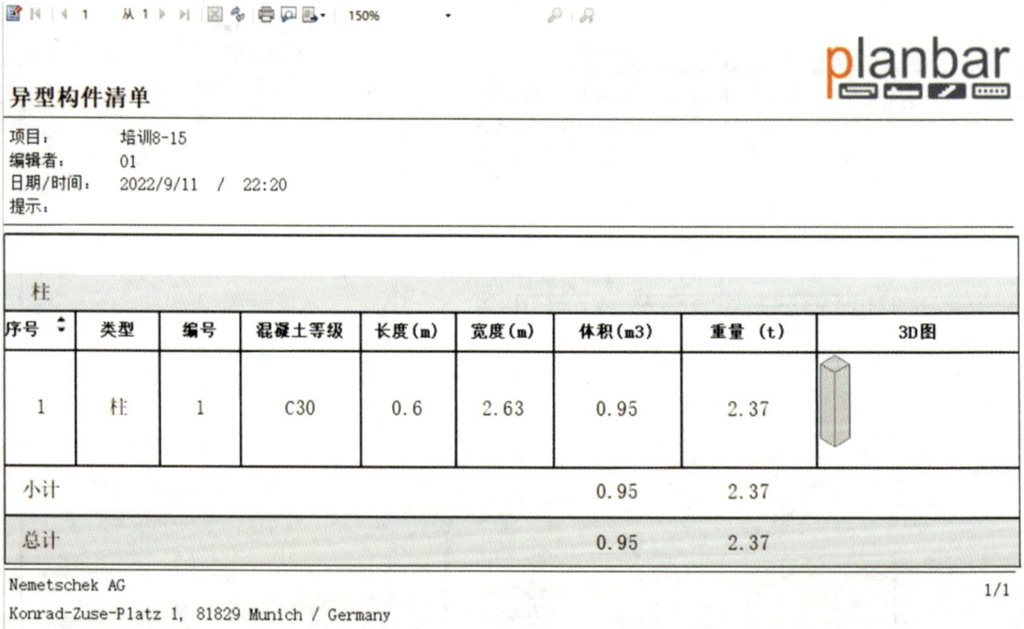

planbar

异型构件清单

项目： 培训8-15
编辑者： 01
日期/时间： 2022/9/11 / 22:20
提示：

序号	类型	编号	混凝土等级	长度(m)	宽度(m)	体积(m3)	重量 (t)	3D图
柱								
1	柱	1	C30	0.6	2.63	0.95	2.37	
小计						0.95	2.37	
总计						0.95	2.37	

Nemetschek AG
Konrad-Zuse-Platz 1, 81829 Munich / Germany
1/1

图 2.30 PCZ1 构件清单表

(2) 采用同样的方法,可根据需要分别导出构件钢筋清单表、构件预埋件统计表等,分别如图 2.31、图 2.32 所示。

1　从 1　100%

planbar

钢筋清单——按构件

项目名称：　培训8-15

楼层：

备注：　请核对！

预制构件		钢筋明细						
件数	编号	钢筋编号	根/件	总计	直径	单根长度	弯折形状	总重
1x	1	(1)	16	16	10	2.300	525 / 100 / 525	22.669
		(2)	16	16	10	1.658	204 / 525 / 100	16.341
		(3)	16	16	10	1.656	100 / 204 / 524	16.322
		(4)	5	5	10	2.416	554 / 100 / 554	7.441
		(5)	15	15	10	3.552	234 / 554 / 100	10.940
		(6)	12	12	25	3.270	3270	151.231
							钢筋总计	224.944

内梅切克软件工程（上海）有限公司

[illegible]

1/1

图 2.31　PCZ1 钢筋清单表

1　从 1　150%

planbar

预埋件统计

项目名称：　培训8-15

Ersteller：　01

Datum / Zeit：　2022/9/11　/　22:30

Hinweis：

构件编号	名称	类别	数量	长度 m	面积 m2
001					
符号预埋件					
	吊钉7.5t-L300	吊钉7.5t	2		
		灌浆套筒a	16		

Nemetschek AG

Konrad-Zuse-Platz 1, 81829 Munich / Germany

1/1

图 2.32　PCZ1 预埋件统计表

任务3　叠合梁深化设计

3.1　任务导入

根据给定预制叠合梁施工图，如图3.1所示，使用Planbar软件完成给定图纸中PCL-01L深化设计。

3.2　相关知识技能

3.2.1　基础知识

预制叠合梁是装配式混凝土建筑中重要的水平构件之一，如图3.2所示。对梁构件进行拆分，分为预制叠合梁和现浇混凝土两部分，拆分后的预制叠合梁经进一步深化设计后在工厂进行标准化生产，并运送到现场进行吊装施工。

图3.2　预制叠合梁

采用叠合梁时，楼板一般采用叠合板，梁、板的后浇层同时浇筑。

叠合梁通常采用矩形截面；当板的总厚度较小且小于梁的最小后浇层厚度时，为增加梁的后浇层厚度，可采用矩形凹口截面或梯形凹口截面，如图3.3所示。

用于边梁的叠合梁，预制梁可在临边处浇筑混凝土至叠合层顶面，以避免支模。预制梁的梁长一般为梁的净跨度加上两端各伸入支座10～20 mm。当梁长较长或搁置次梁时，也可分段预制，现场拼接。

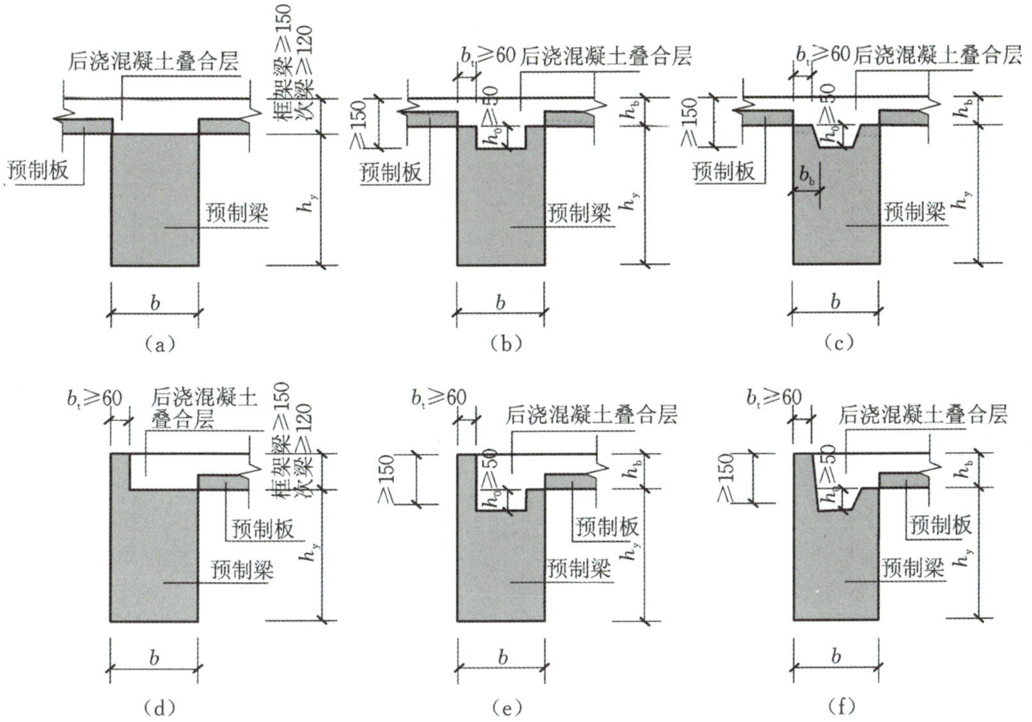

图 3.3　叠合梁截面示意

(a)矩形截面叠合梁(中梁);(b)矩形凹口截面叠合梁(中梁);(c)梯形凹口截面叠合梁(中梁);
(d)矩形截面叠合梁(边梁);(e)矩形凹口截面叠合梁(边梁);(f)梯形凹口截面叠合梁(边梁)

3.2.2　施工图识读

预制叠合梁的注写方式与传统结构施工图保持一致,应符合《混凝土结构施工图平面整体表示方法制图规则和构造详图(现浇混凝土框架、剪力墙、梁、板)》(22G101—1)的规定。下面以预制叠合梁构件详图(图 3.4)为例,对预制叠合梁施工图进行识读:

(1) 结合三视图,从图 3.5 和图 3.6 中可知叠合梁基本尺寸:梁长 5290 mm,梁宽 300 mm,梁高 500 mm,后浇层高 150 mm。图 3.5 中预埋件 S2 为脱模、吊装、运输预埋件,个数为 2 个,对称布置在叠合梁顶部,距离梁两端长度为 1170 mm。

(2) 结合左视图、键槽详图,如图 3.6 所示,可知梁两端设有贯通式键槽,键槽宽度为 130 mm,深度为 30 mm。

(3) 从图 3.7 梁 $A—A$ 断面图和配筋图中可以看出,叠合梁内钢筋主要由纵筋、箍筋、拉筋构成。

1 号钢筋为底部纵筋,共有 3 根直径为 25 mm 的 HRB400 钢筋,两端弯锚,放置位置为距离梁底 42 mm,沿梁宽度方向布置在距梁边 42 mm 处,底部纵筋放置间距为 108 mm。

2 号钢筋为构造纵筋,共有 6 根直径为 10 mm 的 HRB400 钢筋,两端直锚,钢筋长度为 5210 mm。构造纵筋沿梁高布置三行,一行布置两根,最下行距梁底 190 mm,间距 140 mm。

3 号钢筋为箍筋,共有 37 根直径为 8 mm 的 HRB400 全封闭箍筋,具体尺寸可参考钢筋信息表,箍筋上部伸出部分与梁身预制混凝土顶面距离为 130 mm。

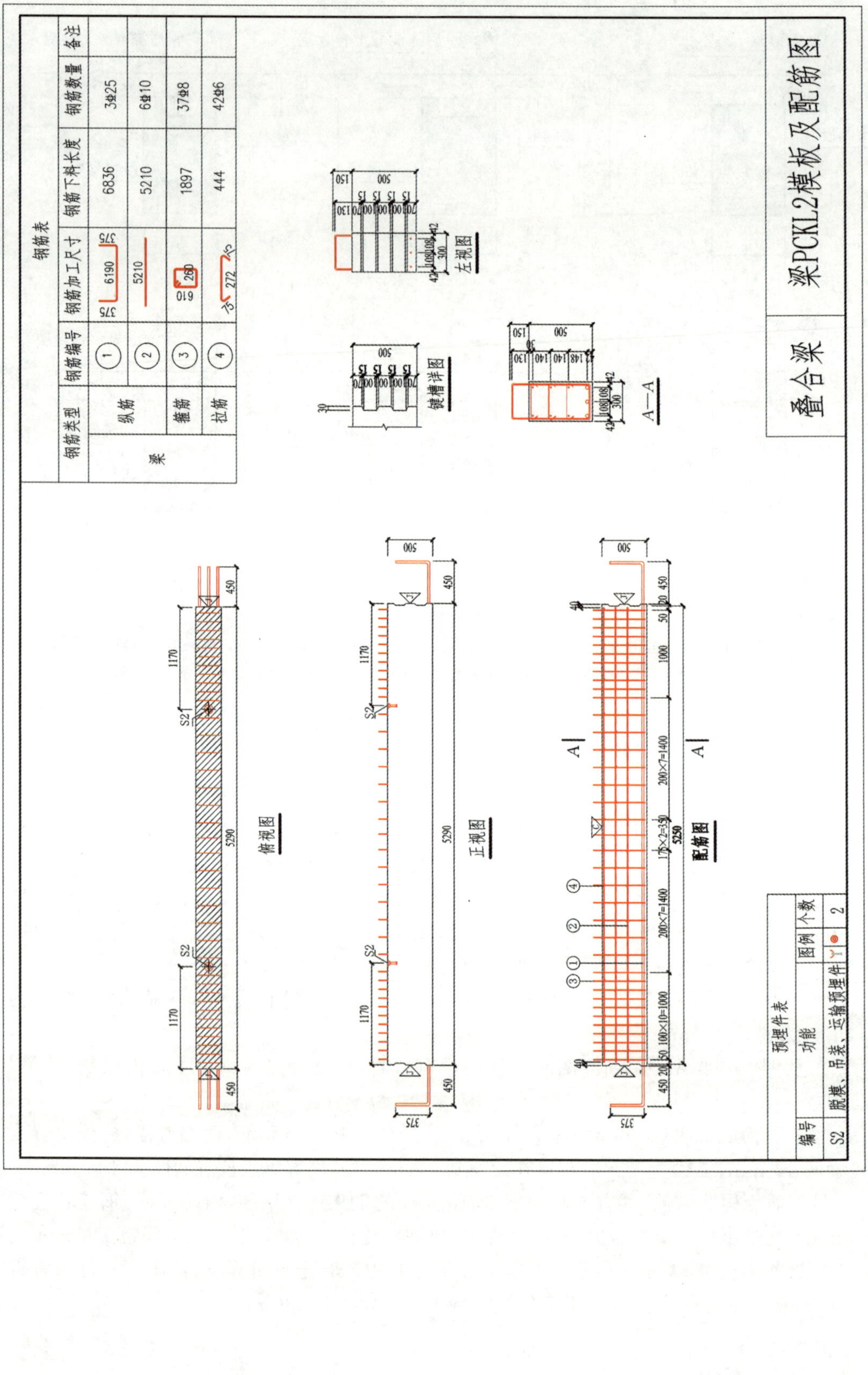

图3.4 预制叠合梁构件图案例

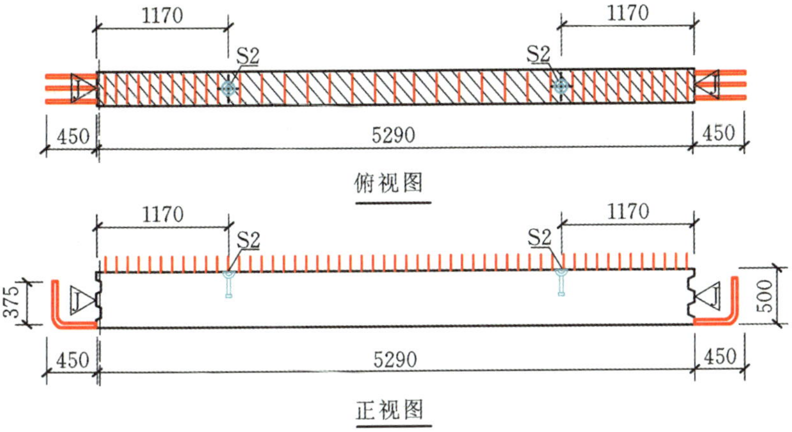

图 3.5　叠合梁俯视图与正视图

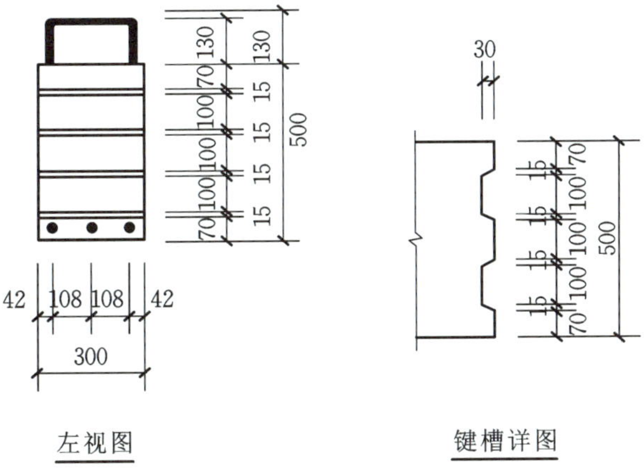

图 3.6　叠合梁左视图与键槽详图

3.2.3　深化设计

3.2.3.1　配筋设计

首先确定梁混凝土强度等级，箍筋保护层厚度。混凝土强度等级可根据结构施工图中的楼层表确定，箍筋保护层厚度可根据结构施工图中的结构设计总说明确定。混凝土强度等级最小值参考行业标准《装配式混凝土结构技术规程》(JGJ 1—2014)第 4.1.2 条要求；箍筋保护层厚度最小值参考国家标准《混凝土结构设计标准》(GB/T 50010—2010)(2024 年版)第 8.2.1 至 8.2.3 条。

然后确定梁的预制构件尺寸(主要指预制梁净高)，如果梁四周有与之锚固的相连板(外挂板、空调板、阳台板)，预制梁高根据相连板标高确定。参考行业标准《装配式混凝土结构技术规程》(JGJ 1—2014)第 7.3.1 条，根据框架梁后浇混凝土叠合层厚度不小于 150 mm，次梁后浇混凝土叠合层厚度不小于 120 mm，考虑需不需要做凹口，如果采用凹口截面预制梁，凹口深度不宜小于 50 mm，凹口边厚度不宜小于 60 mm，叠合框架梁截面示意图如图

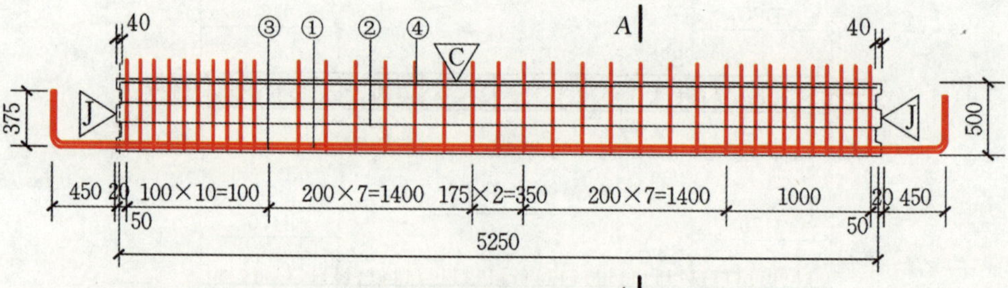

配筋图

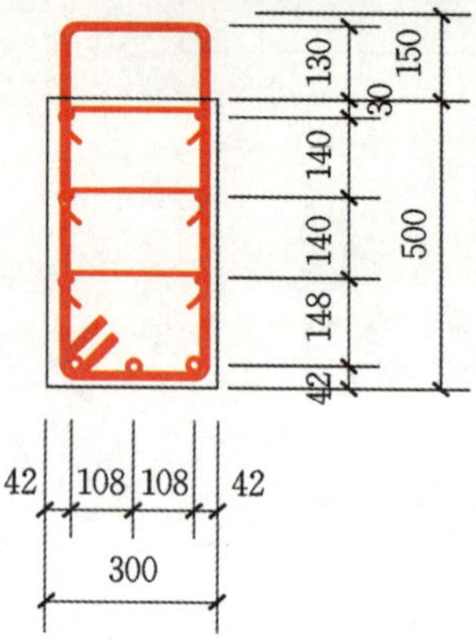

A—A

钢筋表

钢筋类型		钢筋编号	钢筋加工尺寸	钢筋下料长度	钢筋数量
梁	纵筋	①	375 6190 375	6836	3Φ25
		②	5210	5210	6Φ10
	箍筋	③	610 260	1897	37Φ8
	拉筋	④	75 272 75	444	42Φ6

图 3.7　梁 *A-A* 断面图和梁配筋图

3.8所示。梁高取决于结构施工图中梁的平法表示(图集 22G101—1 第四章的全部内容),要注意集中标注和原位标注。

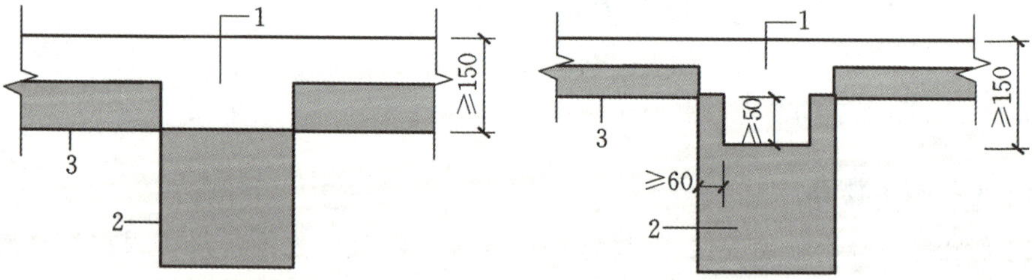

(a)　　(b)

1—后浇混凝土叠合层;2—预制梁;3—预制板

图 3.8　叠合框架梁截面示意图

(a)矩形截面预制梁;(b)凹口截面预制梁

参照结构图中的梁配筋图确定预制梁配筋。

(1) 底筋。主要需要考虑底筋出筋的锚固形式,对底筋出筋锚固方式参考行业标准《装配式混凝土结构技术规程》(JGJ 1—2014)第 7.3.7 至 7.3.9 条。钢筋的布置参考国家标准《混凝土结构设计标准》(GB/T 50010—2010)(2024 年版)第 9.2.1 条。连梁底筋锚固要求更严，参考行业标准《高层建筑混凝土结构技术规程》(JGJ 3—2010)第7.2.27条。次梁与主梁的连接，可参照《混凝土结构施工钢筋排布规则与构造详图(现浇混凝土框架、剪力墙、梁、板)》(18G901—1)第2-44～2-46页的要求，同时要参考《装配式混凝土结构连接节点构造》(15G301—1～2)第30～38页的要求。

(2) 腰筋。首先确认是构造筋还是抗扭腰筋，若是不考虑受扭的腰筋，锚入支座的长度为15d[图集(22G101—1)第97页]；而对于受扭钢筋，非框架梁中按图集(22G101—1)第96页执行，当为框架梁时按图集(22G101—1)第97页执行。

(3) 箍筋。首先判断叠合梁采用整体封闭箍筋还是组合封闭箍筋的形式。在施工条件允许的情况下，箍筋宜采用整体封闭箍筋。当采用整体封闭箍筋不便于安装上部纵筋时，可采用组合封闭箍筋，即开口箍筋加箍筋帽形式。箍筋的形式参考行业标准《装配式混凝土结构技术规程》(JGJ 1—2014)第7.3.2条。抗震等级为一、二级的叠合框架梁的梁端箍筋加密区宜采用整体封闭箍筋[图3.9(a)]；采用组合封闭箍筋的形式[图3.9(b)]时，开口箍筋上方应做成135°弯钩。非抗震设计时，弯钩端头平直段长度不应小于5d(d为箍筋直径)；抗震设计时，平直段长度不应小于10d。现场应采用箍筋帽封闭开口箍，箍筋帽末端应做成135°弯钩。非抗震设计时，弯钩端头平直段长度不应小于5d；抗震设计时，平直段长度不应小于10d。关于箍筋加密区长度的取值，参照行业标准《高层建筑混凝土结构技术规程》(JGJ 3—2010)第6.3.2条。在连梁中，箍筋在屋顶层配置有特殊要求。

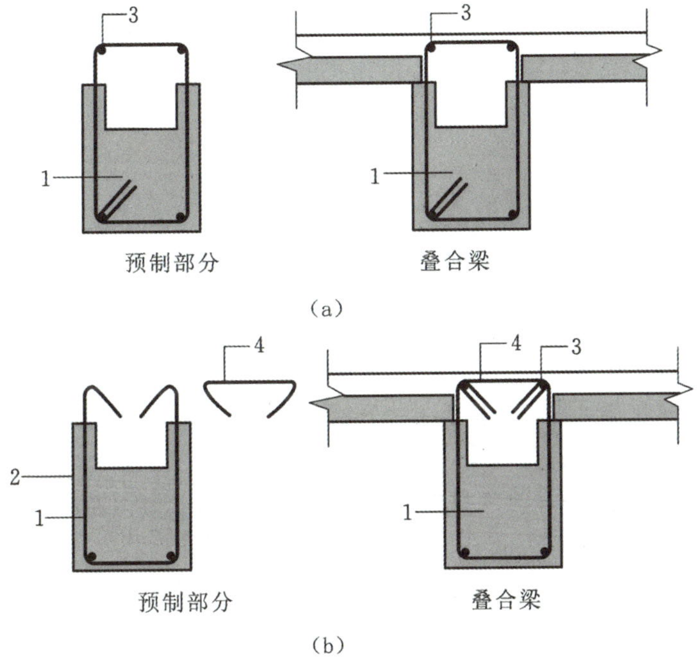

1—预制梁；2—开口箍筋；3—上部纵向钢筋；4—箍筋帽

图3.9 叠合梁箍筋构造示意图

(a)采用整体封闭箍筋的叠合梁；(b)采用组合封闭箍筋的叠合梁

3.2.3.2 连接节点设计

(1) 叠合梁可采用对接连接(图 3.10),并应符合下列规定:

① 连接处应设置后浇段,后浇段的长度应满足梁下部纵向钢筋连接作业的空间需求;

② 梁下部纵向钢筋在后浇段内宜采用机械连接、套筒灌浆连接或焊接连接;

③ 后浇段内的箍筋应加密,箍筋间距不应大于 $5d$(d 为纵向钢筋直径),且不应大于 100 mm。

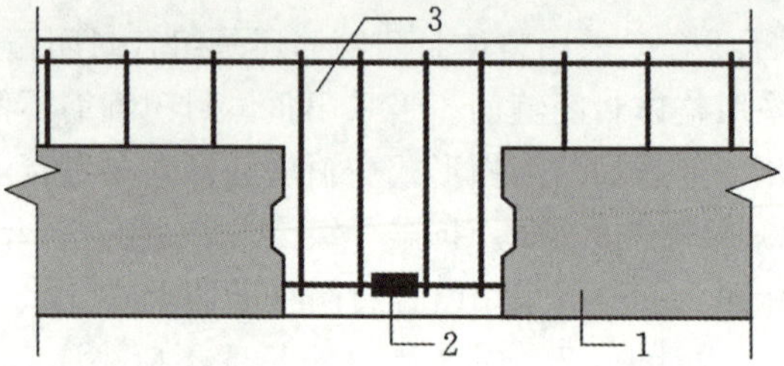

1—预制梁;2—钢筋连接接头;3—后浇段

图 3.10 叠合梁连接节点示意图

(2) 主梁与次梁采用后浇段连接时,应符合下列规定:

① 在端部节点处,次梁下部纵向钢筋伸入主梁后浇段内的长度不应小于 $12d$。次梁上部纵向钢筋应在主梁后浇段内锚固。当采用弯折锚固[图 3.11(a)]或锚固板时,锚固直段长度不应小于 $0.6l_{ab}$(l_{ab}为受拉钢筋的基本锚固长度);当钢筋应力不大于钢筋强度设计值的 50%时,锚固直段长度不应小于$0.35l_{ab}$;弯折锚固弯折后的直段长度不应小于 $12d$(d 为纵向钢筋直径)。

② 在中间节点处,两侧次梁的下部纵向钢筋伸入主梁后浇段内长度不应小于 $12d$(d 为纵向钢筋直径);次梁上部纵向钢筋应在现浇层内贯通[图 3.11(b)]。

(3) 采用预制柱及叠合梁的装配整体式框架节点,梁纵向受力钢筋应伸入后浇节点区内锚固或连接,并应符合下列规定:

① 对框架中间层中节点,节点两侧的梁下部纵向受力钢筋宜锚固在后浇节点区内[图 3.12(a)],也可采用机械连接或焊接的方式直接连接[图 3.12(b)];梁的上部纵向受力钢筋应贯穿后浇节点区。

② 对框架中间层端节点,当柱截面尺寸不满足梁纵向受力钢筋的直线锚固要求时,宜采用锚固板锚固(图 3.13),也可采用 90°弯折锚固。

③ 对框架顶层中节点,梁纵向受力钢筋的构造应符合本条第 1 款的规定。柱纵向受力钢筋宜采用直线锚固;当梁截面尺寸不满足直线锚固要求时,宜采用锚固板锚固(图 3.14)。

④ 对框架顶层端节点,梁下部纵向受力钢筋应锚固在后浇节点区内,且宜采用锚固板的锚固方式;梁、柱其他纵向受力钢筋的锚固应符合下列规定:

a. 柱宜伸出屋面并将柱纵向受力钢筋锚固在伸出段内[图 3.15(a)],伸出段长度不宜小于 500 mm,伸出段内箍筋间距不应大于 $5d$(d 为柱纵向受力钢筋直径),且不应大于 100 mm;柱纵向钢筋宜采用锚固板锚固,锚固长度不应小于 $40d$;梁上部纵向受力钢筋宜采

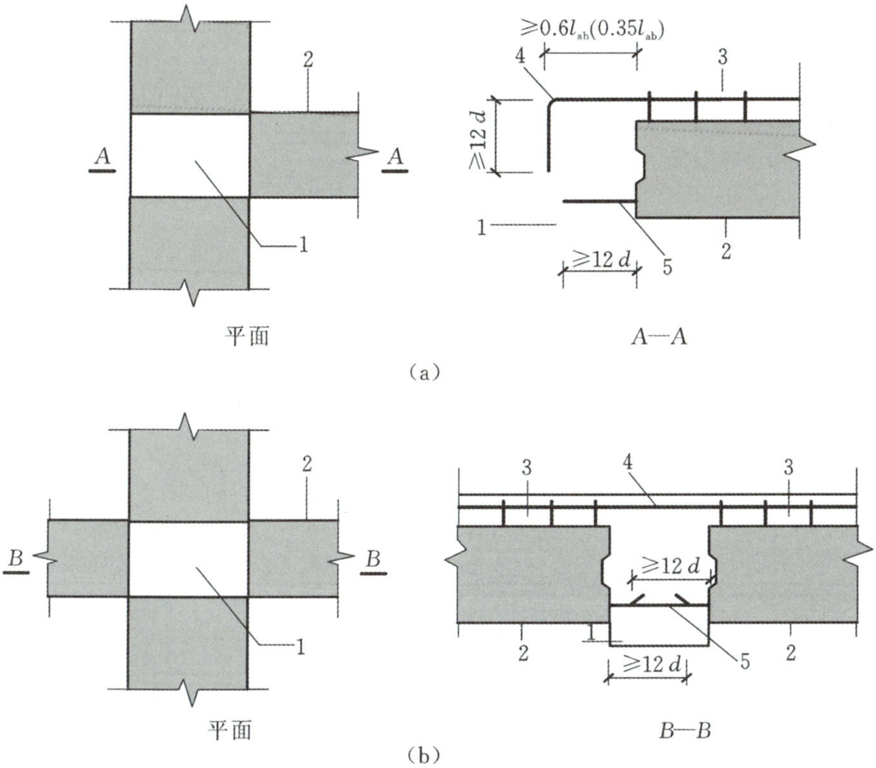

1—主梁后浇段；2—次梁；3—后浇混凝土叠合层；4—次梁上部纵向钢筋；5—次梁下部纵向钢筋

图 3.11 主次梁连接节点构造示意

(a)端部节点；(b)中间节点

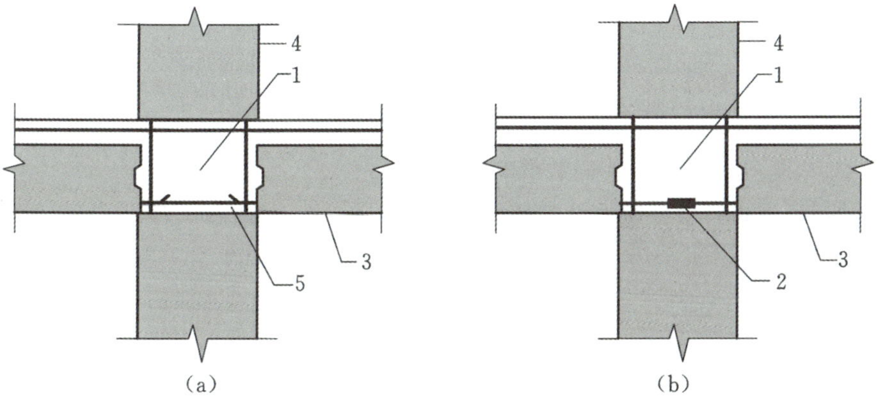

1—后浇区；2—梁下部纵向受力钢筋连接；3—预制梁；4—预制柱；5—梁下部纵向受力钢筋锚固

图 3.12 预制柱及叠合梁框架中间层中节点构造示意

(a)梁下部纵向受力钢筋锚固；(b)梁下部纵向受力钢筋连接

用锚固板锚固。

b. 柱外侧纵向受力钢筋也可与梁上部纵向受力钢筋在后浇节点区搭接[图 3.15(b)]，

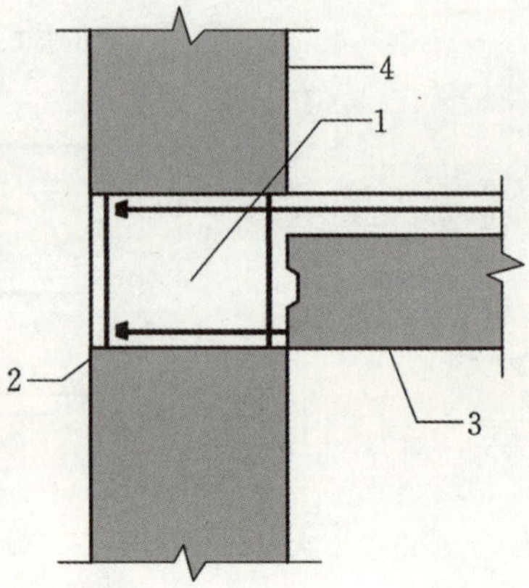

1—后浇区;2— 梁纵向受力钢筋锚固;3—预制梁;4—预制柱

图 3.13 预制柱及叠合梁框架中间层端节点构造示意

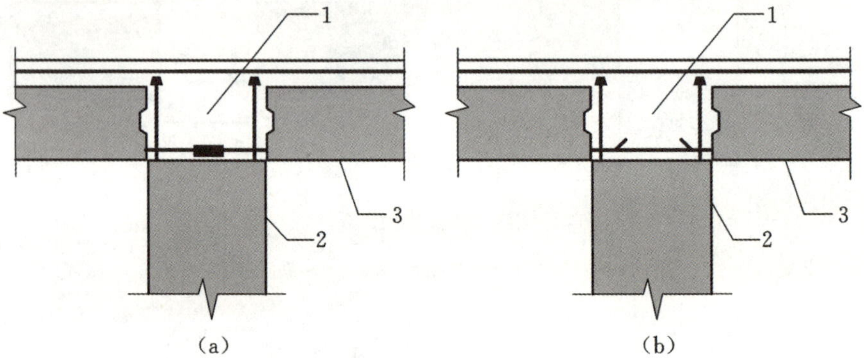

1—后浇区;2—梁下部纵向受力钢筋连接;3—预制梁;4—梁下部纵向受力钢筋锚固

图 3.14 预制柱及叠合梁框架顶层中节点构造示意

(a)梁下部纵向受力钢筋连接;(b)梁下部纵向受力钢筋锚固

其构造要求应符合现行国家标准《混凝土结构设计标准》(GB/T 50010—2010)(2024 年版)中的规定;柱内侧纵向受力钢筋宜采用锚固板锚固。

(4) 采用预制柱及叠合梁的装配整体式框架节点,梁下部纵向受力钢筋也可伸至节点区外的后浇段内连接(图 3.16),连接接头与节点区的距离不应小于 $1.5h_0$(h_0为梁截面有效高度)。

3.2.3.3 预埋预留设计

吊点布置:常用吊环,布置范围在 1/5～1/4 梁长内。吊点布置在近 1/5 梁长处,要考虑与箍筋的避让,便于起吊操作,主要需考虑梁顶筋采用构造钢筋,而底筋配置较大。

键槽和粗糙面,参考行业标准《装配式混凝土结构技术规程》(JGJ 1—2014)第 6.5.5 条"预制梁与后浇混凝土叠合层之间的结合面应设置粗糙面;预制梁端面应设置键槽且宜设置粗糙面。键槽的尺寸和数量应按本规程第 7.2.2 条的规定计算确定;键槽的深度 t 不宜小于 30 mm,宽度 w 不宜小于深度的 3 倍且不宜大于深度的 10 倍;键槽可贯通截面,当不贯通时槽口距离截面边缘不宜小于 50 mm;键槽间距宜等于键槽宽度;键槽端部斜面倾角不宜

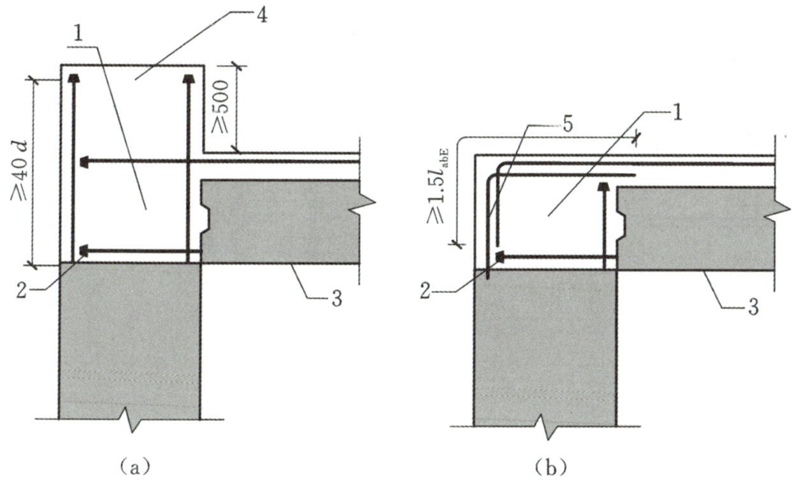

1—后浇区；2—梁下部纵向受力钢筋锚固；3—预制梁；4—柱延伸段；5—梁柱外侧钢筋搭接

图 3.15　预制柱及叠合梁框架顶层端节点构造示意

(a)柱向上伸长；(b)梁柱外侧钢筋搭接

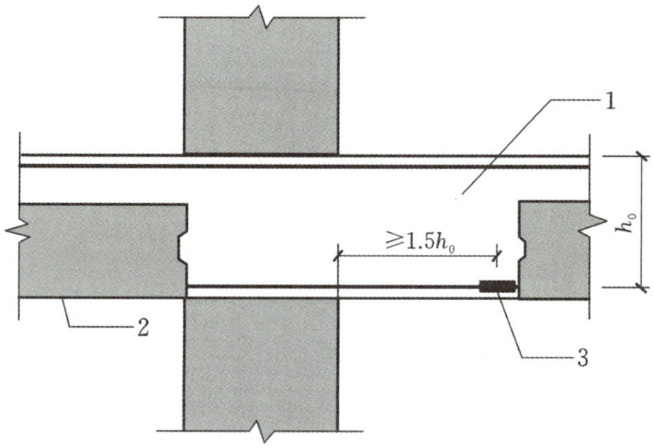

1—后浇段；2—预制梁；3—纵向受力钢筋连接

图 3.16　梁纵向钢筋在节点区外的后浇段内连接示意

大于 30°。"粗糙面的面积不宜小于结合面的 80%。粗糙面凹凸深度不宜小于 6 mm。梁端键槽构造示意如图 3.17 所示。

3.2.3.4　构件加工图设计

可以根据具体情况将叠合梁模板图与配筋图合并在一张详图中完成，原因如下：①模板图与配筋图中有重复表达的内容，增加设计人员的工作量；②一张图纸中修改，设计人员需要修改对应的模板图、配筋图等，图纸过多容易造成漏改；③图纸量大大增加，不便于现场施工人员翻阅；④校核人员在校核图纸时，需要同时查看施工模板图、配筋图等，容易出错；⑤工厂工人绑扎钢筋及布置埋件时，需要同时查看模板图、配筋图，容易看错图纸。

详图中需要表达的内容主要有：

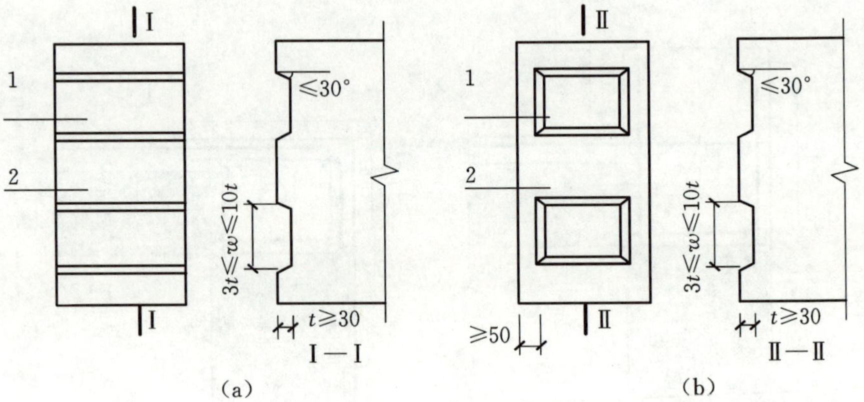

1—键槽；2—梁端面

图 3.17　梁端键槽构造示意图

(a)键槽贯通截面；(b)键槽不贯通截面

(1) 叠合梁的轮廓。

(2) 埋件的示意图及埋件的编号或名称。

(3) 叠合梁的尺寸标注及埋件的定位标注。

(4) 下层筋的形状(双线图),下层筋定位标注、尺寸标注及编号。

(5) 上层筋的形状(双线图),上层筋的编号。

(6) 箍筋的形状(双线图),箍筋的定位标注及编号。

绘制叠合梁构件详图时还需注意以下几点：

(1) 梁侧(不论是左侧还是右侧)出筋必须要有定位图,这是非常关键的,直接影响现场是否能将叠合梁安装上。

(2) 出筋的排布是否符合规范要求。

(3) 当有穿线管洞时,考虑洞内纵筋是否打断,要如何处理。

(4) 当梁钢筋有打断时,要考虑加固措施。

(5) 要充分考虑纵筋的下料样式,有可能存在三维弯折形式。

3.3　任务实施

3.3.1　生成构件模型

(1) 在【快速访问栏(托盘)】的【工具】选项卡→【预制构件】模块中单击【辅助预制元素】选项选择梁构件,如图 3.18 所示。

(2) 在【几何形状】选项里面选择参数,输入梁宽度、高度尺寸,如图 3.19 所示,点击【属性】命令编辑梁属性,如图 3.20 所示,在平面图绘图区中绘制一道长度为 1820 mm 的梁,如图 3.21 所示。完成预制梁的创建。

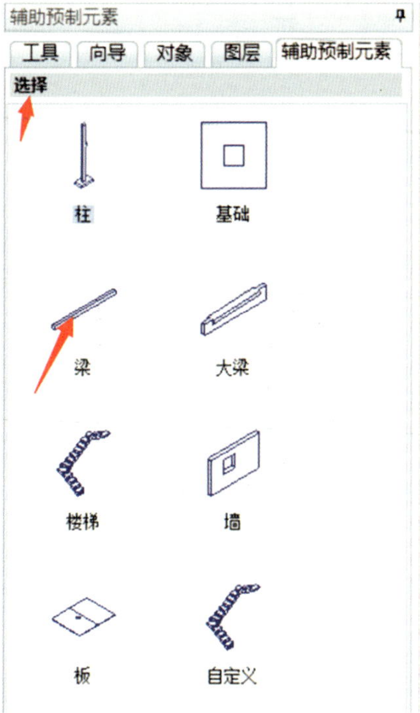

图 3.18　选择梁构件

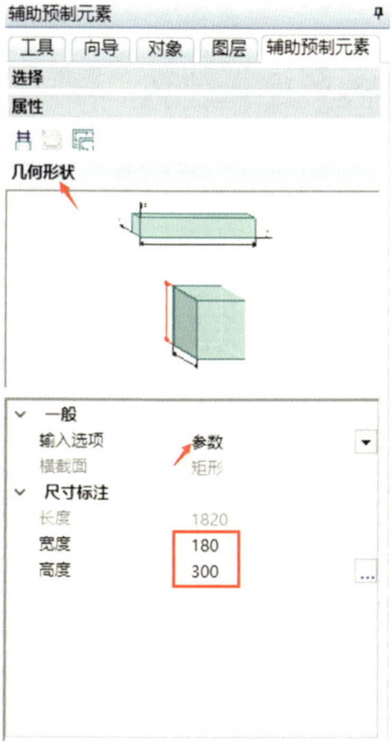

图 3.19　梁的几何形状

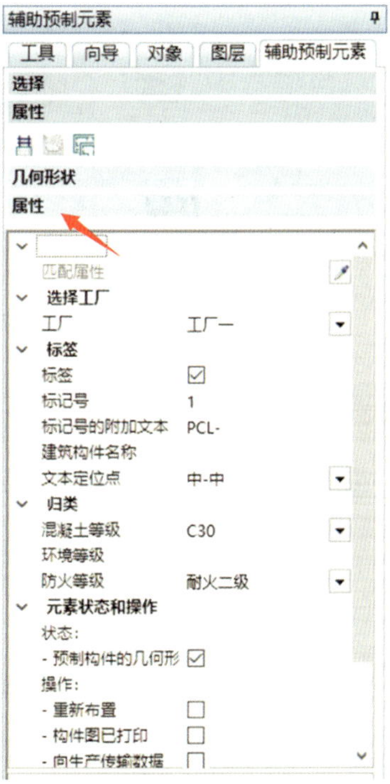

图 3.20　梁属性

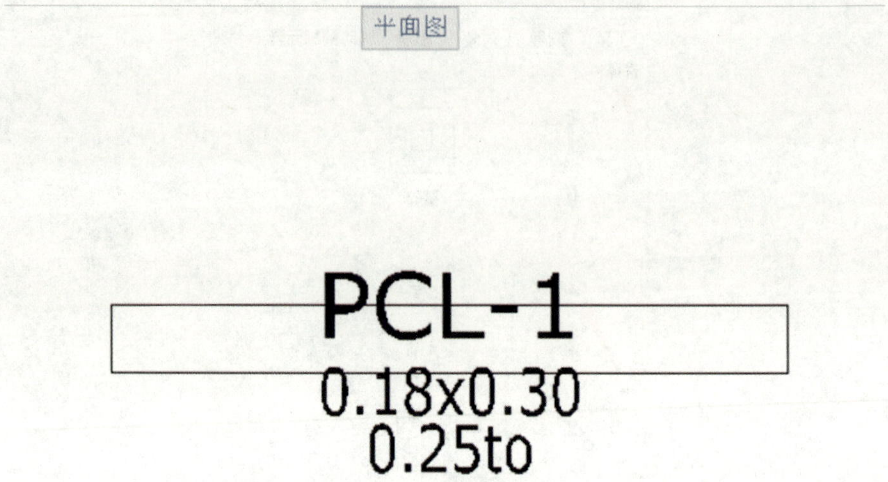

图 3.21 绘制的梁

3.3.2 钢筋布置

（1）在【快速访问栏（托盘）】的【工具】选项卡→【视图、剖面、详细说明】模块中单击【创建视图】选项，如图 3.22 所示，分别创建前视图、左视图、右视图、平面视图，单击【创建剖面】选项，创建剖面视图，创建的梁视图如图 3.23 所示。

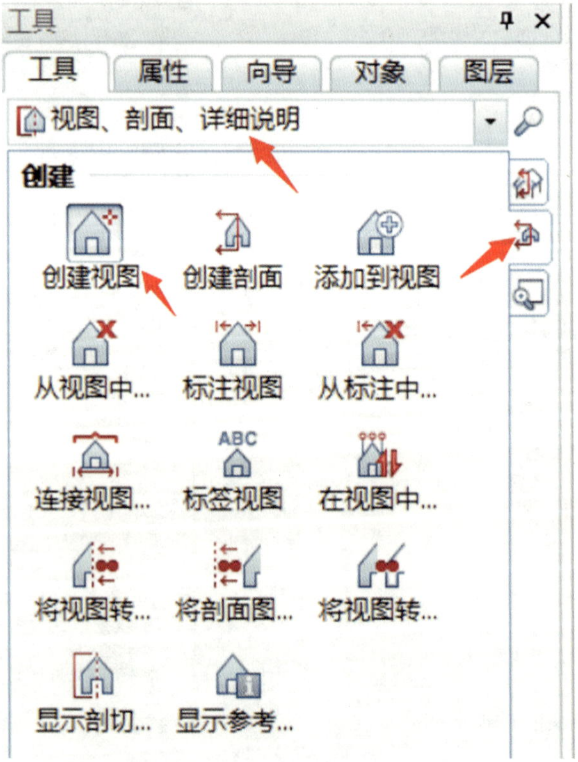

图 3.22 【创建视图】选项（梁）

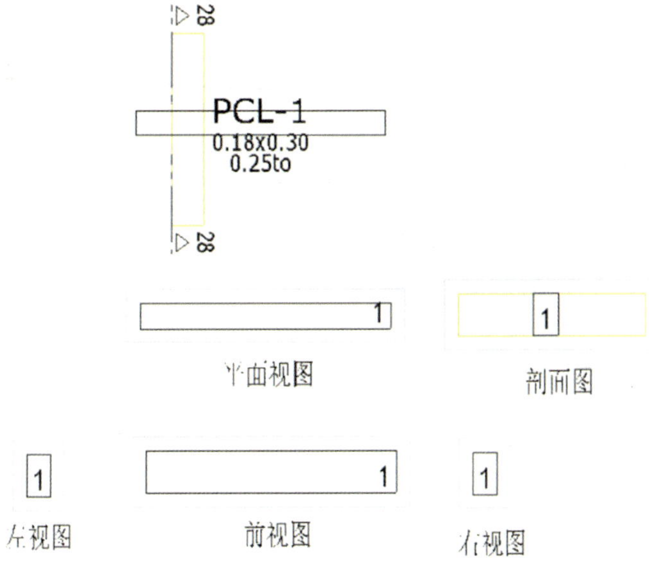

图 3.23　梁视图

(2) 在【快速访问栏(托盘)】的【工具】选项卡→【工程】模块中单击【条筋形状】选项，选择【封闭式箍筋】，修改钢筋规格，如图 3.24 所示，绘制 3 号箍筋，如图 3.25 所示。

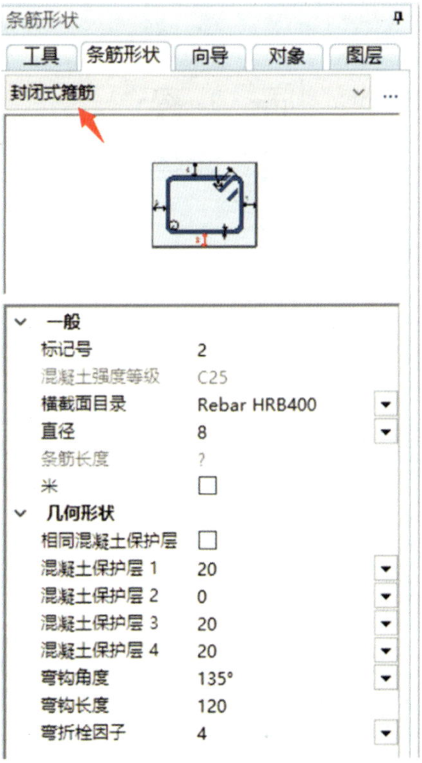

图 3.24　梁箍筋规格

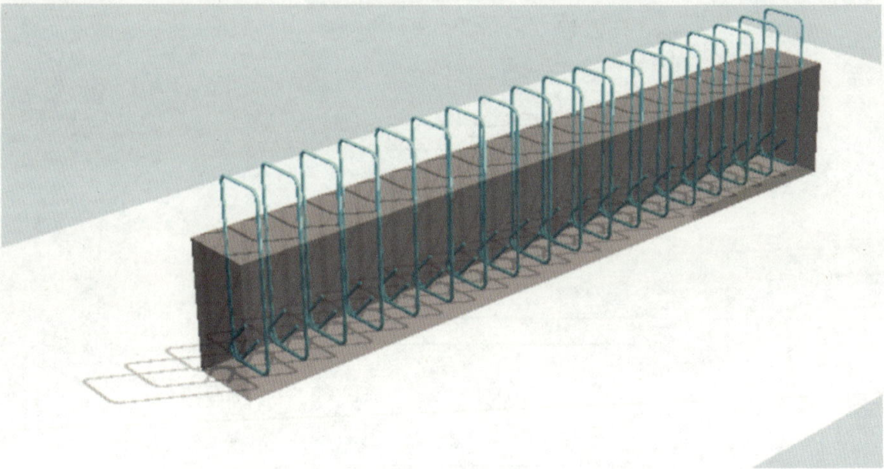

图 3.25 绘制的 3 号箍筋

(3) 在【快速访问栏(托盘)】的【工具】选项卡→【工程】模块中单击【条筋形状】选项，选择【任意形状】，修改钢筋规格，如图 3.26 所示，绘制 1 号底部纵筋，如图 3.27 所示，采用同样的方法绘制 2 号底部纵筋，如图 3.28 所示。

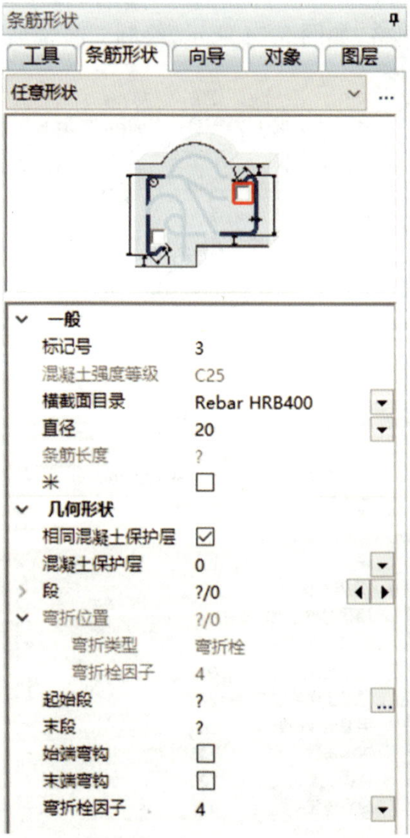

图 3.26 梁底部纵筋规格

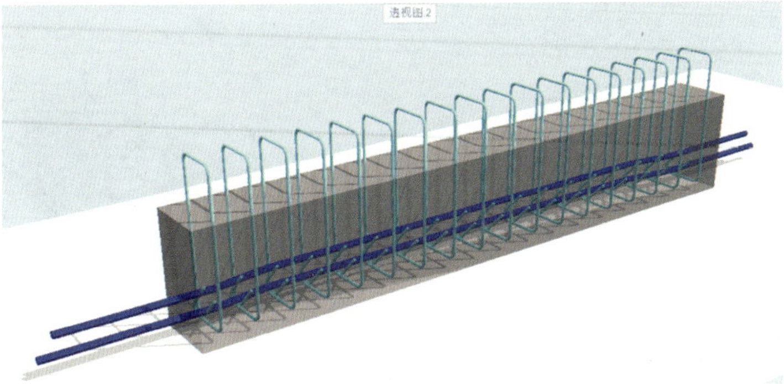

图 3.27 绘制的 1 号底部纵筋

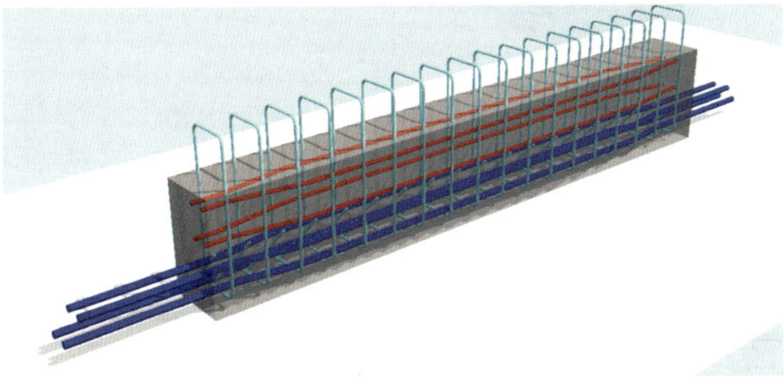

图 3.28 绘制的 2 号底部纵筋

(4) 在【快速访问栏(托盘)】的【工具】选项卡→【工程】模块中单击【修改弯钩】选项，选择【添加弯钩】，如图 3.29 所示，按图纸尺寸设置纵筋弯钩，如图 3.30 所示。

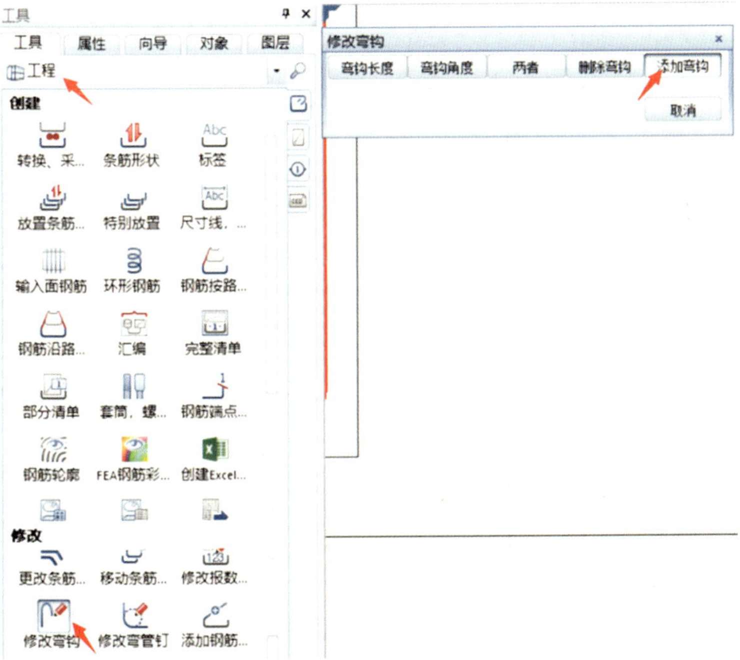

图 3.29 选择【添加弯钩】

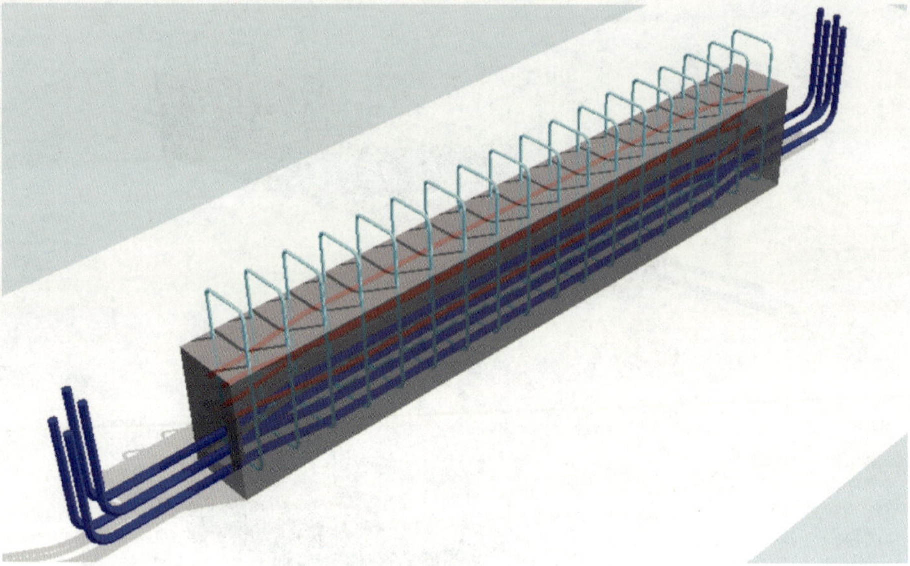

图 3.30　设置的梁纵筋弯钩

(5) 在【快速访问栏(托盘)】的【工具】选项卡→【工程】模块中单击【条筋形状】选项，选择【带弯钩的直钢筋】，设置钢筋参数，如图 3.31 所示，绘制 4 号拉筋，如图 3.32 所示。

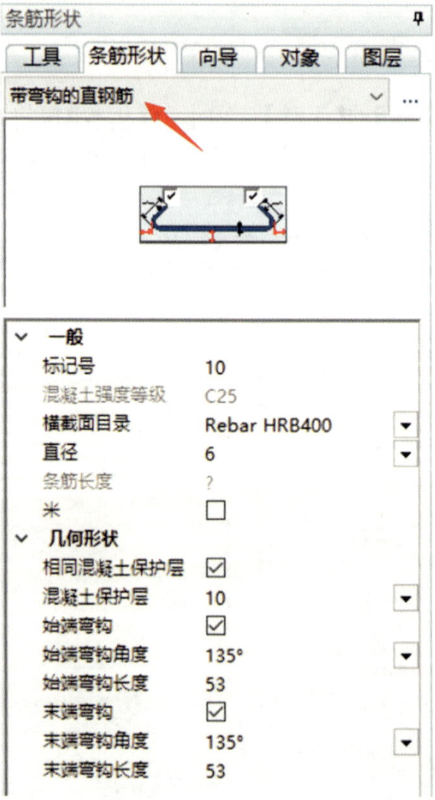

图 3.31　梁拉筋参数

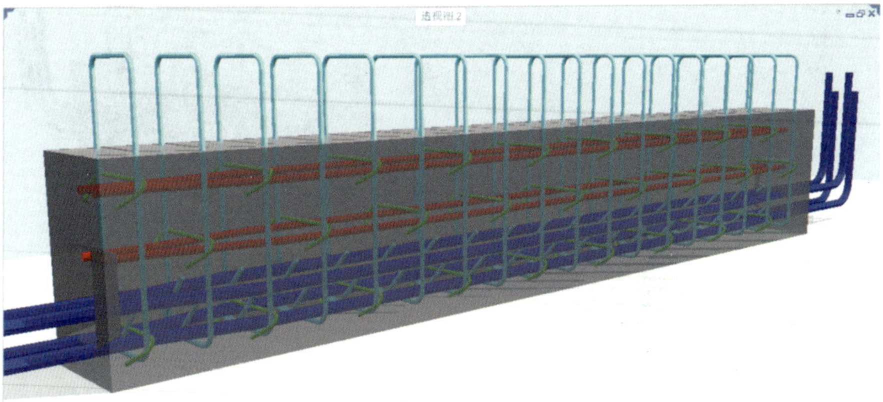

图 3.32　绘制的 4 号拉筋

3.3.3　预埋件布置

(1) 在【快速访问栏(托盘)】的【工具】选项卡→【工程】模块中单击【条筋形状】选项，选择【任意形状】，设置钢筋，如图 3.33 所示，按图纸绘制吊环钢筋，如图 3.34 所示。

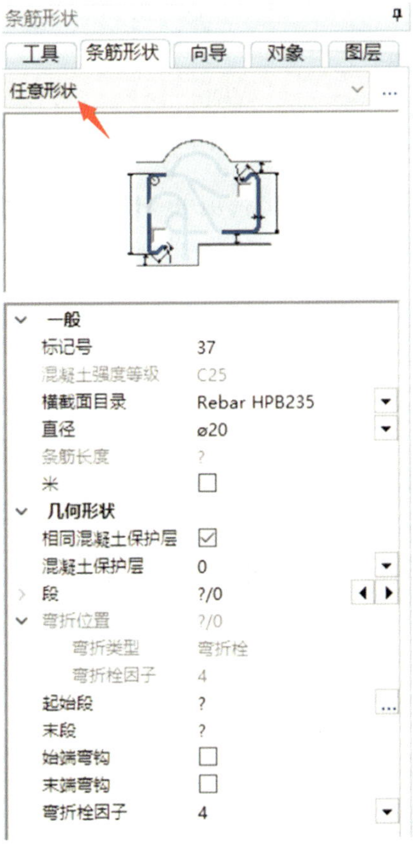

图 3.33　吊环钢筋参数

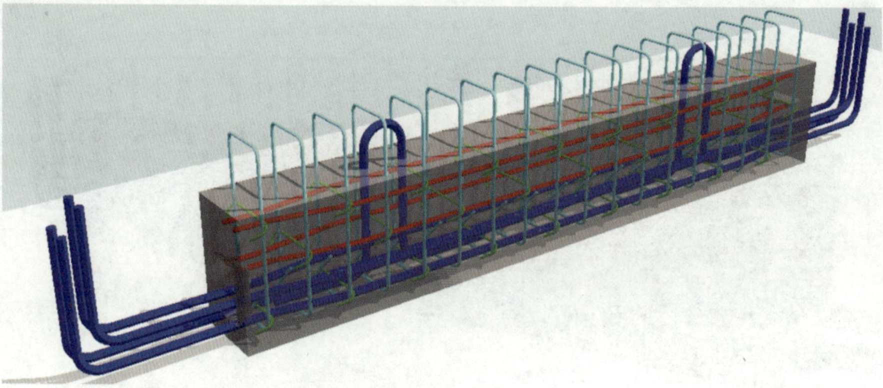

图 3.34　绘制的吊环钢筋

（2）打开并进入 2 号预埋件制图文件，在该制图文件中绘制通孔预埋件前视图、后视图、平面视图、左视图、右视图、3D 视图，如图 3.36 所示，并定义通孔预埋件。

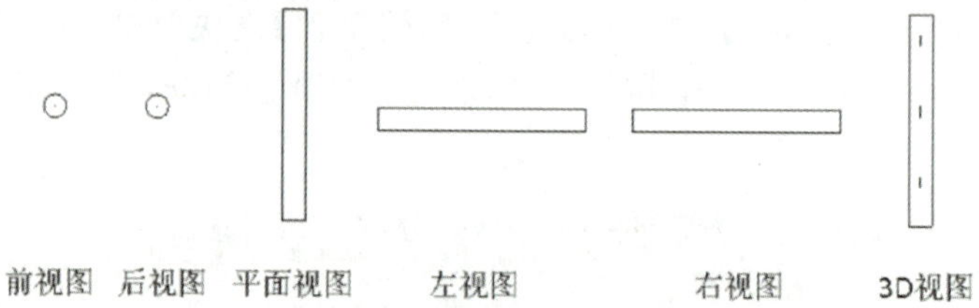

图 3.35　梁通孔预埋件视图

（3）在【快速访问栏（托盘）】的【工具】选项卡→【预制构件】模块中单击【预埋件】选项，选择调用预埋件，如图 3.36 所示，将上一步创建的通孔预埋件置于梁中，如图 3.37 所示。

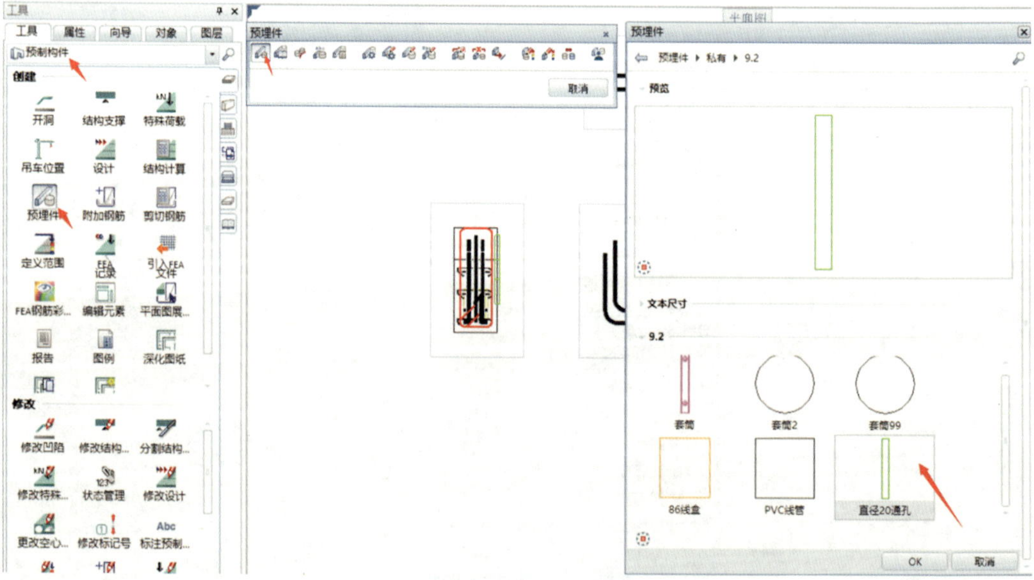

图 3.36　调用通孔预埋件

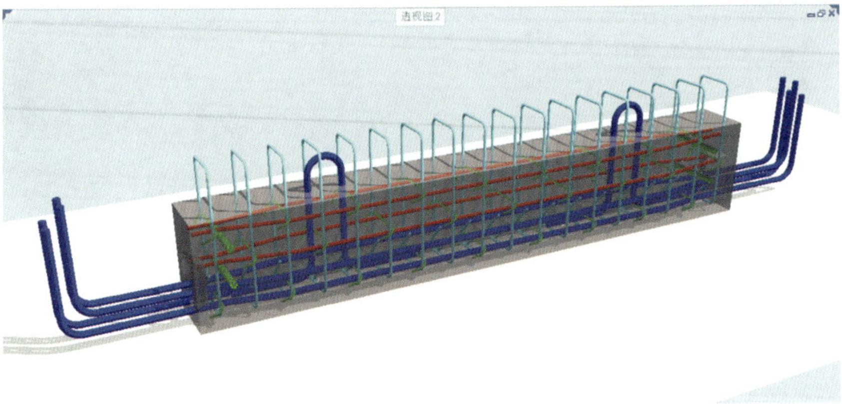

图 3.37　梁中布置好的通孔预埋件

3.3.4　生成图纸

在【快速访问栏(托盘)】的【工具】选项卡→【预制构件】模块中单击【深化图纸】选项，如图 3.38 所示，框选 PCL1，生成深化图纸，如图 3.39 所示。

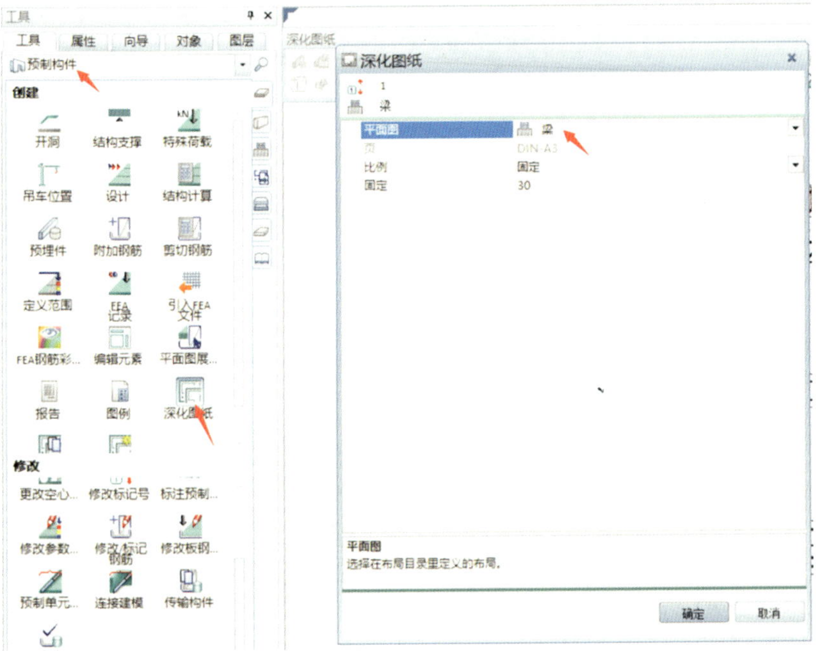

图 3.38　【深化图纸】选项(梁)

3.3.5　导出 BOM 表

(1) 在【快速访问栏(托盘)】的【工具】选项卡→【预制构件】模块中单击【报告】选项，按图3.40所示，选择【构件清单-异型件.rdlc】选项作为生成构件清单模板，框选 PCL1，生成构件清单表如图 3.41 所示，可选择导出保存。

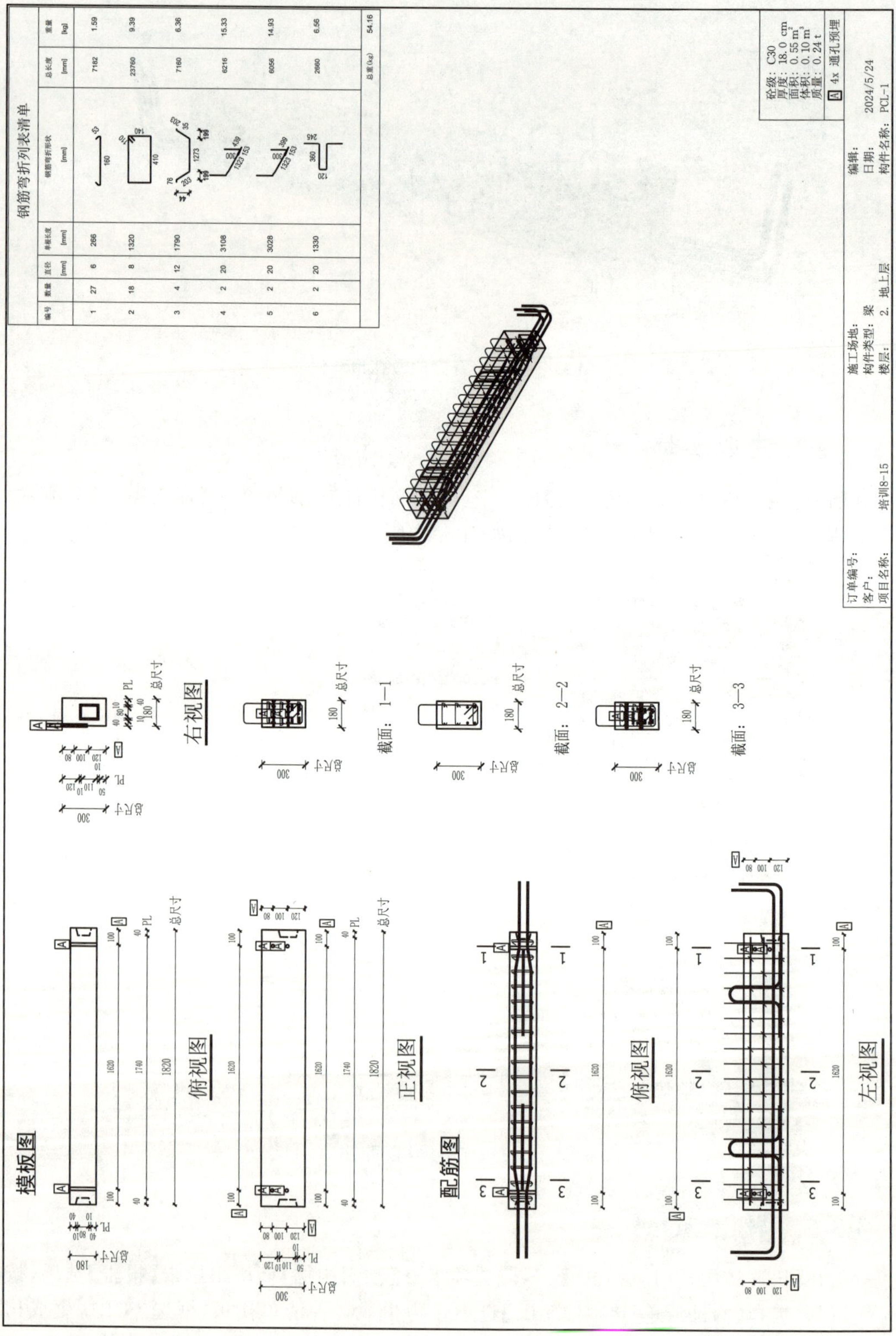

图3.39 PCZ1深化图纸

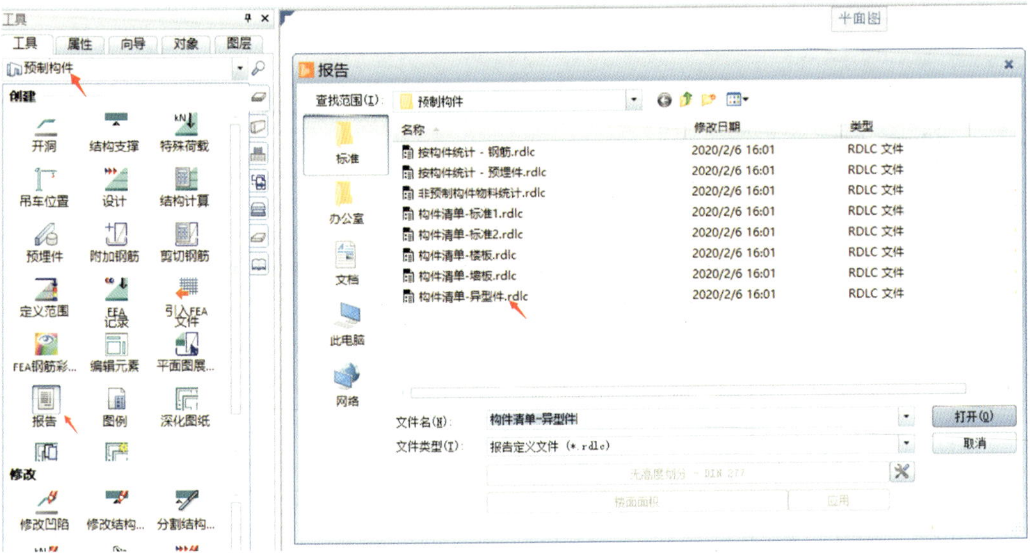

图 3.40　【报告】选项(梁)

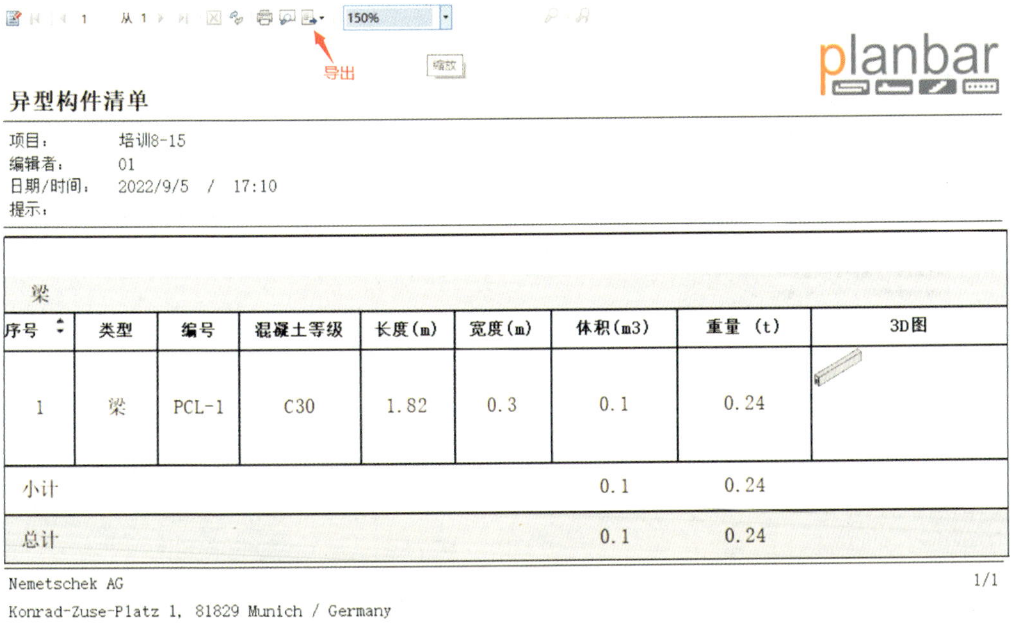

异型构件清单

项目：培训8-15
编辑者：01
日期/时间：2022/9/5　/　17:10
提示：

梁

序号	类型	编号	混凝土等级	长度(m)	宽度(m)	体积(m3)	重量 (t)	3D图
1	梁	PCL-1	C30	1.82	0.3	0.1	0.24	
小计						0.1	0.24	
总计						0.1	0.24	

Nemetschek AG　1/1
Konrad-Zuse-Platz 1, 81829 Munich / Germany

图 3.41　PCL1 构件清单表

(2) 采用同样的方法，可根据需要分别导出构件钢筋清单表、构件预埋件统计表等，分别如图 3.42、图 3.43 所示。

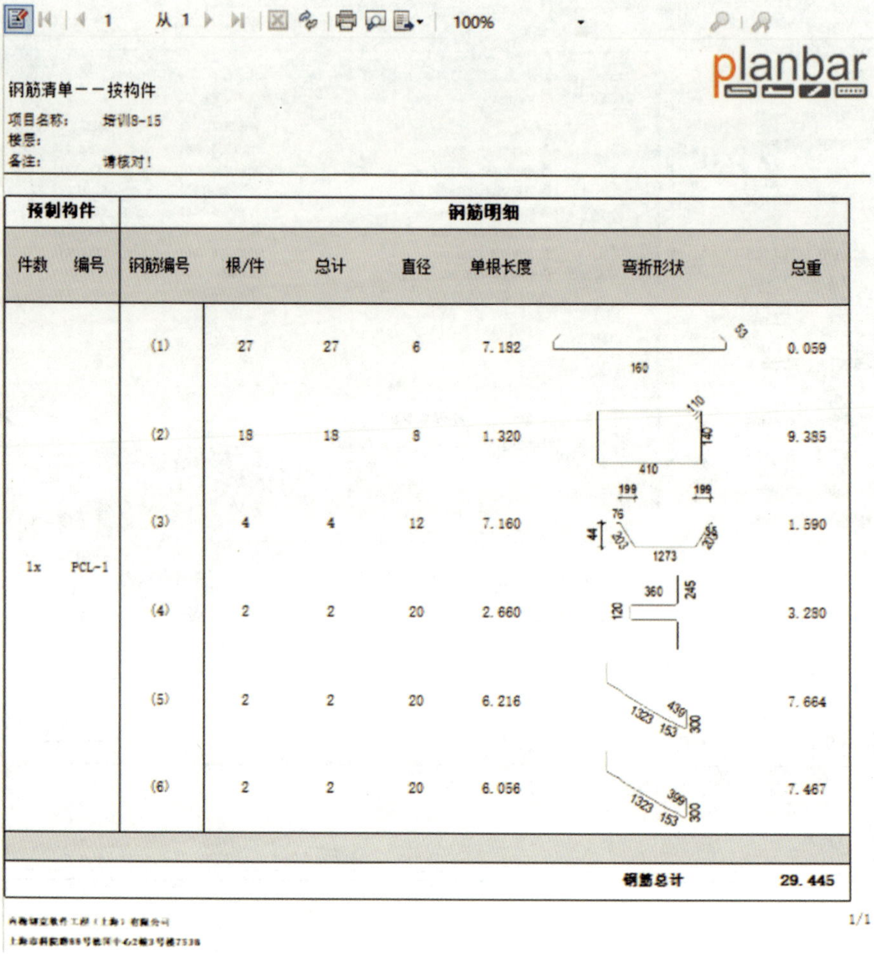

钢筋清单——按构件

项目名称： 培训8-15

楼层：

备注： 请核对！

预制构件		钢筋明细						
件数	编号	钢筋编号	根/件	总计	直径	单根长度	弯折形状	总重
1x	PCL-1	(1)	27	27	6	7.192	65, 160	0.059
		(2)	18	18	8	1.320	110, 140, 410	9.385
		(3)	4	4	12	7.160	199, 199, 76, 44, 1273	1.590
		(4)	2	2	20	2.660	360, 245, 120	3.280
		(5)	2	2	20	6.216	1323, 153, 439, 300	7.664
		(6)	2	2	20	6.056	1323, 153, 399, 300	7.467
							钢筋总计	29.445

1/1

图 3.42 PCL1 钢筋清单表

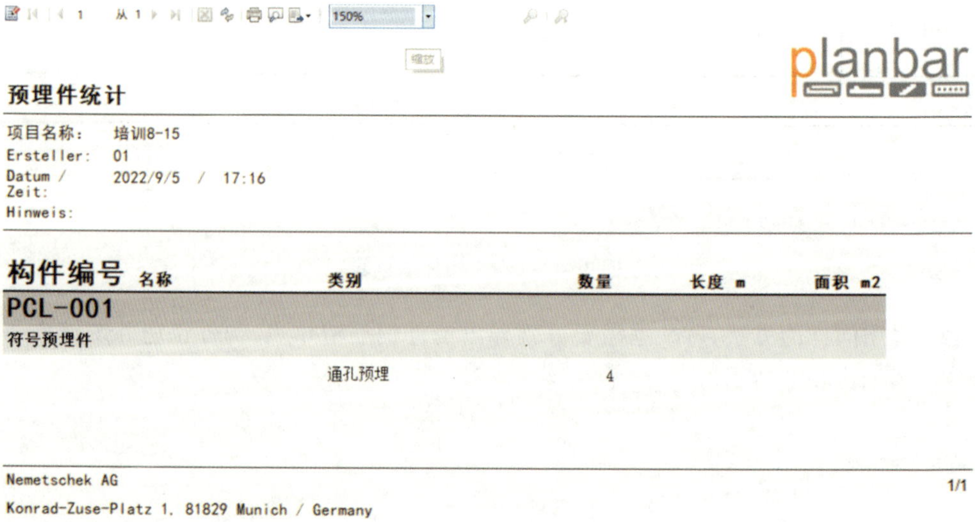

预埋件统计

项目名称： 培训8-15

Ersteller: 01

Datum / Zeit: 2022/9/5 / 17:16

Hinweis:

构件编号 名称	类别	数量	长度 m	面积 m2
PCL-001				
符号预埋件				
	通孔预埋	4		

Nemetschek AG

Konrad-Zuse-Platz 1, 81829 Munich / Germany

1/1

图 3.43 PCL1 预埋件统计表

任务4　叠合板深化设计

4.1　任务导入

根据给定预制叠合板施工图，如图4.1所示，使用Planbar软件完成给定图纸中YB-9a(F)深化设计。

4.2　相关知识技能

4.2.1　基础知识

叠合板是装配式混凝土建筑中重要的水平构件之一，是由预制底板和现浇钢筋混凝土层叠合而成的装配整体式楼板。叠合楼板整体性好，刚度大，可节省模板，而且板的上下表面平整，便于饰面层装修，适用于对整体刚度要求较高的建筑和大开间建筑。

预制叠合板分为桁架钢筋混凝土双向叠合板(图4.2)和桁架钢筋混凝土单向叠合板(图4.3)，根据图集《桁架钢筋混凝土叠合板(60 mm厚底板)》(15G366—1)，底板厚度均为60 mm，后浇混凝土叠合层厚度有70 mm、80 mm、90 mm三种。

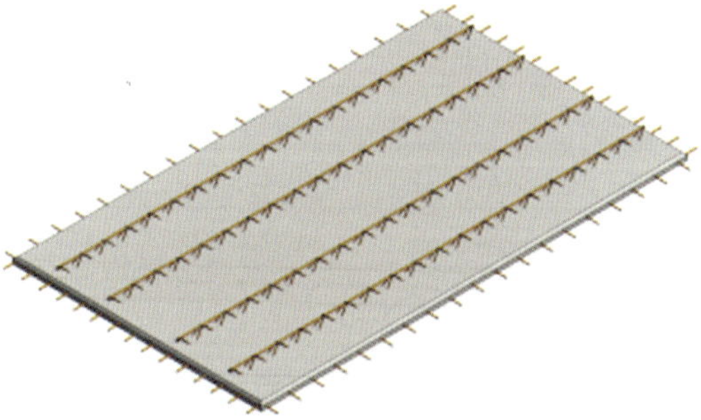

图4.2　双向叠合板

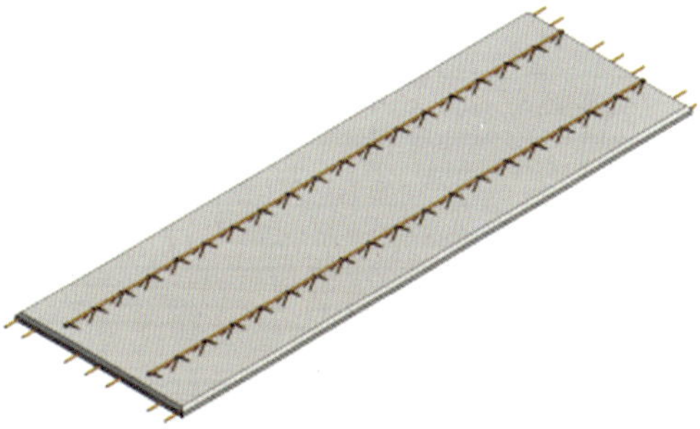

图4.3　单向叠合板

4.2.2　施工图识读

(1) 叠合板施工图识读

① 双向叠合板用底板编号规定

如图4.4所示，例如底板编号DBS1-67-3620-31，表示双向受力叠合板用底板，拼装位置为边板，预制底板厚度为60 mm，后浇叠合层厚度为70 mm，预制底板的标志跨度为

3600 mm，预制底板的标志宽度为 2000 mm，底板跨度方向配筋为Φ10@200，底板宽度方向配筋为Φ8@200。

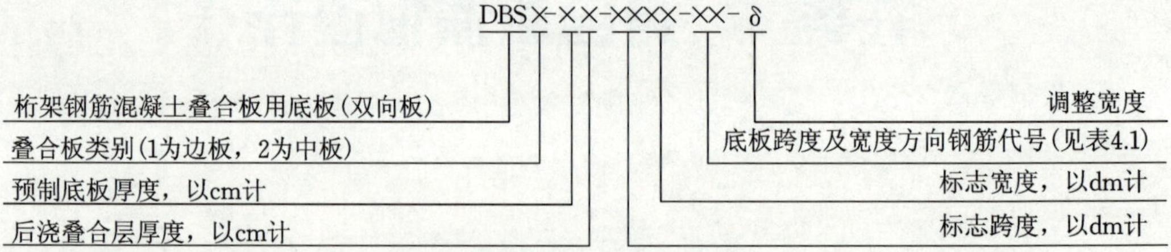

图 4.4　双向叠合板用底板编号

表 4.1　双向板底板跨度、宽度方向钢筋代号组合表

宽度方向钢筋	跨度方向钢筋			
	Φ8@200	Φ8@150	Φ10@200	Φ10@150
Φ8@200	11	21	31	41
Φ8@150	—	22	32	42
Φ8@100	—	—	—	43

双向板底板的标志宽度、标志跨度见表 4.2、表 4.3。

表 4.2　双向板底板宽度

标志宽度/mm	1200	1500	1800	2000	2400
边板实际宽度/mm	960	1260	1560	1760	2160
中板实际宽度/mm	900	1200	1500	1700	2100

表 4.3　双向板底板跨度

标志跨度/mm	3000	3300	3600	3900	4200	4500
实际跨度/mm	2820	3120	3420	3720	4020	4320
标志跨度/mm	4800	5100	5400	5700	6000	—
实际跨度/mm	4620	4920	5220	5520	5820	—

② 单向叠合板用底板编号规定

如图 4.5 所示，如底板编号 DBD67-3620-2，表示单向受力叠合板用底板，预制底板厚度为 60 mm，后浇叠合层厚度为 70 mm，预制底板的标志跨度为 3600 mm，预制底板的标志宽度为 2000 mm，底板跨度方向配筋为Φ8@150。

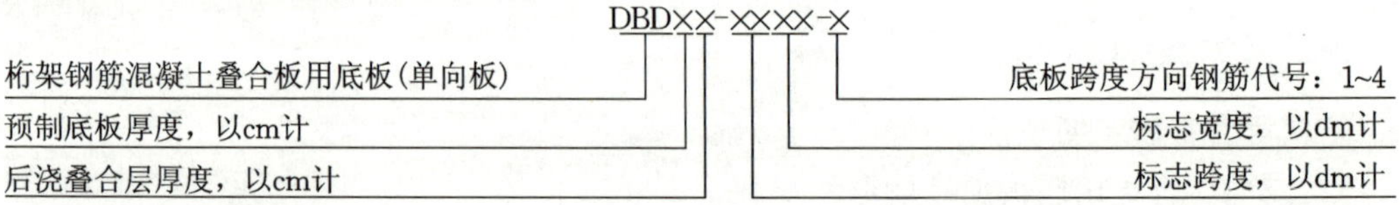

图 4.5　单向叠合板用底板编号

单向叠合板底板的标志宽度、标志跨度见表 4.4、表 4.5。

表 4.4　单向板底板宽度

标志宽度/mm	1200	1500	1800	2000	2400
实际宽度/mm	1200	1500	1800	2000	2400

表 4.5　单向板底板跨度

标志跨度/mm	2700	3000	3300	3600	3900	4200
实际跨度/mm	2520	2820	3120	3420	3720	4020

③ 叠合板现浇层标注方法

叠合楼盖现浇层注写方法与《混凝土结构施工图平面整体表示方法制图规则和构造详图(现浇混凝土框架、剪力墙、梁、板)》(22G101—1)的“有梁楼盖板平法施工图的表示方法”相同,同时应标注叠合板编号。

④ 叠合板底板标注方法

预制底板布置平面图中需要标注叠合板编号、预制底板编号、各块预制底板尺寸和定位。预制底板为单向板时,需标注板边调节缝和定位;预制底板为双向板时还应标注接缝尺寸和定位;当板面标高不同时,标注底板标高高差。

预制底板表中需要标明编号、板块内的预制底板编号及其与叠合板编号的对应关系、所在楼层、构件质量和数量、构件详图页码(自行设计构件为图号)、构件设计补充内容(线盒、留洞位置等)。

⑤ 叠合板底板接缝

叠合楼盖预制底板接缝需要在平面布置图上标注其编号、尺寸和位置,并需给出接缝的详图,接缝编号规则见表 4.6,尺寸、定位按详图所示。

表 4.6　叠合板底板接缝编号规则

名称	代号	序号
叠合板底板接缝	JF	××
叠合板底板密接接缝	MF	—

⑥ 水平后浇带

需在平面布置图上标注水平后浇带或圈梁的分布位置,水平后浇带编号由代号和序号组成(表 4.7),内容包括平面中的编号、所在平面位置、所在楼层及配筋等。

表 4.7　水平后浇带编号

类型	代号	序号
水平后浇带	SHJD	××

(2) 叠合板施工图识读案例

图 4.6 为 DBD67-3615-1 单向叠合板模板图纸案例,从图中可得知:

① 模板长度方向的尺寸:$l_0=3420$ mm,$a_1=110$ mm,$a_2=110$ mm,$n=16$,$l_0=a_1+a_2+200n$,总长度 $L=l_0+90\times2=3600$ mm,两端延伸至支座中线;桁架长度为 $l_0-50\times2=3320$ mm。

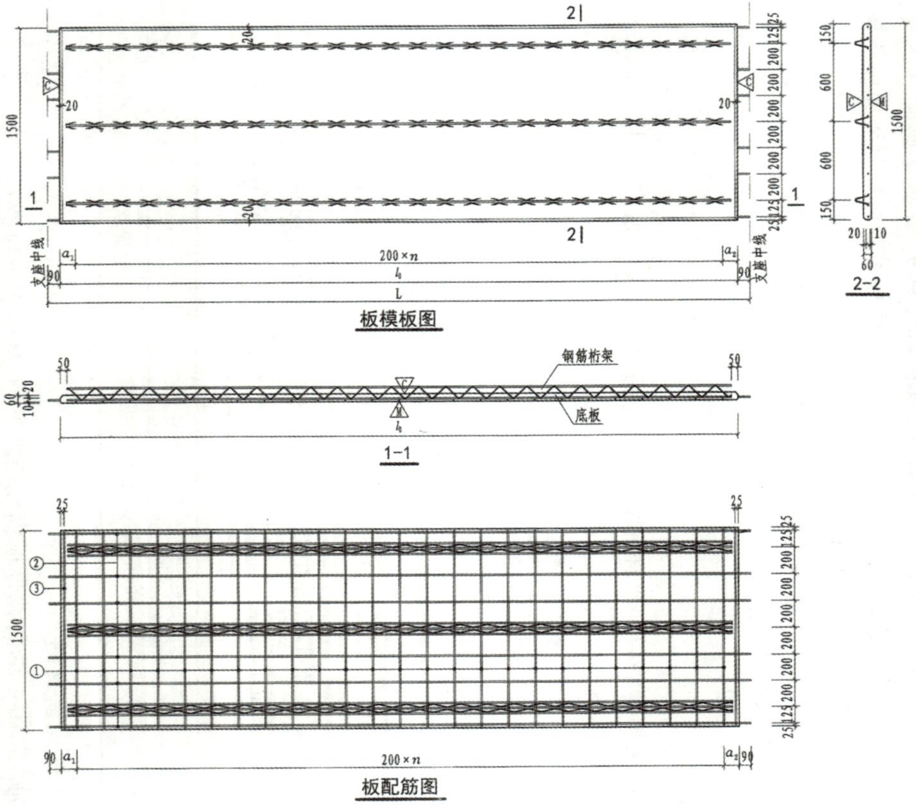

注：同第57页。

底板参数表

底板编号 (X代表1、3)	l_0 (mm)	a_1 (mm)	a_2 (mm)	n	桁架型号 编号	长度(mm)	重量(kg)	混凝土体积 (m³)	底板自重 (t)
DBD67-2715-X	2520	60	60	12	A80	2420	4.26	0.227	0.567
DBD68-2715-X					A90		4.33		
DBD69-2715-3					A100		4.40		
DBD67-3015-X	2820	110	110	13	A80	2720	4.79	0.254	0.635
DBD68-3015-X					A90		4.87		
DBD69-3015-3					A100		4.95		
DBD67-3315-X	3120	60	60	15	A80	3020	5.32	0.281	0.702
DBD68-3315-X					A90		5.40		
DBD69-3315-3					A100		5.49		
DBD67-3615-X	3420	110	110	16	A80	3320	5.85	0.308	0.769
DBD68-3615-X					A90		5.94		
DBD69-3615-3					A100		6.04		
DBD67-3915-X	3720	60	60	18	B80	3620	7.18	0.335	0.837
DBD68-3915-X					B90		7.28		
DBD69-3915-3					B100		7.39		
DBD67-4215-X	4020	110	110	19	B80	3920	7.77	0.362	0.905
DBD68-4215-X					B90		7.88		
DBD69-4215-3					B100		8.00		

底板配筋表

底板编号 (X代表7、8、9)	① 规格	① 加工尺寸	① 根数	② 规格	② 加工尺寸	② 根数	③ 规格	③ 加工尺寸	③ 根数
DBD6X-2715-1	Φ6	1470	13	Φ8	2700	6	Φ6	1470	2
DBD6X-2715-3				Φ10					
DBD6X-3015-1	Φ6	1470	14	Φ8	3000	6	Φ6	1470	2
DBD6X-3015-3				Φ10					
DBD6X-3315-1	Φ6	1470	16	Φ8	3300	6	Φ6	1470	2
DBD6X-3315-3				Φ10					
DBD6X-3615-1	Φ6	1470	17	Φ8	3600	6	Φ6	1470	2
DBD6X-3615-3				Φ10					
DBD6X-3915-1	Φ6	1470	19	Φ8	3900	6	Φ6	1470	2
DBD6X-3915-3				Φ10					
DBD6X-4215-1	Φ6	1470	20	Φ8	4200	6	Φ6	1470	2
DBD6X-4215-3				Φ10					

宽1500单向板底板模板及配筋图 (DBD6X-XX15-1/DBD6X-XX15-3)	图集号	15G366-1
审核 于秋波 校对 刘家慧 设计 宋高飞	页	58

图4.6 模板图图纸案例

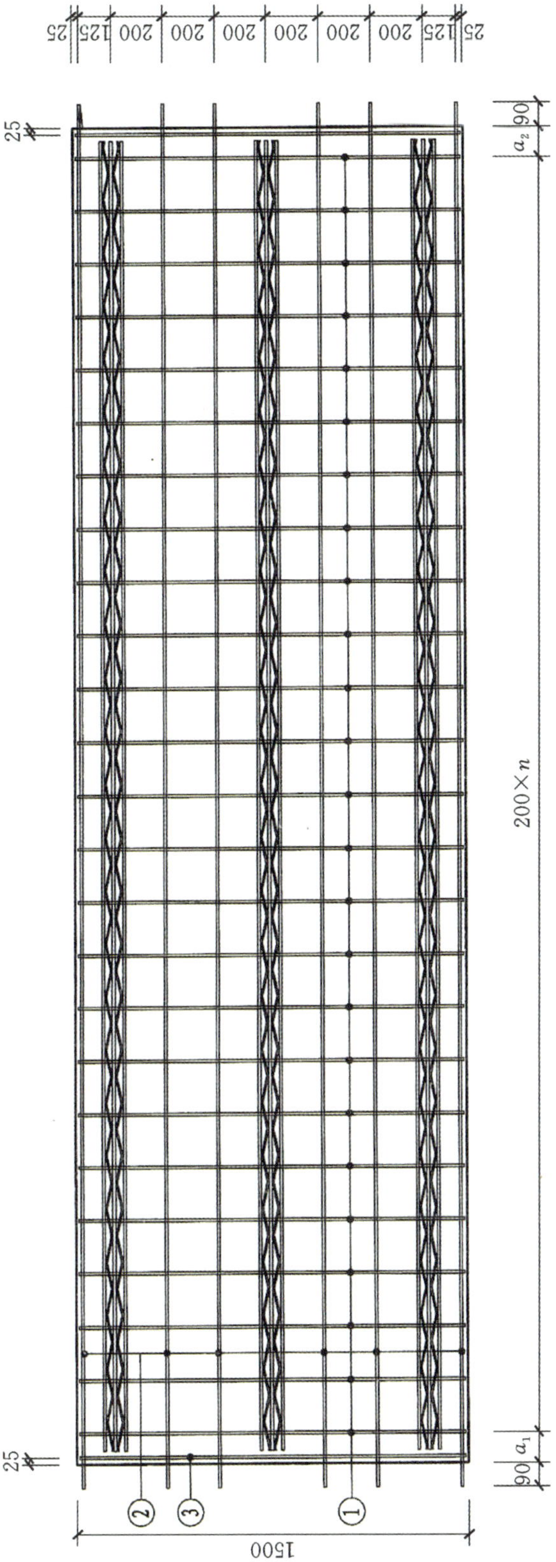
25
125
200
200
200
200
200
200
125
25
25
25
90
a_2
$200\times n$
a_1
90
②
③
①
1500

图4.7　配筋图图纸案例

② 模板宽度方向的尺寸：板实际宽度为 1500 mm，标志宽度为 1500 mm，板的四边坡面水平投影宽度均为 20 mm；桁架距离板长边边缘 150 mm，两平行桁架之间的距离为 600 mm，钢筋桁架端部距离板端部 50 mm。

③ 叠合板底板厚度为 60 mm，△M所指方向代表模板面，△C所指方向代表粗糙面。

图 4.7 为 DBD67-3615-1 单向叠合板配筋图，结合《桁架钢筋混凝土叠合板(60 mm 厚底板)》(15G366—1)内容，可知：

④ ①号钢筋为直径为 6 mm 的 HRB400 级钢筋，两端无弯钩，间距为 200 mm，长度方向两端无外伸，左、右两侧板边第一根钢筋距离板边缘 $a_1=a_2=110$ mm。

⑤ ②号钢筋为直径为 8 mm 的 HRB400 级钢筋，两端无弯钩，第一个间距为 125 mm，其余间距为 200 mm，长度方向两端伸出板边缘 90 mm。

⑥ ③号钢筋为直径为 6 mm 的 HRB400 级钢筋，两端无弯钩，两端与①号钢筋的间距分别为 110－25＝95 mm。

桁架上弦和下弦钢筋为直径为 8 mm 的 HRB400 级钢筋，腹杆钢筋为直径为 6 mm 的 HPB300 级钢筋，长度方向桁架边缘距离板边缘 50 mm。

4.2.3 深化设计

4.2.3.1 配筋设计

首先确定板混凝土强度等级，钢筋保护层厚度。混凝土强度等级可根据结构施工图中的楼层表确定，钢筋保护层厚度可根据结构施工图中的结构设计总说明确定。混凝土强度等级最小值参考行业标准《装配式混凝土结构技术规程》(JGJ 1—2014)第 4.1.2 条要求；箍筋保护层厚度最小值参考国家标准《混凝土结构设计标准》(GB/T 50010—2010)(2024 年版)第 8.2.1 至 8.2.3 条。

然后确定叠合板的尺寸。预制板的厚度不宜小于 60 mm，不得小于 50 mm，现浇层厚度不宜小于 70 mm(主要是便于现场施工穿线管)。一般住宅建议采用 60 mm＋70 mm＝130 mm 的做法，公共区域除外，公共区域要特别关注线管的尺寸以及走向。关于长度和宽度：①柱、梁除外才是楼板的尺寸；②楼板尺寸过大时需要进行拆分。拆分时参考国家标准《装配式混凝土建筑技术标准》(GB/T 51231—2016)第 5.5.4 条选取节点，当缝宽度没有办法满足大于或等于 300 mm 的要求时，可采用行业标准《装配式混凝土结构技术规程》(JGJ 1—2014)第 6.6.6 条的节点做法。楼板拆分时，楼板的宽度(含外伸钢筋)不宜超过 3000 mm，通常预制板的净宽不宜超过 2500 mm(极个别除外)。考虑生产、安装方便，构件尺寸越大越好，但要注意现场塔吊的配置。

叠合板板底纵向钢筋配置，一般按 100 mm、150 mm、200 mm 的模数设置。叠合板内最外侧板底纵筋距离板边不大于 50 mm，后浇接缝内底部纵筋起始位置距离板边不大于板筋间距的一半。

桁架钢筋的布置应按行业标准《装配式混凝土结构技术规程》(JGJ 1—2014)第 6.6.7 条的要求，桁架钢筋距板边不大于 300 mm，间距不大于 600 mm。另外，桁架钢筋的设置宜沿构件的长向布置。

4.2.3.2　连接节点设计

(1) 叠合板支座处的纵向钢筋应符合下列规定：

① 板端支座处，预制板内的纵向受力钢筋宜从板端伸出并锚入支承梁或墙的后浇混凝土中，锚固长度不应小于 5d（d 为纵向受力钢筋直径），且宜伸过支座中心线[图 4.8(a)]。

② 单向叠合板的板侧支座处，当预制板内的板底分布钢筋伸入支承梁或墙的后浇混凝土中时，应符合上述①的要求；当板底分布钢筋不伸入支座时，宜在紧邻预制板顶面的后浇混凝土叠合层中设置附加钢筋，附加钢筋截面面积不宜小于预制板内的同向分布钢筋面积，间距不宜大于 600 mm，在板的后浇混凝土叠合层内锚固长度不应小于 15d，在支座内锚固长度不应小于 15d（d 为附加钢筋直径）且宜伸过支座中心线[图 4.8(b)]。

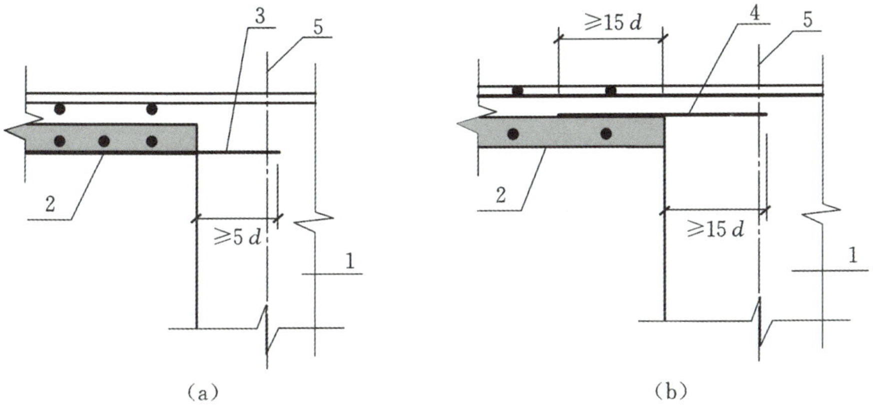

1—支承梁或墙；2—预制板；3—纵向受力钢筋；4—附加钢筋；5—支座中心线

图 4.8　叠合板板端及板侧支座构造示意

(a)板端支座；(b)板侧支座

(2) 双向叠合板板侧的整体式接缝宜设置在叠合板的次要受力方向且宜避开最大弯矩截面。接缝可采用后浇带形式，并应符合下列规定：

① 后浇带宽度不宜小于 200 mm。

② 后浇带两侧板底纵向受力钢筋可在后浇带中焊接、搭接、弯折锚固、机械连接。

③ 当后浇带两侧板底纵向受力钢筋在后浇带中搭接连接时，应符合下列规定。

a. 预制板板底外伸钢筋为直线形[图 4.9(a)]时，钢筋搭接长度应符合现行国家标准《混凝土结构设计标准》(GB/T 50010—2010)(2024 年版)的有关规定；

b.预制板板底外伸钢筋端部为 90°或 135°弯钩[图 4.9(b)、(c)]时，钢筋搭接长度应符合现行国家标准《混凝土结构设计标准》(GB/T 50010—2010)(2024 年版)有关钢筋锚固长度的规定，90°和 135°弯钩钢筋弯后直段长度分别为 12d 和 5d（d 为钢筋直径）。

④ 当后浇带两侧板底纵向受力钢筋在后浇带中弯折锚固时（图 4.10），应符合下列规定：

a. 叠合板厚度不应小于 10d，且不应小于 120 mm（d 为弯折钢筋直径的较大值）；

b. 接缝处预制板侧伸出的纵向受力钢筋应在后浇混凝土叠合层内锚固，且锚固长度不应小于 l_a；两侧钢筋在接缝处重叠的长度不应小于 10d，钢筋弯折角度不应大于 30°，弯折处

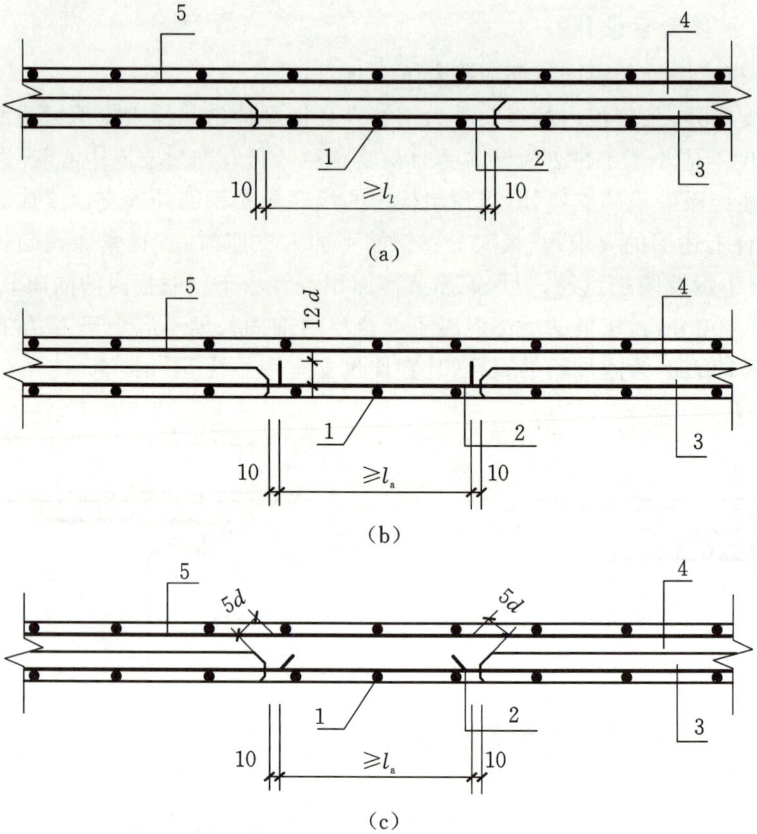

1—通长钢筋；2—纵向受力钢筋；3—预制板；4—后浇混凝土叠合层；5—后浇层内钢筋

图 4.9　双向叠合板整体式接缝构造示意

(a)板底纵筋直线搭接；(b)板底纵筋末端带 90°弯钩搭接；(c)板底纵筋末端带 135°弯钩搭接

沿接缝方向应配置不少于 2 根通长构造钢筋，且直径不应小于该方向预制板内钢筋直径。

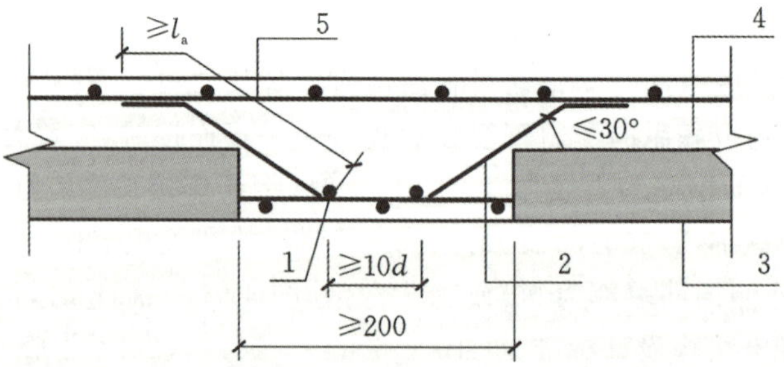

1—通长构造钢筋；2—纵向受力钢筋；3—预制板；4—后浇混凝土叠合层；5—后浇层内钢筋

图 4.10　双向叠合板整体式接缝构造示意(弯折锚固)

(3) 单向叠合板板侧的分离式接缝宜配置附加钢筋(图 4.11)，并应符合下列规定：

① 接缝处紧邻预制板顶面宜设置垂直于板缝的附加钢筋，附加钢筋伸入两侧后浇混凝土叠合层的锚固长度不应小于 15d(d 为附加钢筋直径)；

② 附加钢筋截面面积不宜小于预制板中该方向钢筋面积，钢筋直径不宜小于6 mm、间距不宜大于250 mm。

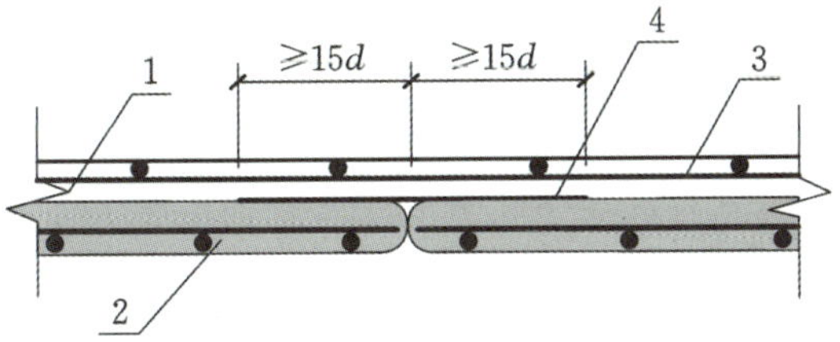

1—后浇混凝土叠合层；2—预制板；3—后浇层内钢筋；4—附加钢筋

图 4.11 单向叠合板板侧分离式拼缝构造示意

4.2.3.3 预埋预留设计

预埋件设计应根据设计要求和施工方案对脱模、运输、安装等环节进行施工验算，满足承载力、变形和裂缝等相关要求。

吊点布置，一般利用钢筋桁架起吊，吊点布置在近板端部1/5～1/4板跨处，便于起吊操作。

粗糙面，参考行业标准《装配式混凝土结构技术规程》(JGJ 1—2014)第6.5.5条。当预制板间采用后浇段连接时，预制板板顶及板侧均需设粗糙面。当预制板间采用密拼接缝连接时，仅预制板板顶设粗糙面。当结合面设粗糙面时，粗糙面的面积不宜小于结合面的80%。粗糙面凹凸深度不宜小于4 mm。

需考虑部分板上放线孔、泵送孔、传料孔布置位置。

线盒的布置需离开桁架，避开钢筋。

成品地漏需考虑预埋或留洞。

4.2.3.4 构件加工图设计

构件加工图主要包含预制桁架叠合板模板图、配筋图、底板参数表和底板配筋表，吊点位置平面布置图、钢筋桁架及底板大样图，底板拼缝构造图及节点构造详图。

(1) 确认板的跨度、宽度，底板钢筋及桁架规格

根据板的编号确认板的跨度、宽度，底板钢筋及架桁架的规格，如“DBD67-1524-3”可确定单向板的预制底板厚度为60 mm，叠合层厚度为70 mm，跨度为1.5 m，宽度为2.4 m，根据钢筋代号表可知该块板的受力钢筋为HPB400级钢筋，直径为10 mm，间距为200 mm；分布钢筋为HRB400钢筋，直径为6 mm，间距为200 mm。根据拆分图纸总说明，确定桁架的设计高度及钢筋直径和间距。

(2) 绘制底板钢筋图

① 根据底板钢筋直径、标志跨度、标志宽度以及设计拆分的钢筋间距考虑钢筋绘制。注意第一根钢筋的绘制需要考虑跨度及宽度。

② 考虑桁架钢筋的位置摆放，即单向板应沿受力方向布置桁架，双向板除沿大跨方向布置桁架钢筋外，短跨方向也要布置受力钢筋，并根据底板钢筋图确定桁架钢筋的数量。

③ 标注尺寸，注意纵横向钢筋绘制时图层另建，以不同颜色区分。底板短边方向钢筋

为受力主筋，主筋在下层，桁架筋与分布钢筋在上层且在同一层。

(3) 绘制板模板图

① 根据上述连接节点设计规定进行楼板拆分，并在拆分图中量取实际跨度，以便绘制模板图。

② 确定跨度方向受力钢筋伸出长度。支座中心到板边的距离减去预留的 10 mm 的空隙，即得出钢筋伸出长度。

③ 根据单向板断面图，粗糙面需内缩 20 mm，绘制出整体框架的模板图。

④ 绘制跨度方向受力钢筋，绘制两边的第一根钢筋，离板边 0～50 mm，一般取25 mm，随后根据受力钢筋直径及间距进行绘制。

⑤ 根据钢筋桁架立面图、剖面图绘制模板图中的桁架筋，注意桁架筋的边缘距离板边 50 mm。

⑥ 对尺寸进行标注，分别在跨度及宽度方向画上剖切符号，后续根据剖切位置和方向需要绘制剖面图，完成板模板图绘制。

(4) 画剖面及侧面图

剖面图需要画出底板钢筋的剖面，侧面图只绘制板即可。

(5) 绘制底板钢筋图和桁架钢筋图。

(6)绘制构件索引图，标注构件所在位置及吊装方向。

4.3 任 务 实 施

4.3.1 生成构件模型

(1) 在【快速访问栏(托盘)】的【工具】选项卡→【预制构件】模块中单击【设计】选项，点击属性设置，如图 4.12 所示。

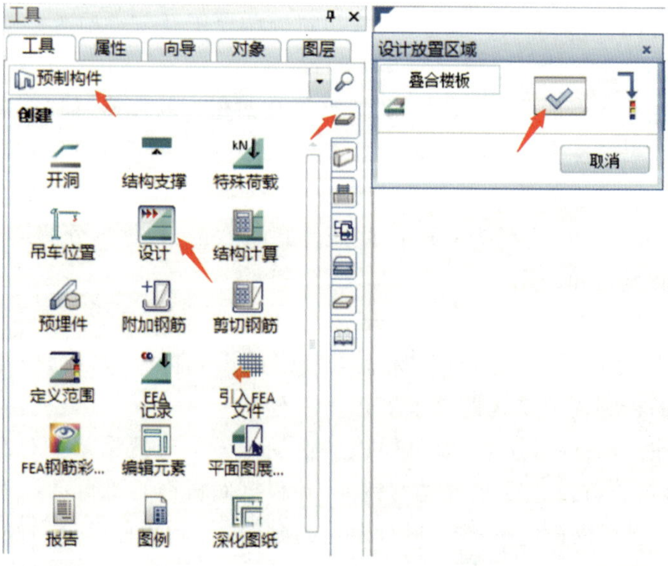

图 4.12 【设计】选项中的属性设置

(2) 在属性设置栏中单击【布置】，在弹出的对话框中单击【钢筋搭接，弯曲形状】选项，按照图纸 YB 构造设置板底部钢筋层正面、侧面钢筋搭接长度，如图 4.13 所示。

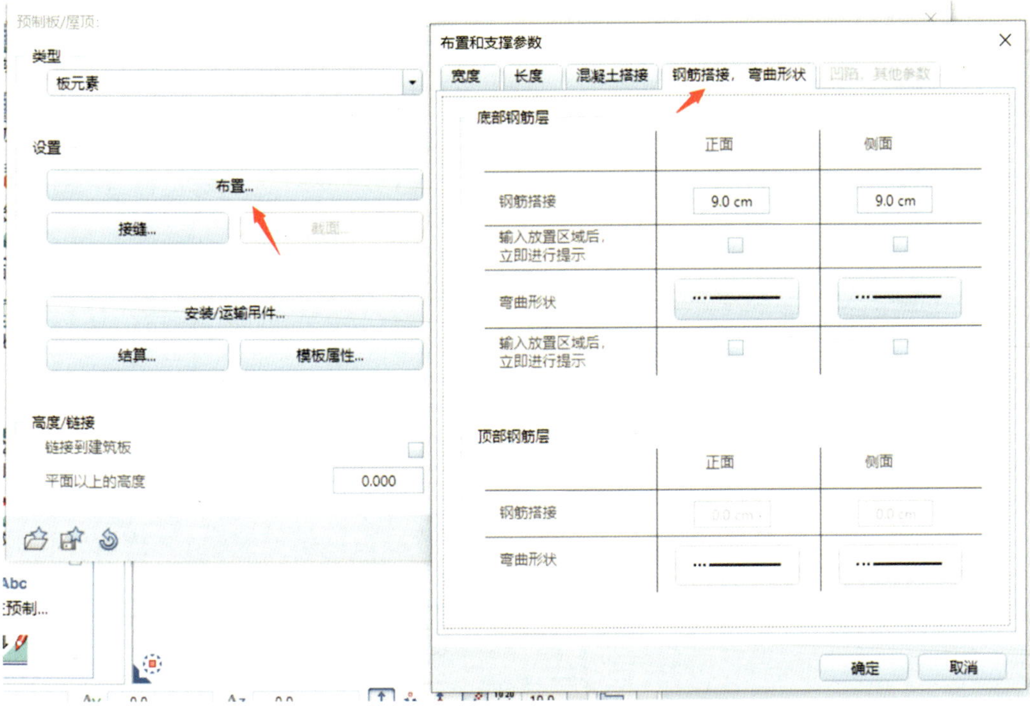

图 4.13　设置板底部钢筋层正面、侧面钢筋搭接长度

(3) 按图纸尺寸绘制一块长 3420 mm、宽 1800 mm 的板，如图 4.14 所示，点击需要修改钢筋搭接长度的一条板侧边，在弹出的对话框中设置参数，如图 4.15 所示，勾选弯曲形状，在弹出的对话框中勾选设置末端弯钩形式，参数设置如图 4.16 所示。

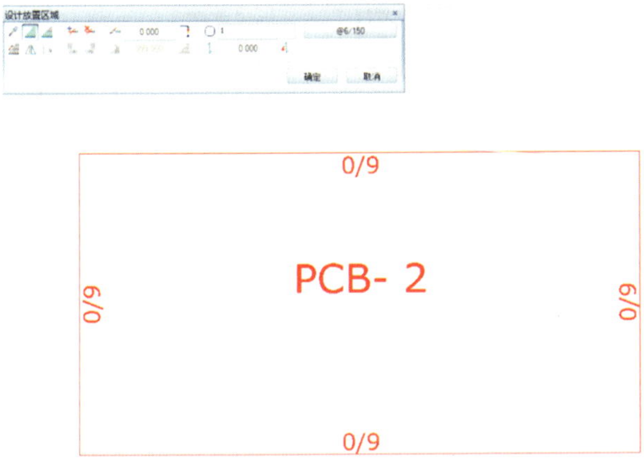

图 4.14　绘制一块长 3420 mm、宽 1800 mm 的板

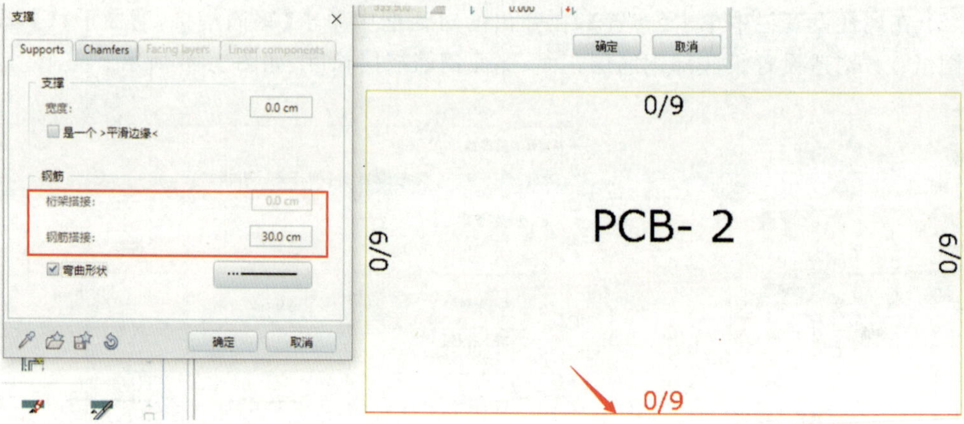

图 4.15　设置板搭接钢筋参数

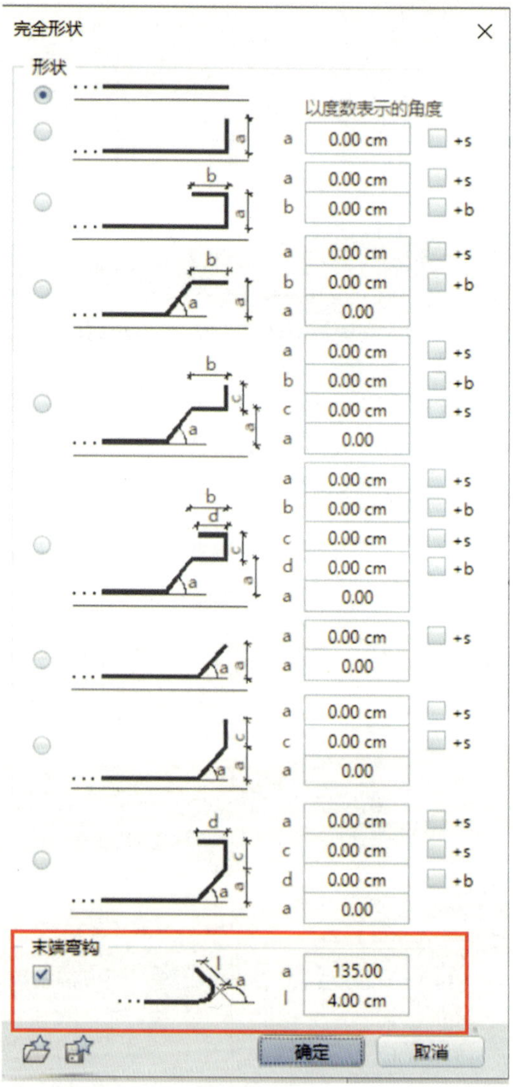

图 4.16　设置末端弯钩形式、参数

4.3.2 钢筋布置

（1）在【快速访问栏（托盘）】的【工具】选项卡→【预制构件】模块中单击【目录】选项，在【目录菜单】中单击叠合楼板【钢筋类型目录】选项，如图 4.17 所示；点击【添加】，添加一个钢筋类型并命名，点击【钢筋数据】，按图 4.18 所示设置钢筋参数。

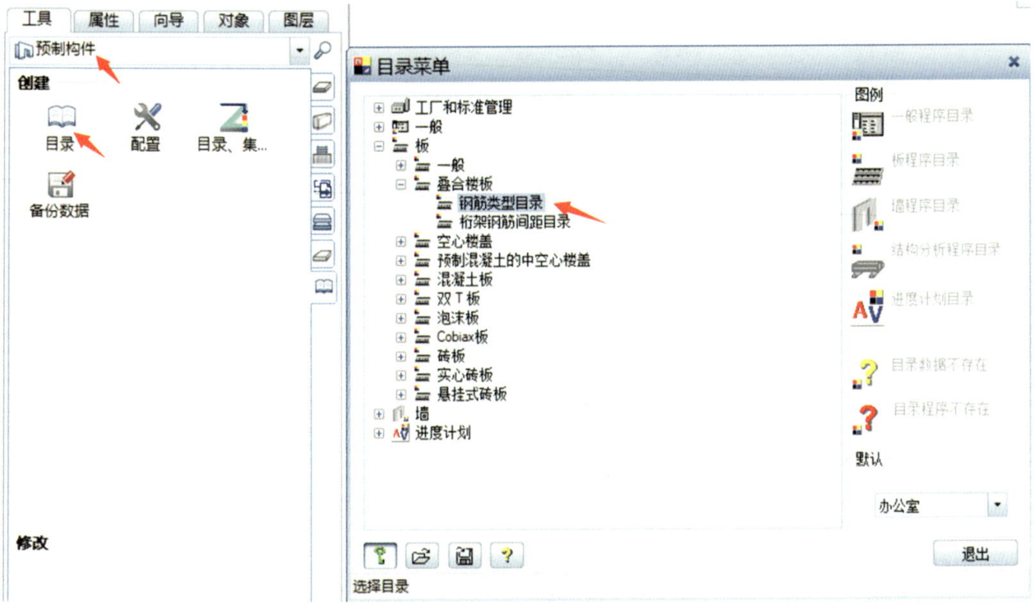

图 4.17 叠合楼板【钢筋类型目录】选项

图 4.18 添加钢筋类型并设置参数

(2) 在【快速访问栏(托盘)】的【工具】选项卡→【预制构件】模块中单击【修改设计】选项,如图 4.19 所示,单击已创建的叠合板,在弹出的对话框中选择上一步设置的钢筋类型名称"练习",点击【确定】,如图 4.20 所示,完成板底钢筋设置。

图 4.19 【修改设计】选项

(3) 在【快速访问栏(托盘)】的【工具】选项卡→【预制构件】模块中单击【配置】选项,在弹出的【配置菜单】中选择叠合楼板【桁架钢筋间距-按板宽】选项,如图 4.21 所示,将【定义的数字】选项改为 0,点击保存、确定,如图 4.22 所示。

(4) 在【快速访问栏(托盘)】的【工具】选项卡→【预制构件】模块中单击【目录】选项,在【目录菜单】中单击叠合楼板【桁架钢筋间距目录】选项,如图 4.23 所示,在弹出的【桁架钢筋间距目录】的【分布】选项中按图 4.24 所示设置桁架钢筋间距,完成叠合楼板桁架钢筋设置,如图 4.25 所示。

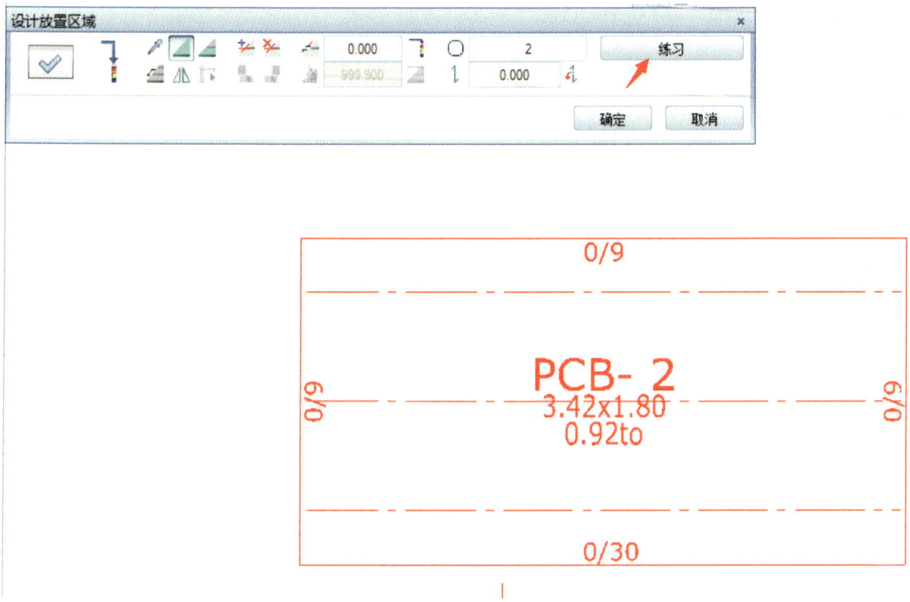

图 4.20　设置板底钢筋

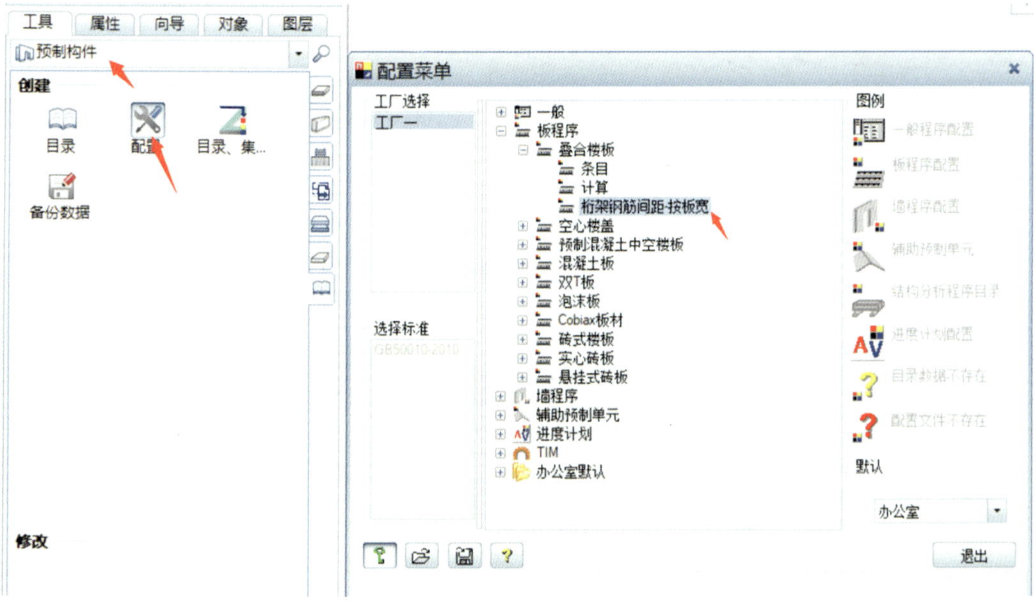

图 4.21　叠合楼板【桁架钢筋间距-按板宽】选项

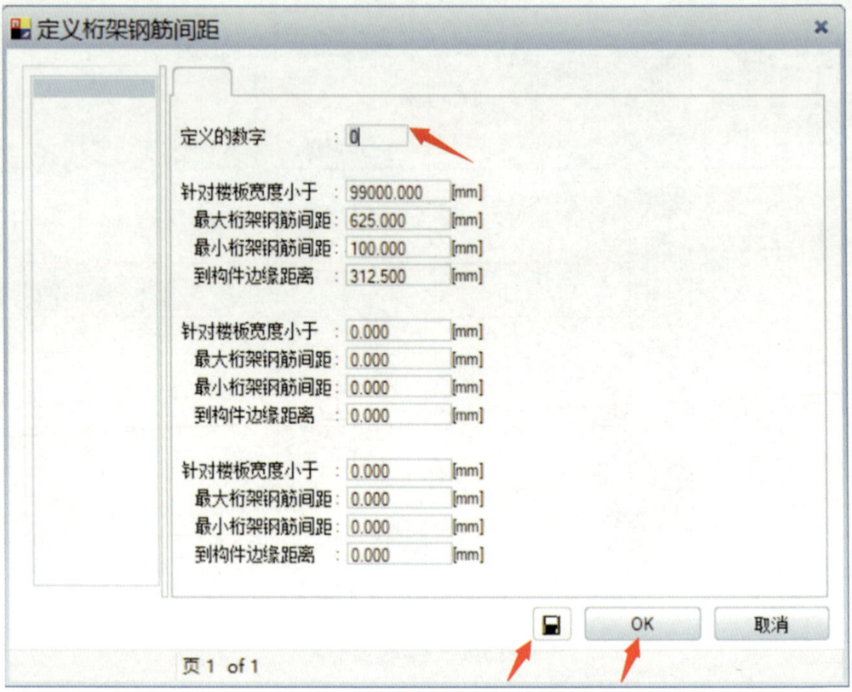

图 4.22 修改板【定义的数字】选项

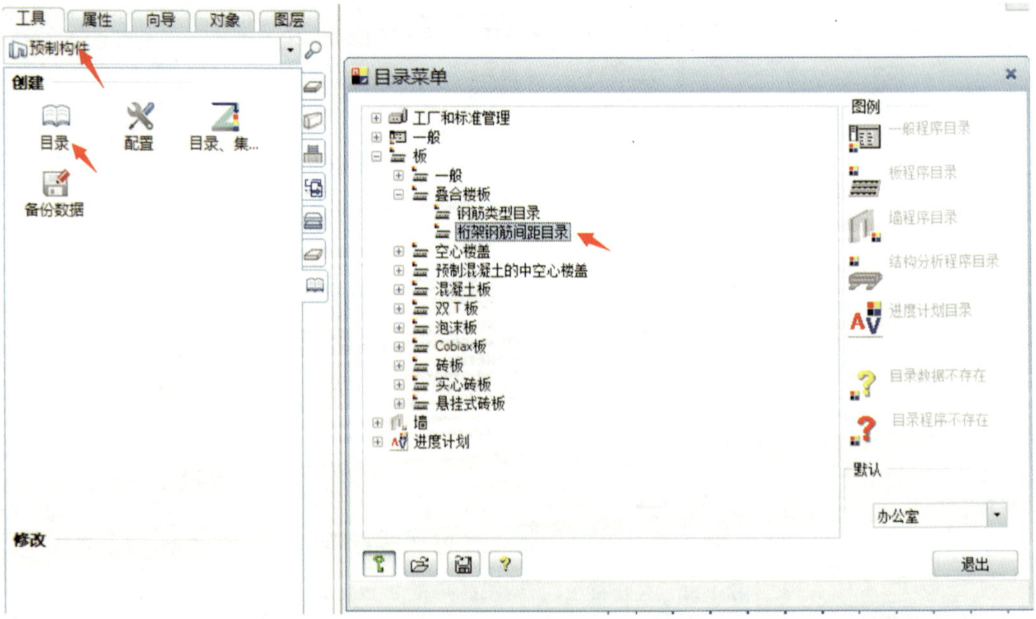

图 4.23 叠合楼板【桁架钢筋间距目录】选项

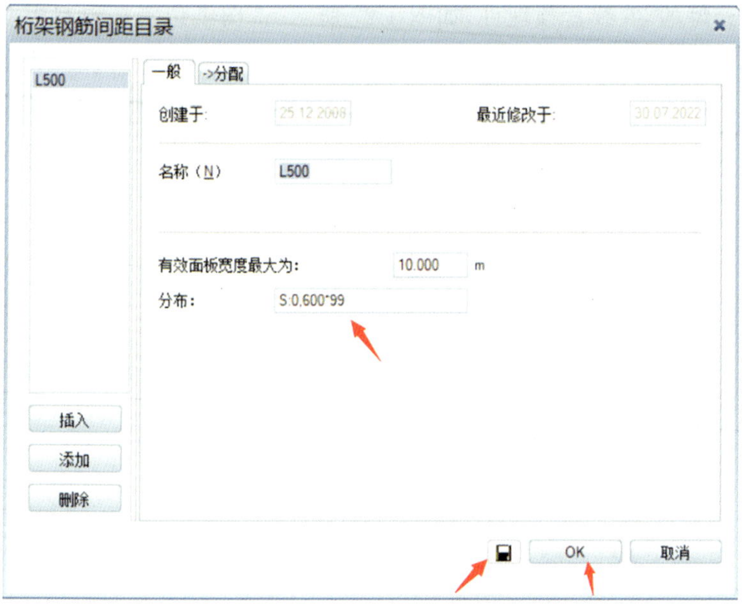

图 4.24　设置桁架钢筋间距

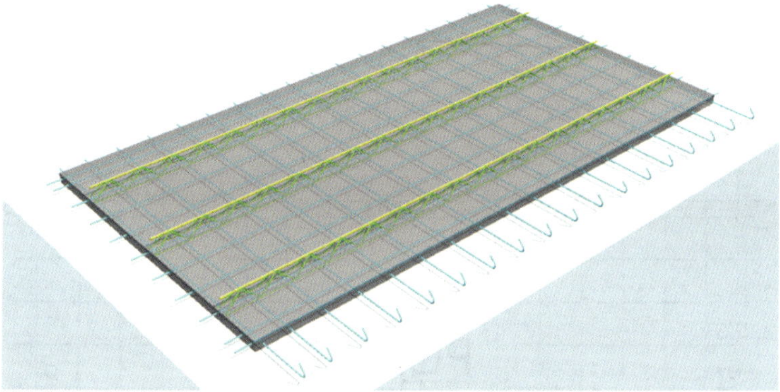
图 4.25　设置的叠合楼板桁架钢筋

4.3.3　预埋件布置

(1) 打开 2 号预埋件制图文件并进入，在该制图文件中分别绘制预埋件 86 线盒平面视图、前视图、后视图、左视图、右视图、3D 视图，如图 4.26 所示，并定义 86 线盒预埋件。

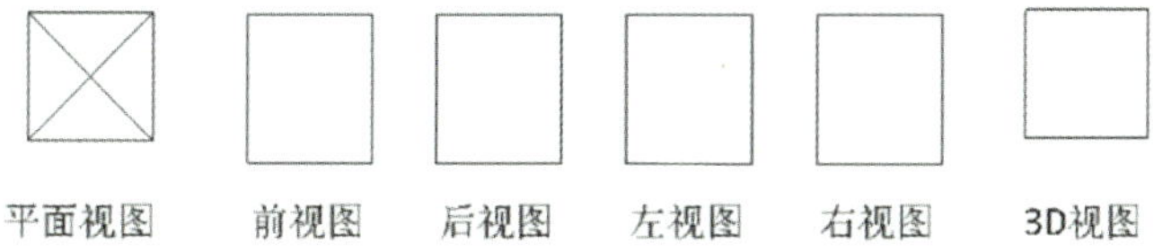

图 4.26　86 线盒视图

(2) 在【快速访问栏(托盘)】的【工具】选项卡→【预制构件】模块中单击【预埋件】选项，

选择上一步创建好的 86 线盒预埋件，如图 4.27 所示，按图纸位置在预制板上放置预埋件，如图 4.28、图 4.29 所示。

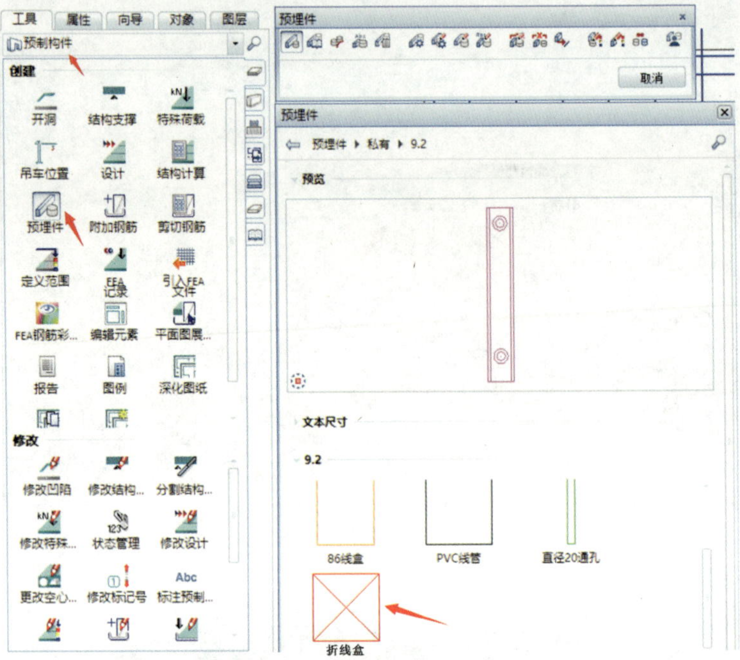

图 4.27 【预埋件】选项中的 86 线盒

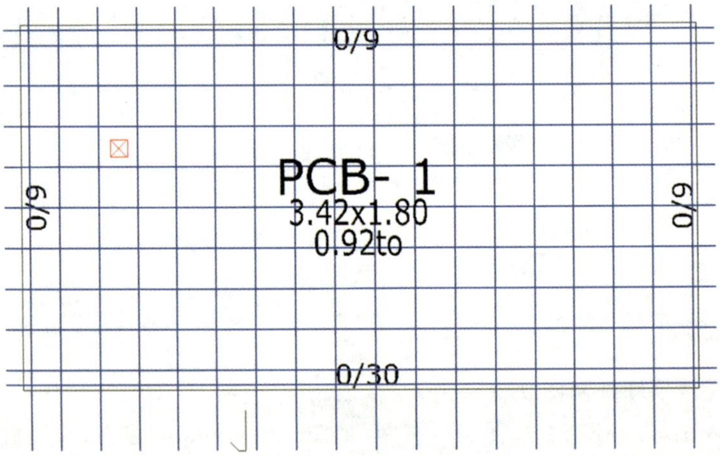

图 4.28 在预制板上放置 86 线盒(1)

4.3.4 生成图纸

在【快速访问栏(托盘)】的【工具】选项卡→【预制构件】模块中单击【深化图纸】选项，如图 4.30 所示，点击预制板，生成深化图纸如图 4.31 所示。

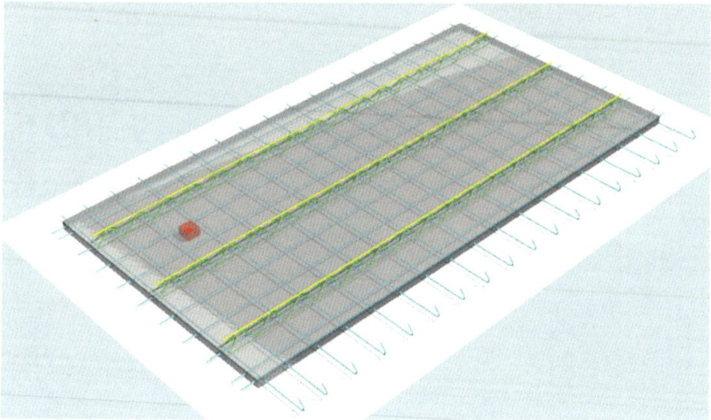

图 4.29　在预制板上放置 86 线盒(2)

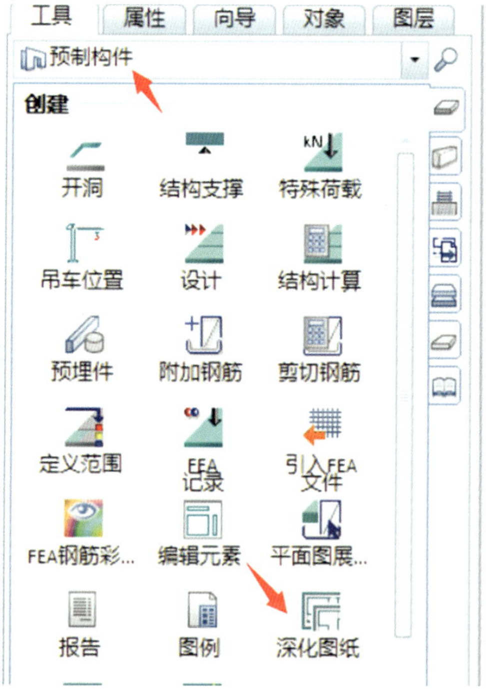

图 4.30　【深化图纸】选项(预制板)

4.3.5　导出 BOM 表

(1) 在【快速访问栏(托盘)】的【工具】选项卡→【预制构件】模块中单击【报告】选项，按图4.32所示，选择【构件清单-标准 1.rdlc】选项作为生成构件清单模板，框选叠合板，生成构件清单表如图 4.33 所示，可选择导出保存。

(2) 采用同样的方法，可根据需要分别导出构件钢筋清单表、构件预埋件统计表等，分别如图 4.34、图 4.35 所示。

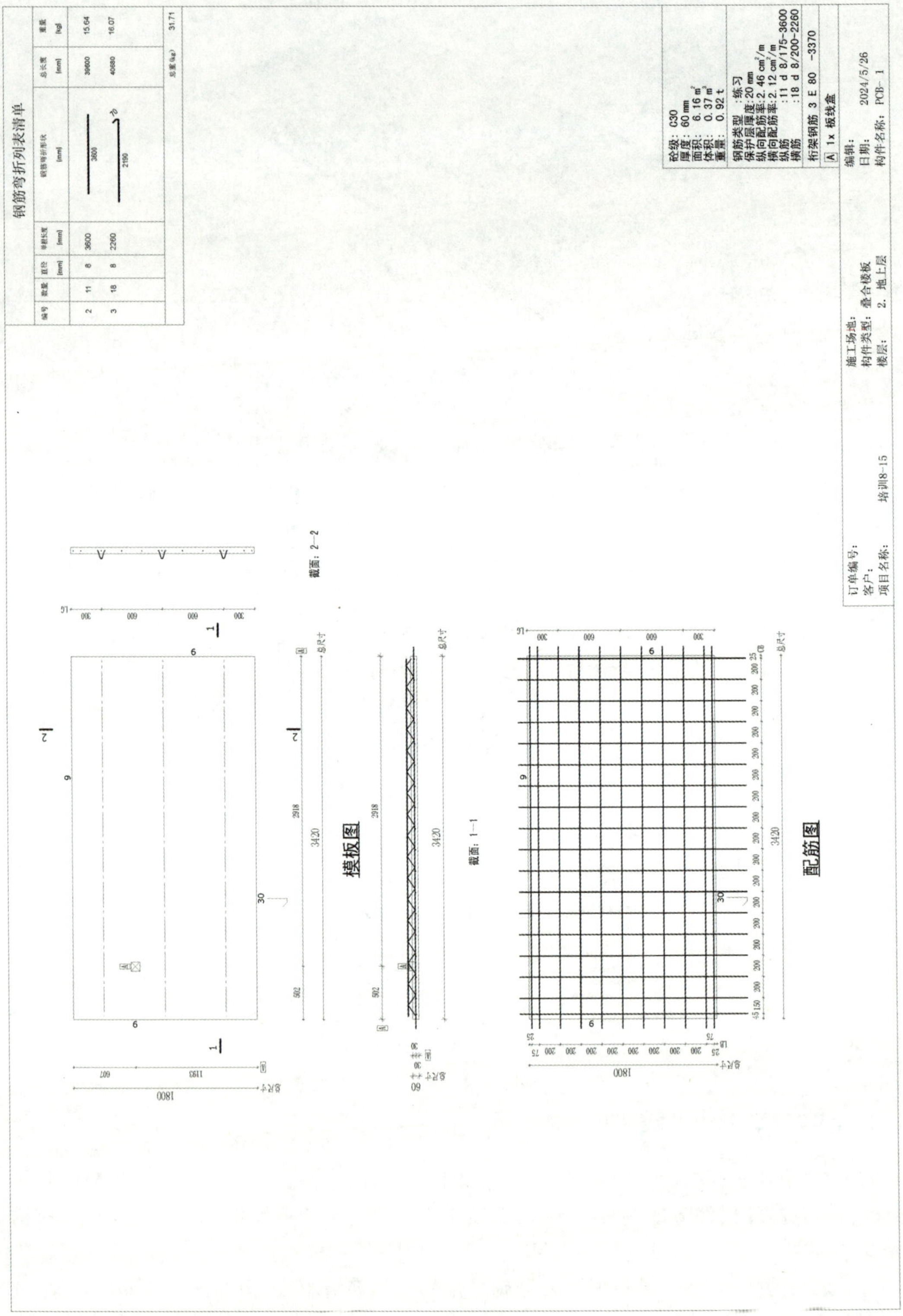

图 4.31 预制板深化图纸

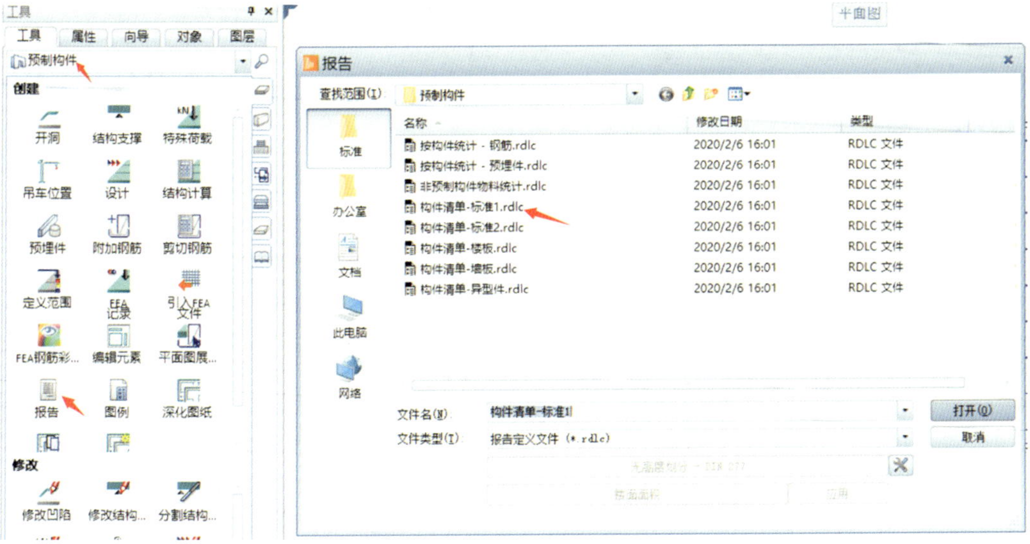

图 4.32　【报告】选项(预制板)

构件清单

项目名称：培训8-15
作者：01
日期/时间：2022/9/9 / 23:04
提示：

构建类型	构件编号	数量	长度[m]	高度[m]	厚度[m]	用钢量 [kg]	体积[m3]	混凝土重量[t]
叠合楼板								
	1	1	3.420	0.060	0.060	48.24	0.37	0.92
Sum 叠合楼板						48.24	0.37	0.92
总计						48.24	0.37	0.92

Nemetschek AG　1/1
Konrad-Zuse-Platz 1, 81829 Munich / Germany

图 4.33　预制板构件清单表

planbar

钢筋清单——按构件

项目名称： 培训8-15
楼层：
备注： 请核对！

预制构件		钢筋明细						
件数	编号	钢筋编号	根/件	总计	直径	单根长度	弯折形状	总重
1x	PCB-1	(2)	11	11	8	3.600	3600	15.642
		(3)	18	18	8	2.260	2190 70	16.069
							钢筋总计	31.711

内梅切克软件工程（上海）有限公司
上海市科苑路88号德国中心2幢3号楼753B 1/1

图 4.34 预制板钢筋清单表

缩放

planbar

预埋件统计

项目名称： 培训8-15
Ersteller: 01
Datum / Zeit: 2022/9/9 / 23:21
Hinweis:

构件编号 名称	类别	数量	长度 m	面积 m2
PCB-001				
符号预埋件				
	板线盒	1		

Nemetschek AG 1/1
Konrad-Zuse-Platz 1, 81829 Munich / Germany

图 4.35 预制板预埋件统计表

任务5　其他常用构件深化设计

5.1　任务导入

根据给定预制板式楼梯施工图，如图5.1、图5.2所示，使用Planbar软件完成给定图纸中ST-28-24深化设计。

5.2　相关知识技能

5.2.1　预制楼梯深化设计

1）预制楼梯的概念

钢筋混凝土楼梯按施工方式可分为现浇式楼梯和预制装配式楼梯两类。现浇式楼梯又称为整体式楼梯，是在施工现场支模、绑扎钢筋并浇筑混凝土而成的。这种楼梯整体性好、刚度大、对抗震较有利，但施工速度慢、模板耗费多。预制装配式楼梯是将楼梯分成休息平台板、楼梯梁、楼梯段三个部分。将构件在加工厂或施工现场进行预制，施工时对预制构件进行装配。预制装配式楼梯根据构件尺度不同分为小型构件装配式楼梯和大、中型构件装配式楼梯两类。

预制板式楼梯即将梯斜梁和踏步板整体预制，施工时直接搭接在平台梁上的楼梯，包括多层住宅的双跑楼梯和高层住宅的剪刀楼梯。板式楼梯配筋比较简单，只在踏步板下方铺设一层钢筋笼即可，踏步板内部无钢筋。楼梯的质量相对较大，用于3 m层高的普通民用住宅的预制楼梯，一跑质量为1.5～2 t。预制板式楼梯为目前应用最多的产品，在上述楼梯结构基础上还有很多变种出现，如将楼梯和平台板同时预制的产品，或平台板部分预留钢筋，施工时将钢筋和平台板同时浇筑成型的产品。预制板式楼梯如图5.3所示。

2）构造要求

预制钢筋混凝土板式楼梯的梯段板在吊装、运输及安装过程中，受力状况比较复杂，规定其板面宜配置通长钢筋，钢筋量可根据加工、运输、吊装过程中的承载力及裂缝控制验算结果确定，最小构造配筋率可参照楼板的相关规定。当楼梯两端均不能滑动时，在侧向力作用下楼梯会起到斜撑的作用，楼梯中会产生轴向拉力，因此规定其板面和板底均应配置通长钢筋。在预制楼梯的两侧需配置加强钢筋，同样也是考虑到楼梯在加工、运输、吊装过程中的承载力。此外，预制楼梯的构造还包括上下端销键、吊装预埋件（板侧和板面）、栏杆预埋件（板面或板侧）、预留洞等。

《预制钢筋混凝土板式楼梯》（15G367—1）中的板式楼梯适用于环境类别为一类，非抗震设计和抗震设防烈度为6～8度地区的多高层剪力墙住宅结构，楼梯梯段板为预制混凝土构件，平台梁、板可采用现浇混凝土。其他类型的建筑可参考选用。

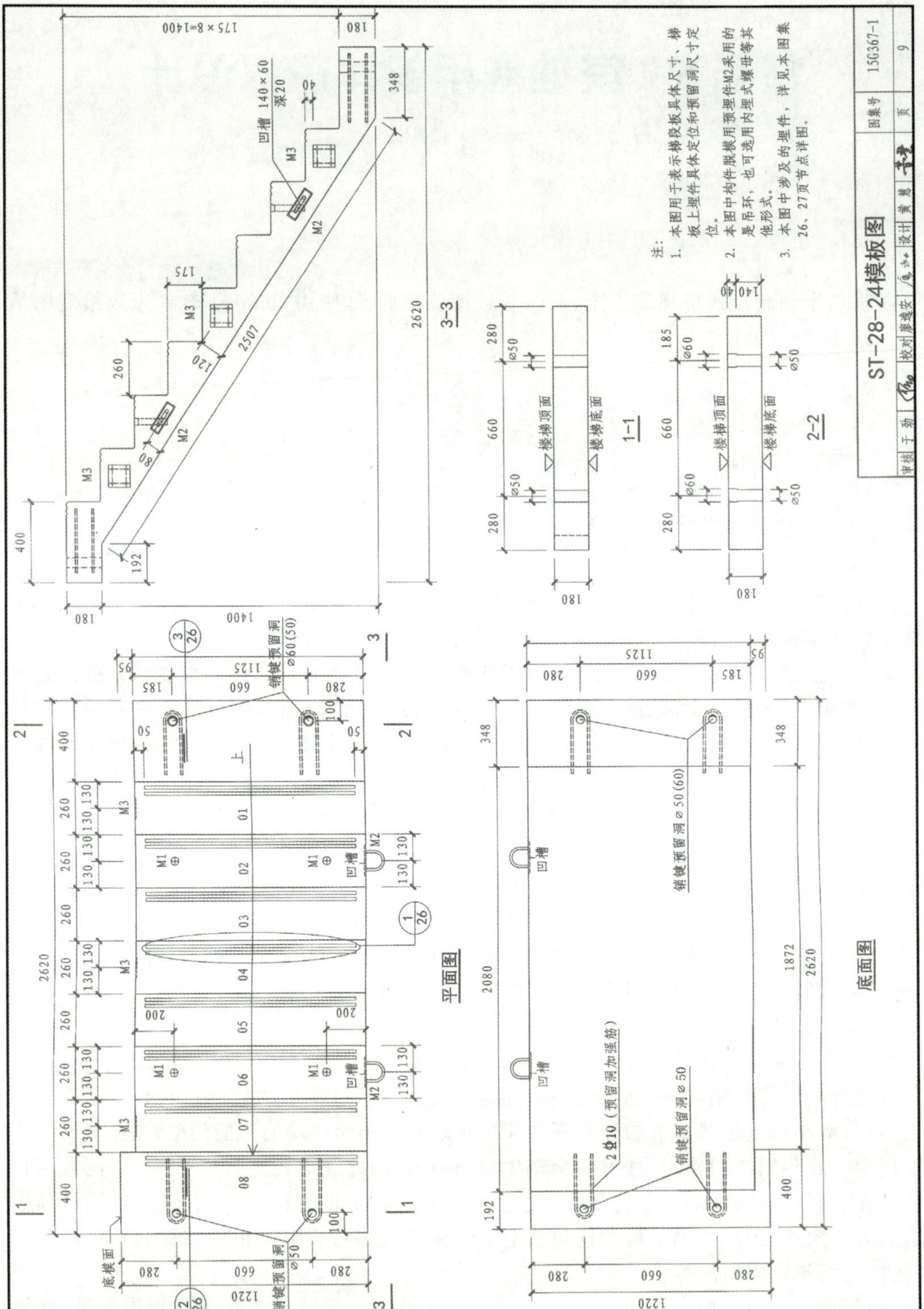

图5.1 ST-28-24模板图

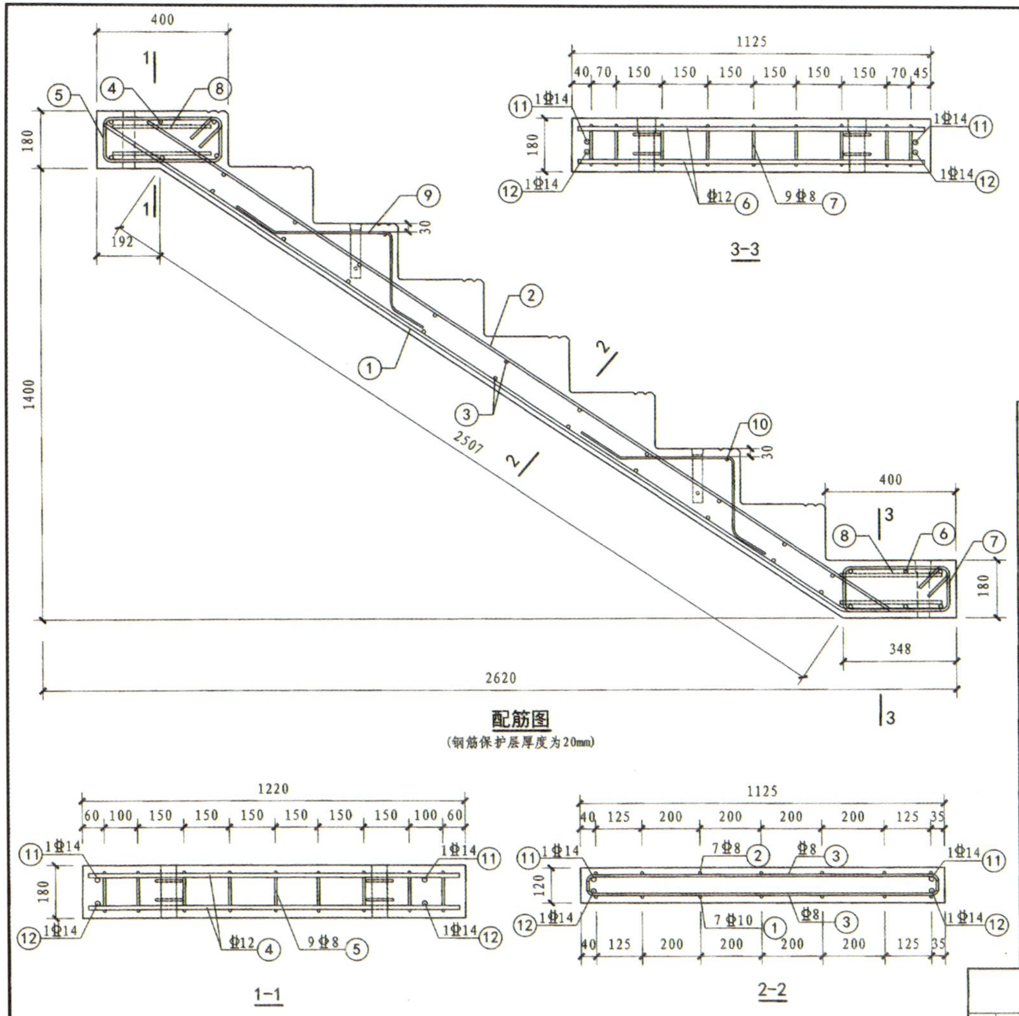

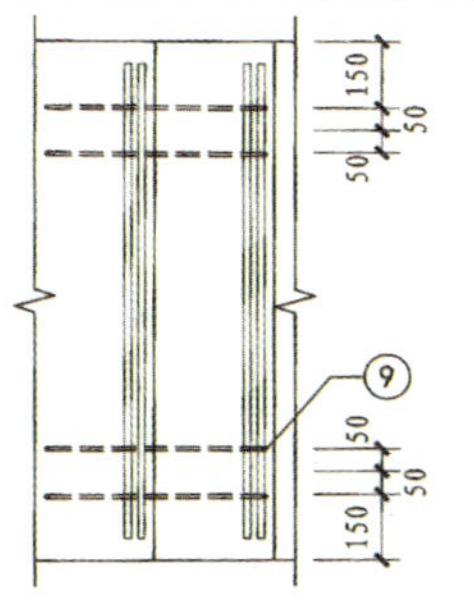

钢筋明细表

编号	数量	规格	形状	钢筋名称	重量(kg)	钢筋总重(kg)	混凝土(m^3)
①	7	Φ10	2700, 321	下部纵筋	13.05	72.18	0.6524
②	7	Φ8	2728	上部纵筋	7.54		
③	20	Φ8	80, 1085, 80	上、下分布筋	9.84		
④	6	Φ12	1180	边缘纵筋1	7.57		
⑤	9	Φ8	360, 140	边缘箍筋1	3.56		
⑥	6	Φ12	1085	边缘纵筋2	5.79		
⑦	9	Φ8	328, 140	边缘箍筋2	3.33		
⑧	8	Φ10	280	加强筋	3.31		
⑨	8	Φ8	100, 327, 213, 100	吊点加强筋	2.34		
⑩	2	Φ8	1085	吊点加强筋	0.86		
⑪	2	Φ14	150, 2700, 275	边缘加强筋	7.57		
⑫	2	Φ14	2700, 368	边缘加强筋	7.42		

ST-28-24配筋图		图集号	15G367-1
审核 于劲	校对 李化 设计 黄慧	页	10

图5.2　ST-28-24配筋图

图 5.3 预制板式楼梯

预制楼梯包括双跑楼梯和剪刀楼梯，预制楼梯的层高为 2.8 m、2.9 m 和 3.0 m。对应楼梯间净宽双跑楼梯为 2.4 m、2.5 m，剪刀楼梯为 2.5 m、2.6 m。楼梯入户处建筑面层厚度为 50 mm，楼梯平台板处建筑面层厚度为 30 mm。剪刀楼梯中隔墙做法需另行设计。

梯段板混凝土强度等级为 C30；钢筋采用 HRB400。楼梯安全等级为二级，设计使用年限为 50 年。

3）连接构造

预制钢筋混凝土板式楼梯的连接构造主要包括上端（固定铰端）和下端（滑动铰端）连接构造。

① 固定铰端连接构造

楼梯的上端采用固定铰端连接构造，在梯梁的挑耳上预留螺栓，挑耳上表面用水泥砂浆找平，梯板上端销键套在螺栓上，用灌浆料填实，表面用砂浆封堵，楼梯与梯梁间的空隙用聚苯等材料填充，注胶密封。图 5.4(a)为双跑楼梯固定铰端安装节点大样，剪刀楼梯与该节点基本相同。

② 滑动铰端连接构造

楼梯的下端采用滑动铰端连接构造，在梯梁的挑耳上预留螺栓，挑耳上表面用水泥砂浆找平，梯板上端销键套在螺栓上，用螺母固定，砂浆表面封堵，销键内为空腔，保证下端自由滑动。楼梯与梯梁间的空隙用聚苯等材料填充，注胶密封。图 5.4(b)为双跑楼梯滑动铰端安装节点大样，剪刀楼梯与该节点基本相同。

4）编号

预制钢筋混凝土板式楼梯按以下规则编号。

① 双跑楼梯

ST－××－××

楼梯类型　层高　楼梯间净宽

② 剪刀楼梯

JT－××－××

楼梯类型　层高　楼梯间净宽

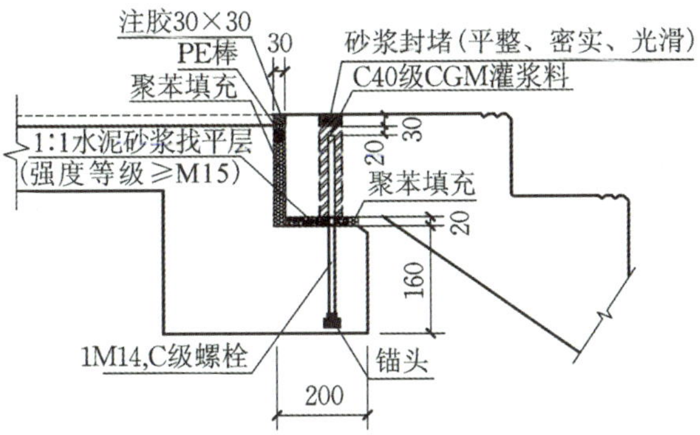

(a)

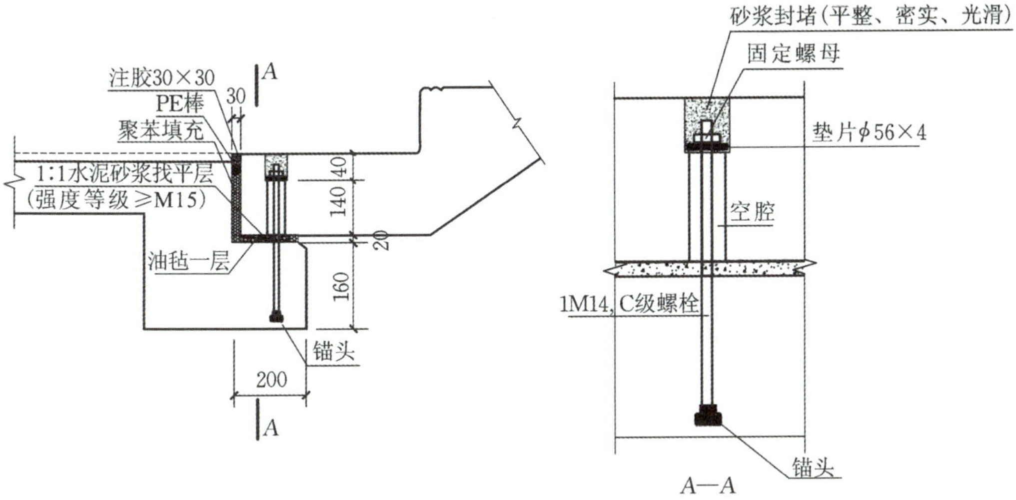

(b)

图 5.4　双跑楼梯安装节点大样

(a)固定铰端安装节点大样；(b)双跑楼梯滑动铰端安装节点大样

如 ST-30-25 表示双跑楼梯，建筑层高 3.0 m、楼梯间净宽 2.5 m 所对应的预制钢筋混凝土板式双跑楼梯梯段板；JT-28-25 表示剪刀楼梯，建筑层高 2.8 m、楼梯间净宽 2.5 m 所对应的预制钢筋混凝土板式剪刀楼梯梯段板。

5）构件加工图设计

预制楼梯的深化设计图，包括安装图、模板图、配筋图以及节点详图四部分，其中安装图表示楼梯安装所需信息，模板图表示模板制作所需信息，配筋图表示梯段板配筋及钢筋排布信息，节点详图分为双跑楼梯节点详图和剪刀楼梯节点详图。

(1) 安装图需要表达的内容

① 梯段板的平面位置、竖向位置和梯段编号。

② 楼梯间尺寸、标高，梯段板(包括踏步信息)尺寸及梯板厚度。

③ 梯段板与梯梁连接节点索引。

④ 相关注意事项。

(2) 模板图需要表达的内容

① 预制梯段板的平面图、立面图、剖面图及详细尺寸。

② 预埋件定位及索引号。

③ 预留孔洞尺寸和定位。

④ 其他相关注意事项。

(3) 配筋图需要表达的内容

① 预制梯段板钢筋(包含加强筋)的编号、名称、规格、数量、形状、尺寸、质量等信息。

② 预制梯段板钢筋(包含加强筋)的排布信息。

(4) 节点图需要表达的内容

节点图需要表达的内容包括:防滑槽做法详图、销键洞口加强筋做法,梯段上下安装节点,各预埋大样,梯段与梯梁间的空隙处理等信息。

在建筑产业化工程项目中,楼梯是最容易实施标准化的预制构件。建筑设计阶段,在可能的情况下,尽量采用国家建筑标准设计图集中的标准楼梯。图集《预制钢筋混凝土板式楼梯》(15G367—1)中,预制梯段板的踏面宽度(260 mm)和踢面高度(161.1 mm、166.6 mm、170.6 mm、175 mm)满足《民用建筑设计统一标准》(GB 50352—2019)中楼梯踏步尺寸(对公共建筑楼梯应根据相应规范另行设计)要求。

5.2.2 预制阳台深化设计

1) 预制阳台概念

阳台由承重结构(梁、板)和栏杆组成。阳台的支撑方式有墙承式、挑板式、挑梁式三种。阳台承重结构通常是楼板的一部分,因此阳台承重结构应与楼板的结构布置统一考虑,钢筋混凝土阳台可采用现浇、装配、现浇与装配相结合等方式制作。

(1) 墙承式阳台

墙承式阳台板直接支承在两侧的横墙上;阳台板可现浇也可预制,一般与楼板施工方法一致。阳台的进深可做得稍微大点,使用方便,多用于凹阳台。

(2) 挑板式阳台

挑板式阳台的结构布置方式有两种做法:

① 利用现浇或预制的楼板延伸外挑,形成挑出的阳台底板。

② 将阳台底板与过梁、圈梁整浇在一起,借助梁的重力来平衡挑出的阳台底板的重力。

(3) 挑梁式阳台

挑梁式阳台是从横墙上外挑梁,梁上置板而成的。为美观起见,可在挑梁端头设置面梁,既可以遮挡挑梁头,又可以承受阳台栏杆重力,还可以加强阳台的整体性。

装配式阳台可以分为叠合板式阳台、全预制板式阳台和全预制梁式阳台三种类型,如图5.5 所示。

2) 构造要求

根据《预制钢筋混凝土阳台板、空调板及女儿墙》(15G368—1)规定,预制钢筋混凝土板式阳台板构造要求如下:

(1) 混凝土、钢筋和钢材的力学性能指标和耐久性要求等应符合有关现行国家标准的要求。

(2) 预制构件混凝土强度等级为 C30;钢筋采用 HRB400、HPB300 级钢筋。

(3) 预埋件:锚板采用 Q235-B 钢制作,也可以根据工程要求采用不锈钢材料制作;锚筋采用 HRB400 级钢筋,抗拉强度设计值 f_y 取值不应大于 300 N/mm^2,严禁采用冷加工钢筋。锚板与锚筋之间的焊接采用相应埋弧压力焊,采用 E50、E55 型焊条和 HJ431 型焊剂,

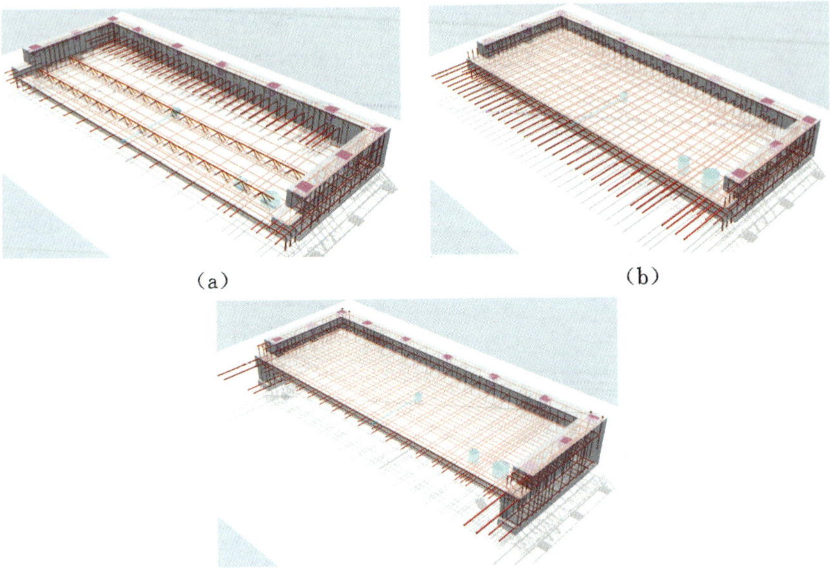

(a) (b)

(c)

图 5.5 预制阳台

(a)叠合板式阳台;(b)全预制板式阳台;(c)全预制梁式阳台

选择的焊条型号应与主体金属力学性能相适应。

(4) 吊环应采用 HPB300 级钢筋(Q235-B)制作,严禁采用冷加工钢筋。

(5) 构件吊装采用的吊环、内埋式吊杆或其他形式吊件等应符合现行国家标准要求。

(6) 采用钢筋套筒灌浆连接或浆锚连接时,连接接头的钢筋套筒及灌浆料应符合《钢筋套筒灌浆连接应用技术规程》(JGJ 355—2015)(2023 年版)和《钢筋连接用套筒灌浆料》(JG/T 408—2019)的有关要求。

(7) 密封材料、背衬材料等应满足国家现行有关标准的要求。

预制阳台板沿悬挑长度方向按建筑模数 2M 设计(叠合板式阳台、全预制板式阳台 1000 mm、1200 mm、1400 mm;全预制梁式阳台 1200 mm、1400 mm、1600 mm、1800 mm),沿房间开间方向按建筑模数 3M 设计(2400 mm、2700 mm、3000 mm、3300 mm、3600 mm、3900 mm、4200 mm、4500 mm)。

板式阳台适用于采用夹心保温剪力墙外墙板的装配式混凝土剪力墙结构住宅。夹心保温剪力墙外墙板外叶墙板厚度为 60 mm、保温层厚度为 30～80 mm。

封闭式阳台结构标高与室内楼面结构标高相同或比室内楼面结构标高低 20 mm,开敞式阳合结构标高比室内楼面结构标高低 50 mm。施工时应予起拱(安装阳台板时,将板端标高预先调高)。预制阳台板开洞位置由具体工程设计在深化图纸中指出,图集中阳台板模板图和配筋图示意了雨水管、地漏预留洞位置。

图集中的阳台板,结构安全等级为二级、结构设计使用年限为 50 年。梁的钢筋保护层厚度为 25 mm,板的钢筋保护层厚度为 20 mm。施工阶段验算参数及制作、施工要求详见图集总说明。

3) 连接构造

叠合板式阳台、全预制板式阳台和全预制梁式阳台与主体结构的连接构造如图 5.6 所示。

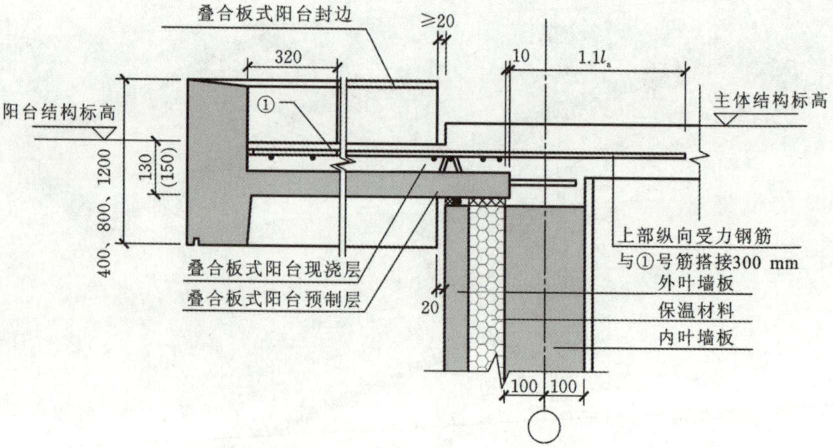

(a)

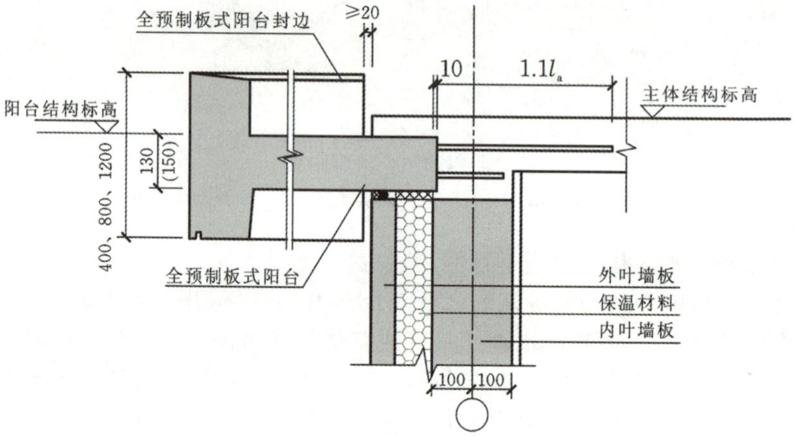

(b)

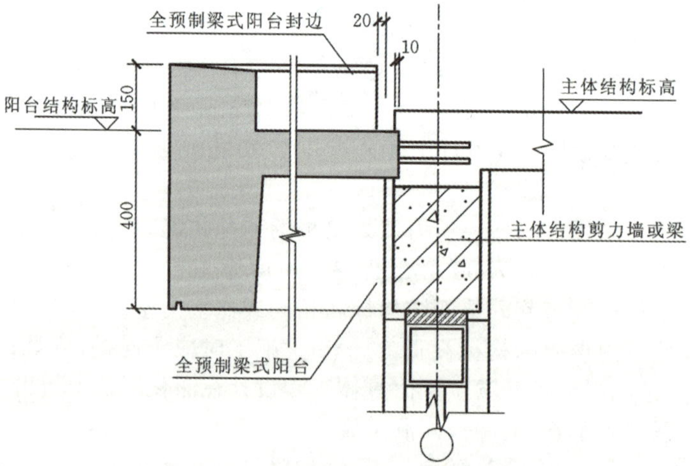

(c)

l_a—受拉钢筋锚固长度

图 5.6　预制钢筋混凝土阳台板连接构造

(a)叠合板式阳台与主体结构连接示意图；(b)全预制板式阳台与主休结构连接示意图；
(c)全预制梁式阳台与主体结构连接示意图(板)；(d)全预制梁式阳台与主体结构连接示意图(梁)

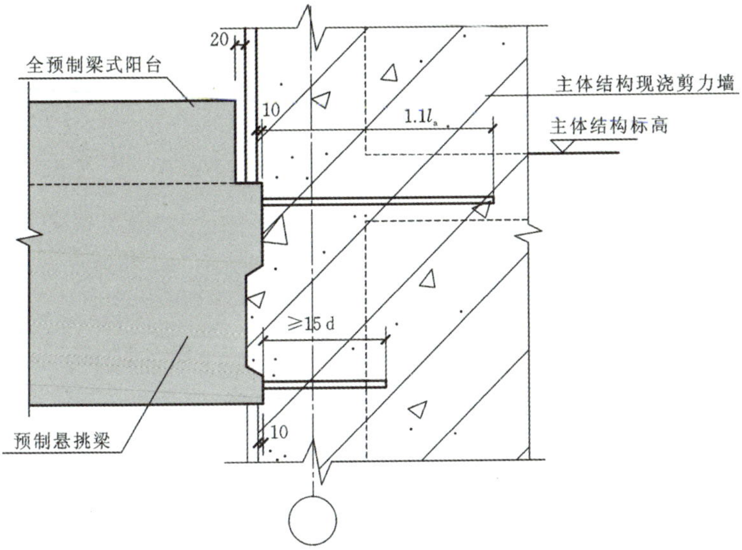

（d）

续图 5.6

4）编号

当选用标准图集中的预制阳台板时，可选型号参见《预制钢筋混凝土阳台板、空调板及女儿墙（15G368—1），其编号规定如下：

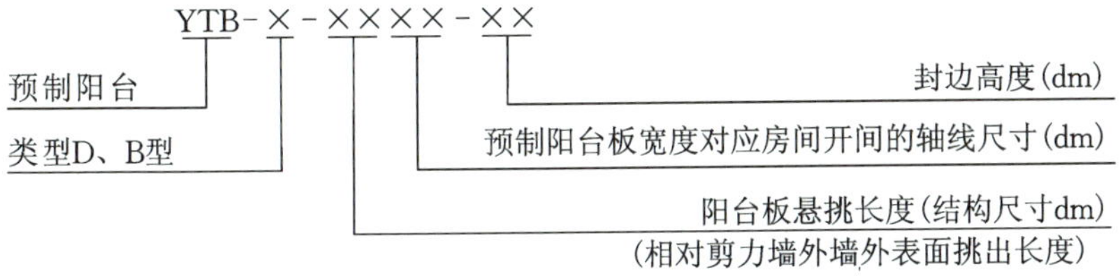

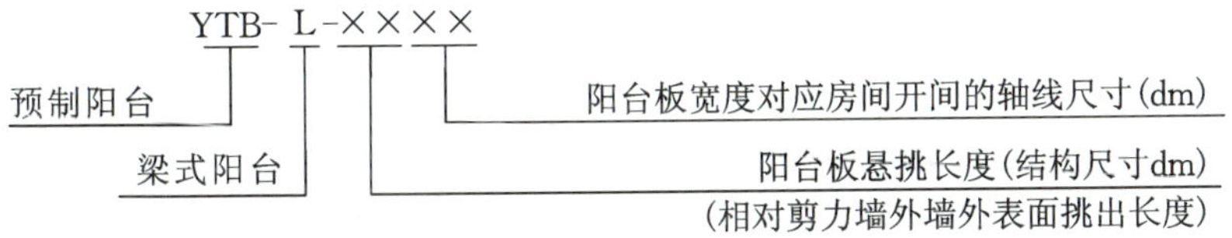

YTB 后第一组为单个字母 D、B 或 L，表示预制阳台类型，其中，D 表示叠合板式阳台，B 表示全预制板式阳台，L 表示全预制梁式阳台。YTB 后第二组四个数字表示阳台板尺寸，其中，前两个数字表示阳台板悬挑长度（按 dm 计，从结构承重墙外表面算起），后两个数字表示阳台板宽度对应房间开间的轴线尺寸（按 dm 计）。YTB 后第三组两个数字表示预制阳台封边高度，04 表示封边高度为 400 mm，08 表示封边高度为 800 mm，12 表示封边高度为 1200 mm。当为全预制梁式阳台时，无此项。

例如 YTB-D-1024-08：表示预制叠合板式阳台，阳台板挑出长度为 1000 mm，阳台开间为 2400 mm，封边高度为 800 mm。

5）构件加工图设计

预制阳台的深化设计详图，包括阳台模板图、阳台配筋图、阳台节点详图三部分。阳台模板图表示阳台模板制作所需信息；阳台配筋图表示阳台配筋及钢筋排布信息；阳台节点详图表示阳台的各个详细节点构造信息。

（1）阳台模板图

阳台模板图需要表达的内容包括：

① 预制阳台板的平面图、立面图、剖面图及详细尺寸。

② 预埋件定位及索引号。

③ 预留孔洞尺寸和定位。

④ 其他相关注意事项。

（2）阳台板配筋图

阳台板配筋图需要表达的内容包括：阳台板钢筋（包含加强筋）的编号、名称、规格、数量、形状、尺寸、质量等信息和阳台板钢筋（包含加强筋）的排布信息。

（3）预制阳台板节点详图

预制阳台板节点详图需要表达的内容包括：

全预制阳台与主体结构安装平面图。

全预制阳台与主体结构连接节点详图。

5.2.3 预制空调板深化设计

1）预制空调板概念

图集 15G368—1 中的预制空调板为全预制混凝土结构，由于外围护结构形式不同，板面预埋件有两种做法：安装铁艺栏杆板面预埋钢板、安装百叶板面预埋螺栓孔，如图 5.7 所示。

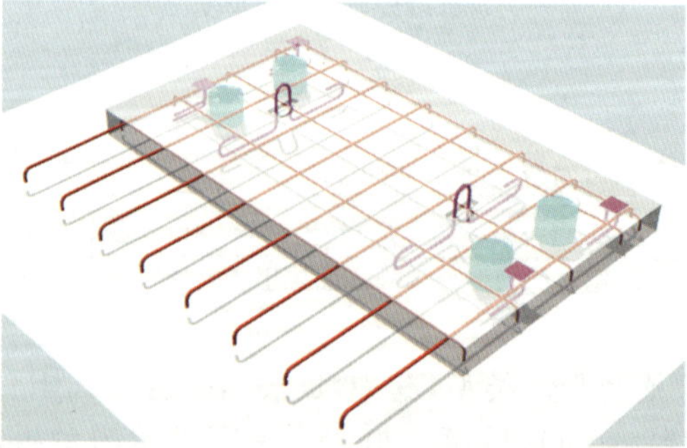

（a）

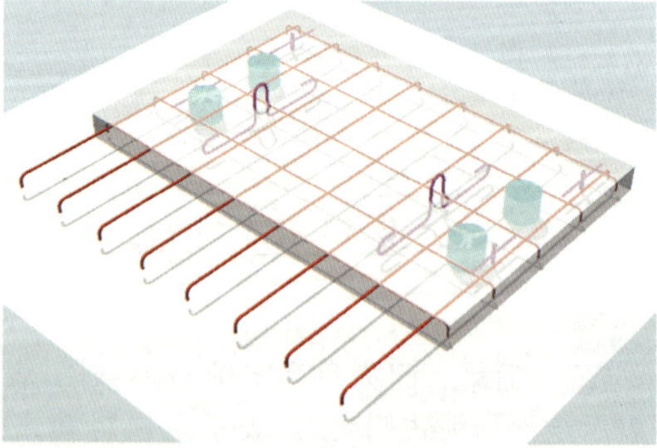

（b）

图 5.7 预制钢筋混凝土空调板的类型

（a）用于铁艺栏杆做法；（b）用于百叶做法

2）构造要求

空调板构件长度 L 取预制空调板挑出长度 L_1 +10 mm，挑出长度从剪力墙外表面起计算，预制空调板构件长度 L 有 630 mm、730 mm、740 mm 和 840 mm 四种规格；宽度 B 有

1100 mm、1200 mm、1300 mm 三种规格；厚度 H 为 80 mm。与预制空调板配套的夹心保温外墙板，其保温层厚度取 70 mm，外叶墙板厚度取 60 mm。

预制空调板钢筋保护层厚度按 20 mm 设计。

3）连接构造

预制空调板板顶结构标高应与楼板板顶结构标高一致，预留负弯矩筋伸入主体结构后浇层，并与主体结构梁板钢筋可靠绑扎，浇筑成整体，负弯矩筋伸入主体结构水平段长度应不小于 $1.1l_a$，如图 5.8 所示。

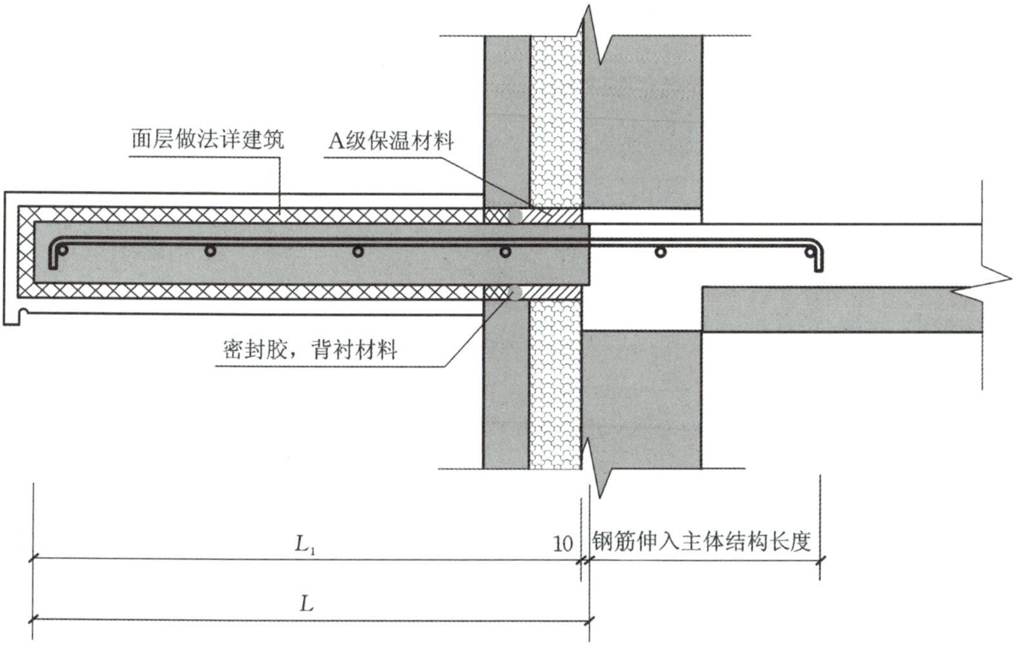

图 5.8　预制空调板连接节点

4）编号

当选用标准图集中的预制空调板时，可选型号参见《预制钢筋混凝土阳台板、空调板及女儿墙》(15G368—1)，其编号规定如下：

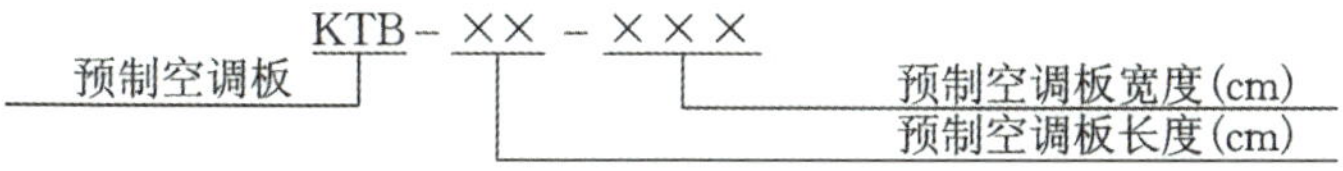

KTB 表示预制空调板；KTB 后第一组两个数字，表示预制空调板长度（按 cm 计，挑出长度从结构承重墙外表面算起）；KTB 后第二组三个数字，表示预制空调板宽度（按 cm 计）。

例如 KTB-84-130：表示预制空调板构件长度为 840 mm，宽度为 1300 mm。

5）构件加工图设计

(1) 预制空调板制作前应进行深化设计，深化设计文件应根据施工图设计文件及选用的标准图集、生产制作工艺、运输条件和安装施工要求等进行编制。

(2) 预制空调板详图中的预留洞、凹槽、预埋件和吊筋等需与相关专业图纸仔细核对，无误后方可下料制作。

(3) 深化设计文件应经设计单位书面确认后方可作为生产依据。

(4) 深化设计文件应包括(但不限于)以下内容：

① 预制空调板模板图(含平面图、正立面图、底面图、背立面图、左侧立面图及局部详图等)。

② 预制空调板配筋图(含板配筋平面图、封边配筋平面图、洞口纵向排布配筋图及相应剖面详图、钢筋明细表)。

③ 构造连接节点详图。

④ 计算书。根据《混凝土结构工程施工规范》(GB 50666—2011)的规定，应根据设计要求和施工方案对脱模、运输、安装等环节进行施工验算，例如预埋件、吊具等的承载力、变形和裂缝等。

5.2.4　预制女儿墙深化设计

1) 预制女儿墙概念

图 5.9 为预制女儿墙示意图，部品构件包括预制女儿墙墙身及其配套的压顶。墙身通过下端的螺纹盲孔与顶层墙体伸出的钢筋浆锚连接，墙身之间通过后浇段连接，压顶与墙身之间通过螺栓连接并用砂浆填充。

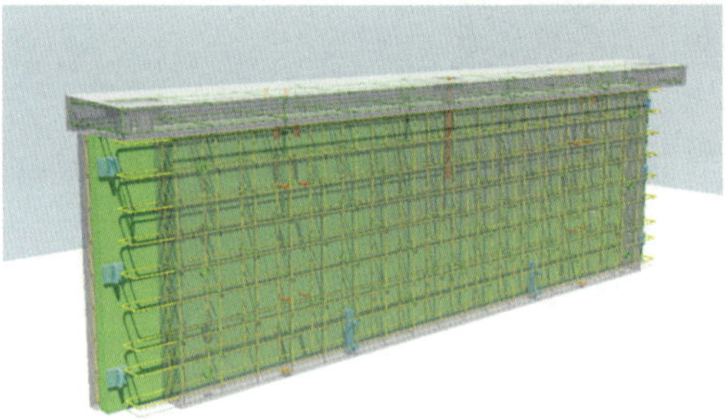

(a)

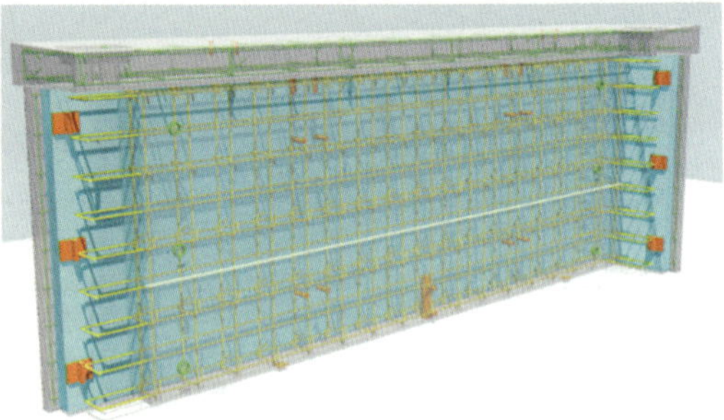

(b)

图 5.9　预制钢筋混凝土女儿墙示意图

(a)夹心保温式女儿墙(直板)；(b)夹心保温式女儿墙(转角板)

2) 构造要求

预制女儿墙包括直板和转角板两种类型，图集编制了开间为 3000 mm、3300 mm、3600 mm、3900 mm、4200 mm、4500 mm、4800 mm 七种尺寸的直板和开间为 2400 mm、2700 mm、3000 mm、3300 mm、3600 mm、3900 mm、4200 mm 七种尺寸的转角板。

预制女儿墙按构造分为夹心保温女儿墙和非保温式女儿墙两种，图集均编制了设计高度为 1.4 m 和 0.6 m 两种规格。预制女儿墙设计高度为从屋顶结构标高算起，到女儿墙压顶的顶面为止的尺寸，即设计高度＝女儿墙墙身高度＋女儿墙压顶高度＋接缝高度。

3) 连接构造

夹心保温式女儿墙连接构造主要包括墙身与屋面的连接、竖向后浇段的连接、压顶与女儿墙墙身的连接。图 5.10 为夹心保温式女儿墙直板连接(1.4 m)墙身平面节点图，图 5.11

为夹心保温式女儿墙直板与转角板连接(1.4 m)墙身平面节点图，图 5.12 为夹心保温式女儿墙(1.4 m)连接示意图，包括墙身与屋面的连接、竖向后浇段的连接、压顶与女儿墙墙身的连接。

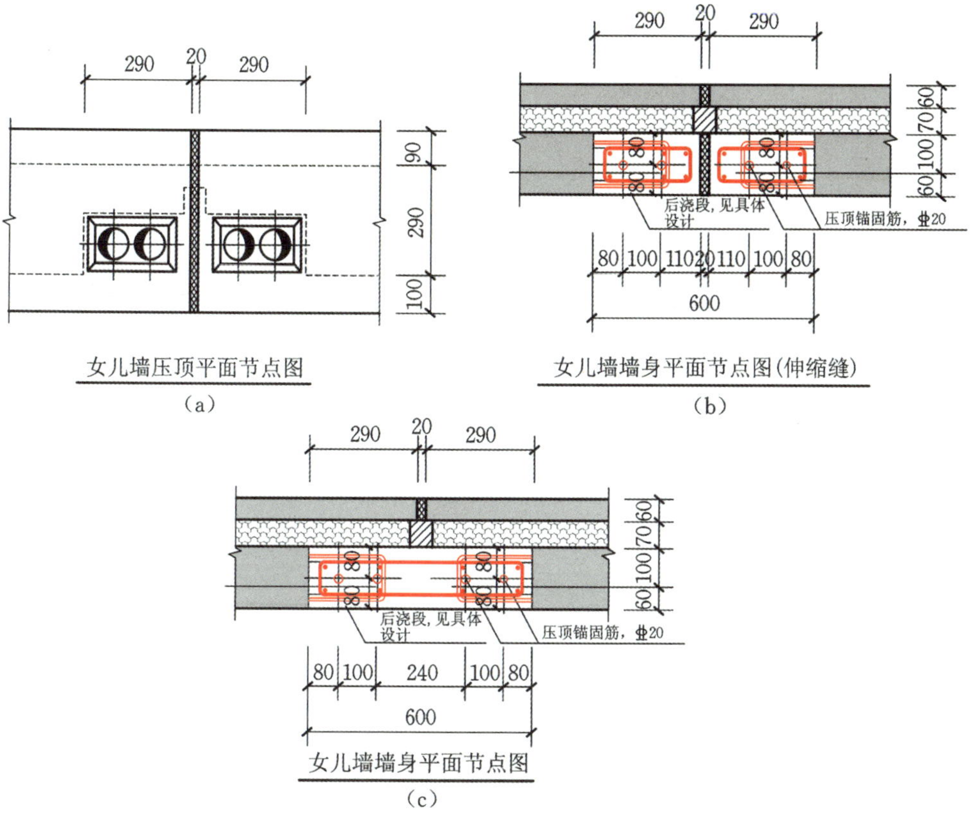

女儿墙压顶平面节点图
(a)

女儿墙墙身平面节点图(伸缩缝)
(b)

女儿墙墙身平面节点图
(c)

图 5.10　预制女儿墙墙身平面节点图

(a)女儿墙压顶平面节点图；(b)女儿墙墙身平面节点图(伸缩缝)；(c)女儿墙墙身平面节点图

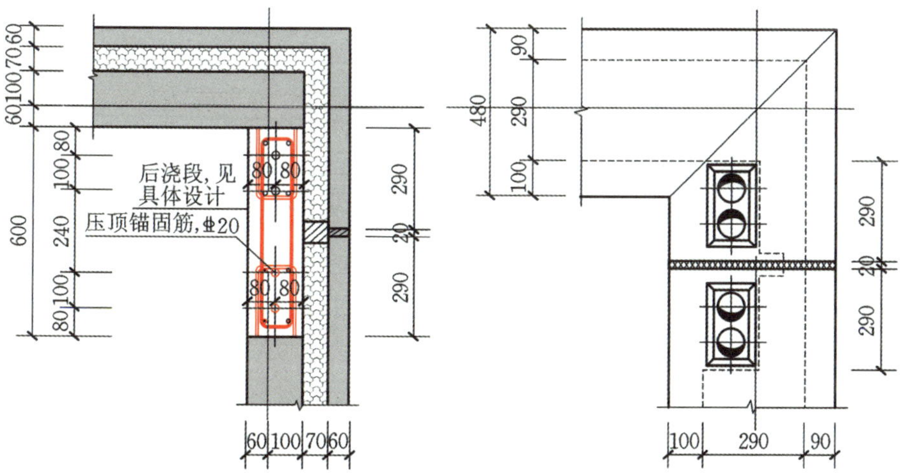

(a)　(b)

图 5.11　预制钢筋混凝土女儿墙墙身平面节点图(直板与转角板连接)

(a)女儿墙墙身平面节点图(转角板)；(b)女儿墙压顶平面节点图(转角板)

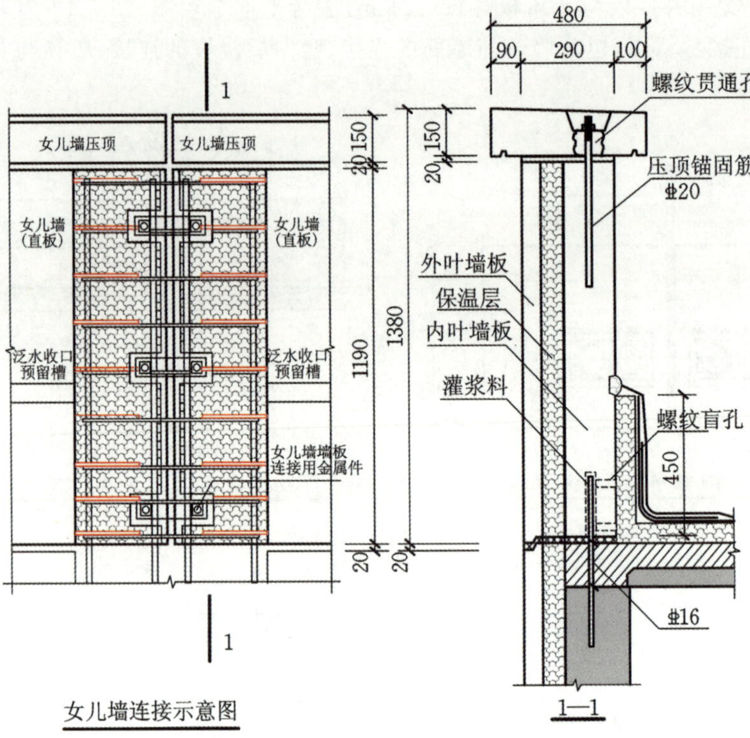

图 5.12 预制钢筋混凝土女儿墙连接示意图

4）编号

当选用标准图集中的预制女儿墙时，可选型号参见《预制钢筋混凝土阳台板、空调板及女儿墙》(15G368—1)，其编号规定如下：

NEQ-××-××-××

- NEQ：预制女儿墙
- 第一组××：预制女儿墙类型，分J1、J2、Q1、Q2型
- 第二组××：预制女儿墙长度(dm)
- 第三组××：预制女儿墙高度(dm)

NEQ 表示预制女儿墙。NEQ 后第一组两个数字，表示预制女儿墙类型，其中，J1 型代表夹心保温式女儿墙(直板)、J2 型代表夹心保温式女儿墙(转角板)、Q1 型代表非保温式女儿墙(直板)、Q2 型代表非保温式女儿墙(转角板)。NEQ 后第二组四个数字，表示预制女儿墙尺寸，其中，前两个数字表示预制女儿墙长度(按 dm 计)，后两个数字表示预制女儿墙宽度(按 dm 计)。

例如 NEQ-J1-3614：表示夹心保温式女儿墙，高度为 1400 mm，长度为 3600 mm。

5）构件加工图设计

(1) 预制女儿墙制作前应进行深化设计，深化设计文件应根据施工图设计文件及选用的标准图集、生产制作工艺、运输条件和安装施工要求等进行编制。

(2) 预制女儿墙详图中的预留洞、凹槽、预埋件和吊筋等需与相关专业图纸仔细核对，

无误后方可下料制作。

(3) 深化设计文件应经设计单位书面确认后方可作为生产依据。

(4) 深化设计文件应包括(但不限于)以下内容:

① 预制女儿墙模板图(含平面图、正立面图、底面图、背立面图、左侧立面图及局部详图等)。

② 预制女儿墙配筋图(含板配筋平面图、封边配筋平面图、洞口纵向排布配筋图及相应剖面详图、钢筋明细表)。

③ 构造连接节点详图。

④ 计算书。根据《混凝土结构工程施工规范》(GB 50666—2011)的规定,应根据设计要求和施工方案对脱模、运输、安装等环节进行施工验算,例如预埋件、吊具等的承载力、变形和裂缝等。

5.2.5 预制外墙挂板深化设计

1) 预制外墙挂板概念

预制混凝土外墙挂板是指由预制混凝土墙板、墙板与主体结构连接件或连接节点等组成,安装在主体结构上,起围护、装饰作用的非承重混凝土外墙挂板,包括由内外叶墙板、夹心保温层和拉结件组成的非承重预制混凝土夹心保温外墙挂板。

预制混凝土外墙挂板集围护、外装饰、墙体保温于一体,采用工厂化生产、装配化施工,具有安装速度快、质量可控、耐久性好、便于维护保养等特点,符合国家大力发展装配式建筑的方针政策。预制混凝土外墙挂板的适用范围包括工业建筑及民用建筑,其中民用建筑主要包含住宅和公共建筑。预制混凝土外墙挂板可使大型公共建筑外墙具有独特的表现力,是国外广泛采用的外围护结构体系,近年来随着我国装配整体式混凝土结构的大力推广,越来越多的建筑物外墙采用预制外墙挂板。

预制混凝土外墙挂板是装配在钢筋或混凝土结构上的非承重外墙围护挂板或装饰板,适用于抗震设防烈度≤8度地区,处于二a类环境中100 m以下高度的民用及工业建筑的外墙工程。

2) 构造要求

(1) 材料

① 混凝土、钢筋和钢材

混凝土、钢筋、钢材的材料性能应符合国家现行标准、规范的规定。预制混凝土外墙挂板的混凝土强度等级不应低于C30,且宜采用轻骨料混凝土。当采用轻骨料混凝土时,混凝土强度等级不应低于LC30。当外墙挂板采用清水混凝土时,混凝土强度等级不宜低于C40。

② 连接材料

连接用焊接材料,螺栓和锚栓等紧固件的材料应符合国家现行标准、规范的规定。夹心外墙挂板中内外叶墙板间的拉结件宜采用纤维增强塑料(FRP)拉结件或不锈钢拉结件。当有可靠依据时,也可采用其他材料拉结件。纤维增强塑料拉结件应采用耐碱型FRP,并满足相应要求。不锈钢拉结件的材料力学性能指标应满足相应要求。

③ 保温、密封和其他材料

夹心外墙挂板中的保温材料，应满足相应的导热系数要求、体积比吸水率要求和燃烧性能要求。

外墙挂板接缝处的密封材料应选用耐候性密封胶，密封胶应与混凝土具有相容性，且应具有规定的抗剪切和伸缩变形能力；密封胶尚应具有防霉、防水、防火等性能；密封胶不应含有污染饰面材料、金属窗框的不利添加物。夹心外墙挂板接缝处和预制外墙挂板与楼板连接接缝处填充用保温材料应满足燃烧性能要求。

外墙挂板接缝处的止水胶条性能指标应满足相应要求。

(2) 结构

外墙挂板的选型和布置应根据建筑立面造型、主体结构层间变形要求、楼层高度、节点连接形式、温度变化、接缝构造、运输限制条件和现场起吊能力等因素综合确定。

外墙挂板的厚度不宜小于 100 mm，宜采用双层双向配筋，竖向和水平钢筋的配筋率均不应小于 0.15%，且钢筋直径不宜小于 5 mm，间距不宜大于 200 mm。

混凝土外墙挂板最外层钢筋的混凝土保护层厚度除有专门要求外，应符合下列规定：对石材或面砖饰面，不应小于 15 mm；对清水混凝土或装饰外墙涂装保护，不应小于 20 mm；对露骨料装饰面，应从最凹处混凝土表面计起，且不应小于 20 mm。

夹心保温外墙挂板的外叶墙板的厚度不宜小于 60 mm，内叶墙板的厚度不宜小于 90 mm，且应满足与主体结构连接件的锚固要求；保温材料的厚度不宜小于 30 mm，且不宜大于 100 mm；内叶墙板宜采用双层双向配筋，竖向和水平钢筋的配筋率均不应小于0.15%，且钢筋直径不宜小于 5 mm，间距不宜大于 200 mm。外叶墙板内应配置单层双向钢筋网片，钢筋直径不宜小于 4 mm，钢筋间距不宜大于 150 mm。

夹心外墙挂板中，内外叶墙体之间的拉结件应符合下列规定：金属及非金属材料拉结件均应满足承载力、变形和耐久性要求，并应通过试验验证；拉结件应满足夹心混凝土外墙挂板的节能设计要求；拉结件应满足防腐、防火设计要求；连接件在墙板内的锚固应满足受力要求，且锚固长度不宜小于 30 mm，其端部距墙板表面距离不宜小于 25 mm；夹心外墙挂板的内、外叶墙板之间应设置防塌落措施。

当混凝土外墙挂板有门窗洞口时，应沿洞口周边、角部配置加强钢筋；洞边加强钢筋不应少于 2 根，直径不应小于 12 mm；洞口角部加强斜筋不应少于 2 根，直径不应小于 12 mm。

3) 连接构造

(1) 弹性连接

预制外墙挂板顶部与梁采取可靠连接，预制外墙挂板两侧与竖向构件通过构造钢筋连接，如图 5.13(a)所示。

(2) 柔性连接

预制外墙挂板顶部与梁采取可靠连接，预制外墙挂板两侧与竖向构件不设连接，预制外墙挂板底部与结构楼板设置连接件，如图 5.13(b)所示。

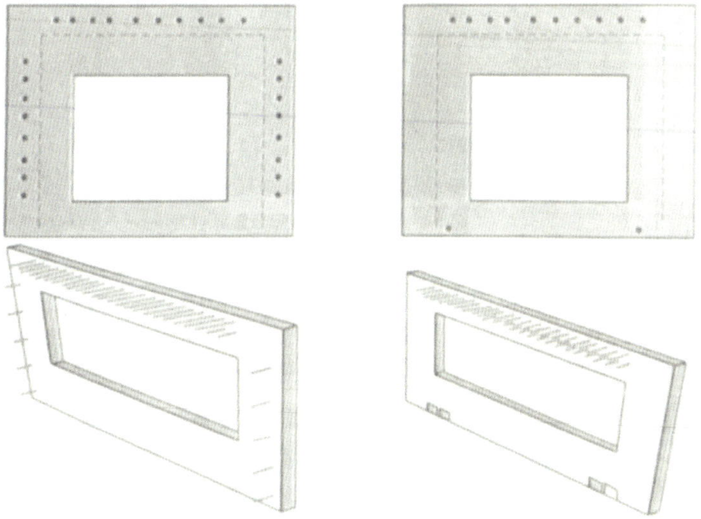

(a)　(b)

图 5.13　预制外墙挂板的连接方式

(a)弹性连接示意;(b)柔性连接示意

(3)支承外墙挂板的主体结构构件应符合下列规定:

① 应满足节点连接件的锚固要求,当不满足锚固要求时宜采用机械锚固方法;

② 应具有足够的承载能力,能承受外墙挂板通过连接节点传递的荷载和作用;

③ 应具有足够的抗扭刚度和抗弯刚度,避免产生较大的扭转或竖向变形。

(4)当外墙挂板与主体结构采用点支承连接时,连接节点的变形能力应符合下列规定:

① 连接节点应具有适应外墙挂板制作与施工安装允许偏差的三维调节能力。

② 连接节点在外墙挂板平面内应具有适应主体结构在永久荷载、活荷载、风荷载、温度作用下变形的能力,在计算温度作用下的变形量时,应同时计入外墙挂板在温度作用下的变形值。

③ 在地震设计状况下,连接节点在墙板平面内应具有不小于主体结构在设防地震作用下弹性层间位移角 3 倍的变形能力。

④ 外墙挂板与主体结构采用点支承连接时,连接点不应少于 4 个,承重连接点不应多于 2 个。

⑤ 点支撑外墙挂板的连接方式分为平移式和旋转式两种。为保证外墙挂板在地震时适应主体结构的最大层间位移角,点支撑的连接节点一般选择在连接件和预埋件之间设置带有长圆孔的滑移垫片,形成平面内可滑移的支座。旋转式连接是当外墙挂板相对于主体结构可能产生转动时,长圆孔宜按垂直方向设置;平移式连接是当外墙挂板相对于主体结构可能产生平移时,长圆孔宜按水平方向设置。外墙挂板连接构造节点类型见图 5.14。

(5) 当外墙挂板与主体结构采用线支承连接时,连接节点应符合下列规定:

① 连接节点在外墙挂板平面内宜具有适应主体结构在永久荷载、活荷载、风荷载、温度作用下变形的能力。

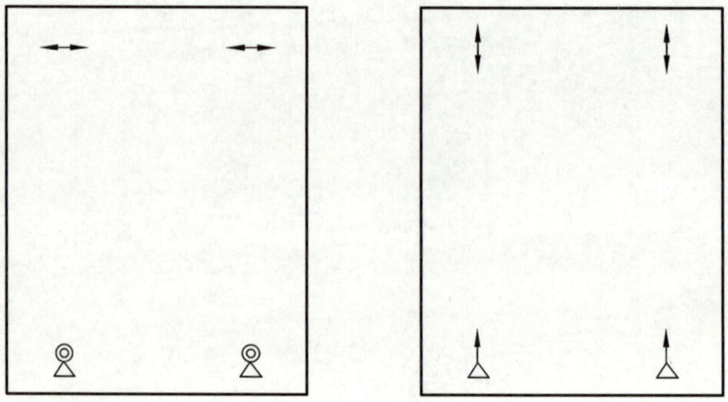

(a)　　　　(b)

←→可水平滑动；承重铰支节点；↕可竖向滑动；承重可向上滑动

图 5.14　点支承式外墙挂板及其连接节点形式示意

(a)平移式外墙挂板；(b)旋转式外墙挂板

② 在地震设计状况下，外墙挂板的非承重节点在墙板平面内应具有不小于主体结构在设防地震作用下弹性层间位移角 3 倍的变形能力。

③ 外墙挂板与主体结构采用线支承连接时，宜在墙板顶部与主体结构支承构件之间采用后浇段连接，墙板的底端应设置不少于 2 个仅对墙板有平面外约束的连接节点，墙板的侧边与主体结构应不连接或仅设置柔性连接。

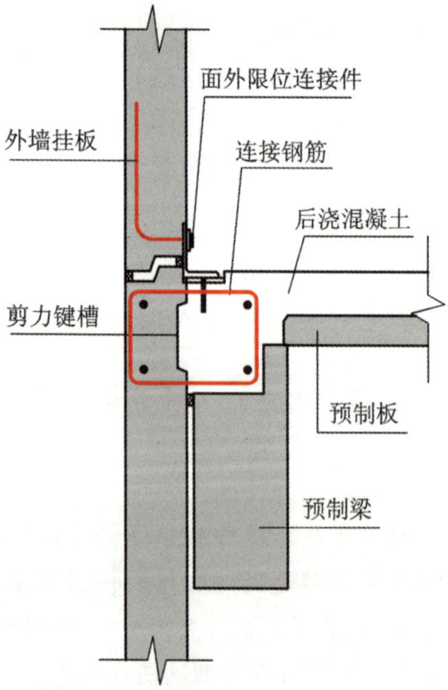

图 5.15　外墙挂板线支承连接示意图

④ 线支承外墙挂板节点构造应符合下列规定：

a. 外墙挂板顶部与梁连接，且固定连接区段应避开梁端 1.5 倍梁高的长度范围。

b. 外墙挂板与梁的结合面应采用粗糙面并设置键槽；接缝处应设置连接钢筋，连接钢筋直径不宜小于 10 mm，间距不宜大于 200 mm。

c. 外墙挂板的底端应设置不少于 2 个仅对墙板有平面外约束的连接节点。

d. 外墙挂板的侧边不应与主体结构连接，如图 5.15 所示。

4）构件加工图设计

外墙挂板模板图的绘制除了应注明其外轮廓尺寸外，还应详细标注各个细部的尺寸，以及外墙挂板内部预埋件的定位尺寸。绘制外墙挂板深化加工图，要掌握其外墙挂板加工流程，在图纸中正确反映其加工制作时需要的参数，同时根据外墙挂板的受力要求及生产制作要求绘制相应的钢筋图。

5.3　任务实施

5.3.1　生成构件模型

在【快速访问栏(托盘)】的【工具】选项卡→【预制构件】模块预制构件元素中单击【辅助预制元素】选项。选择楼梯构件,如图 5.16 所示。点击【几何形状】选项,如图5.17、图 5.18 所示进行设置。点击【属性】选项,如图 5.19 所示进行设置。点击【尺寸】选项,如图5.20所示进行设置。设置完成后,在平面图绘图区单击放置预制楼梯,完成建模,如图 5.21 所示。

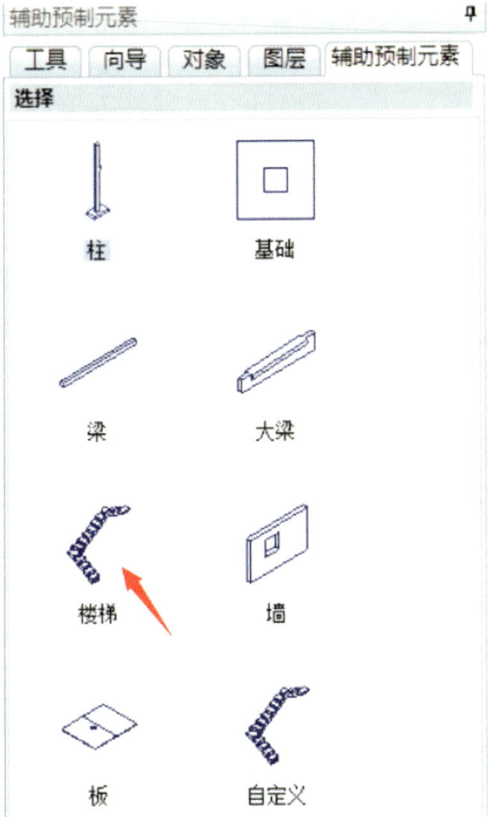

图 5.16　选择楼梯构件

5.3.2　钢筋布置

(1) 在【快速访问栏(托盘)】的【工具】选项卡→【视图、剖面、详细说明】模块中单击【创建视图】选项,如图 5.22 所示,分别创建前视图、右视图、平面视图,如图 5.23 所示。

(2) 在【快速访问栏(托盘)】的【工具】选项卡→【预制构件】模块中单击【预制单元建模】选项,如图 5.24 所示,完成顶部楼梯平台宽度方向突出部分创建,如图 5.25 所示。

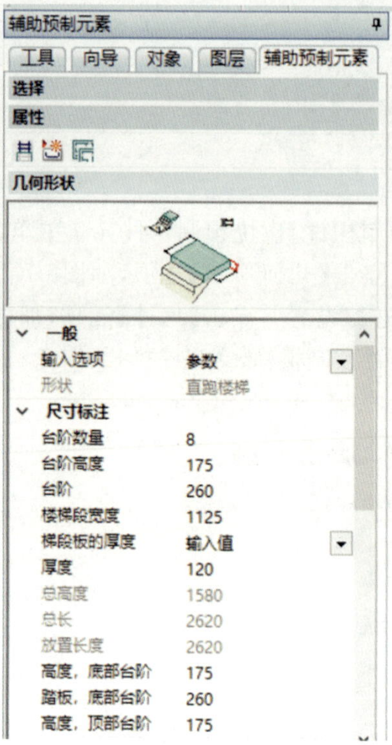

图 5.17 楼梯几何形状设置（1）

图 5.18 楼梯几何形状设置(2)

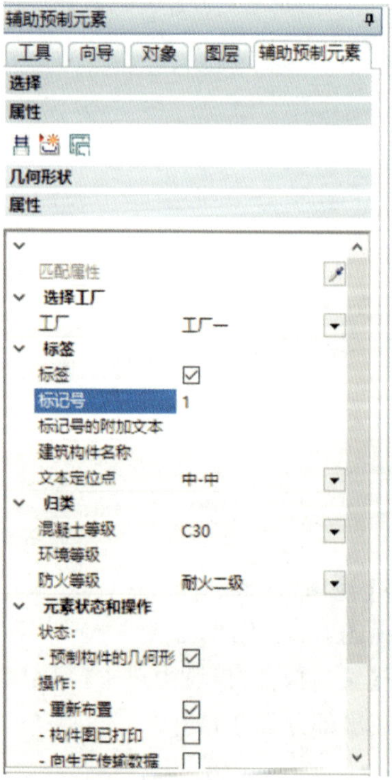

图 5.19 楼梯属性设置

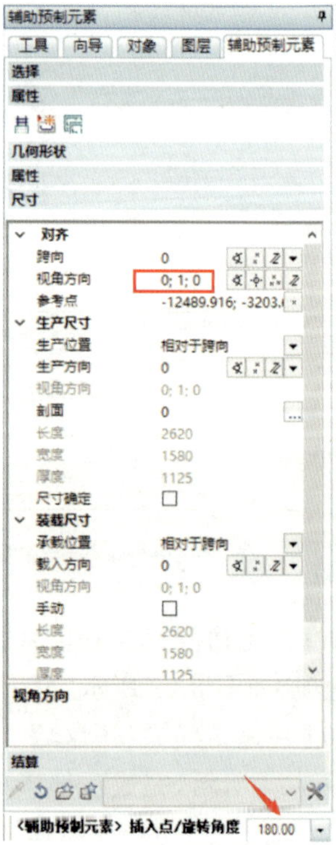

图 5.20 楼梯尺寸设置

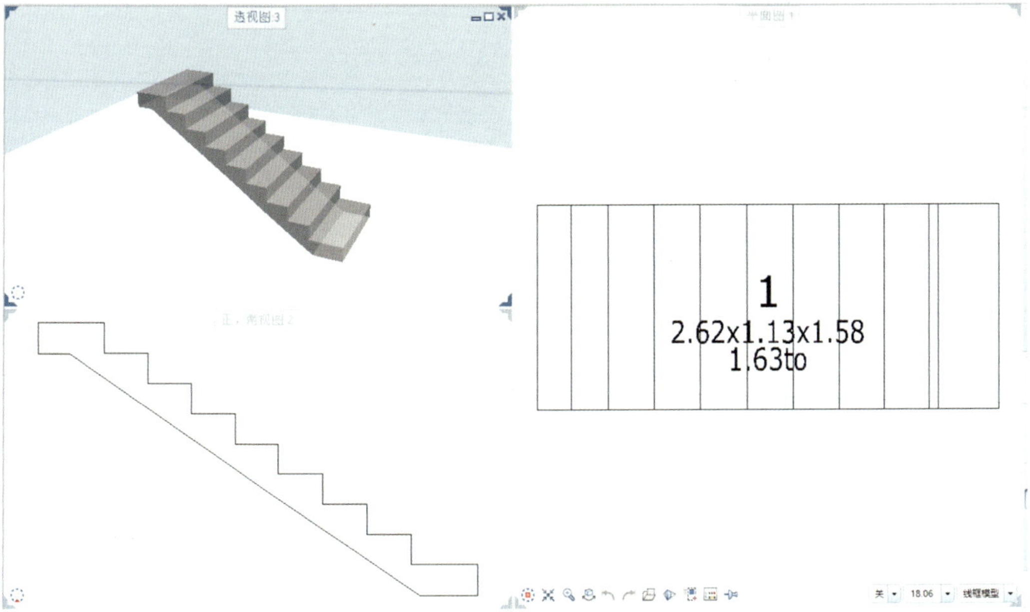

图 5.21　创建的预制楼梯

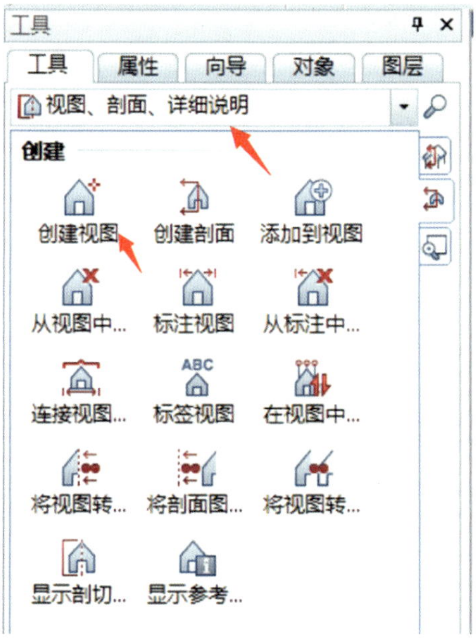

图 5.22　【创建视图】选项(楼梯)

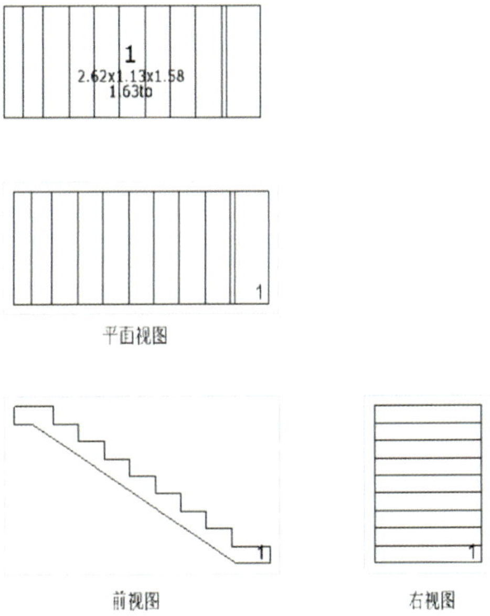

图 5.23　楼梯视图

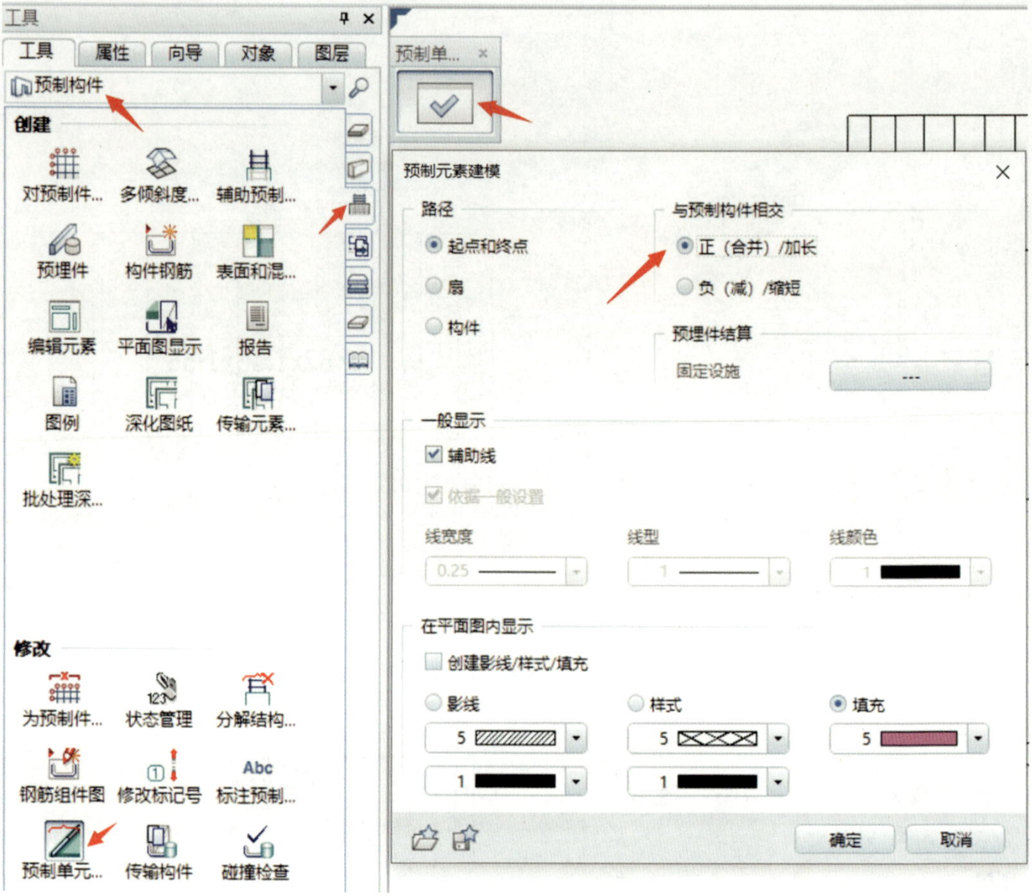

图 5.24 【预制单元建模】选项中的楼梯设置

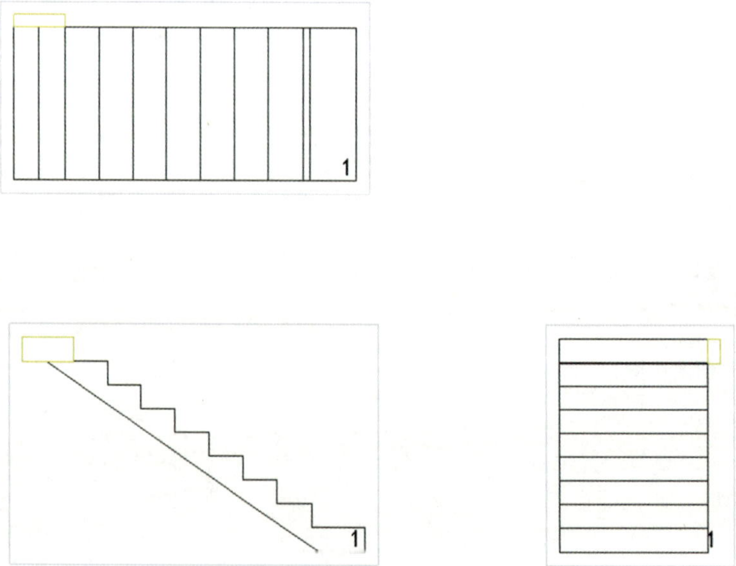

图 5.25 创建的顶部楼梯平台宽度方向突出部分

(3) 在【快速访问栏(托盘)】的【工具】选项卡→【工程】模块中单击【条筋形状】选项，如图5.26所示，选择【任意形状】，编辑钢筋参数，如图 5.27 所示，完成下部纵筋绘制，如图5.28、图 5.29 所示。

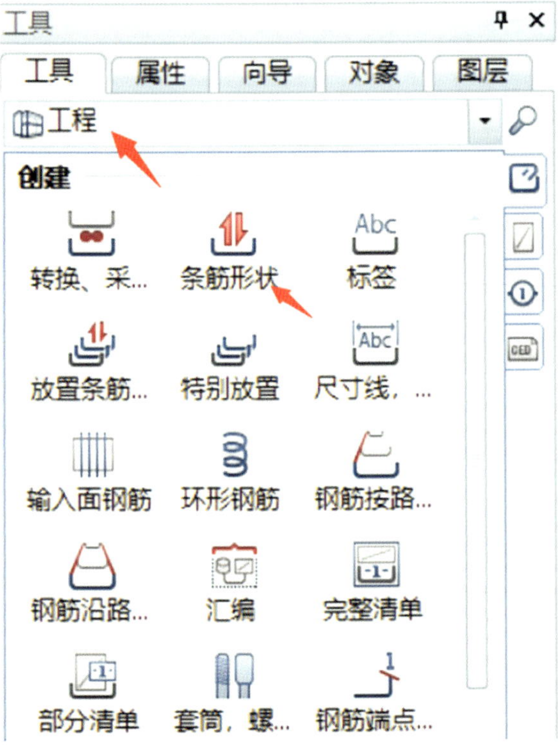

图 5.26　【条筋形状】选项(楼梯)

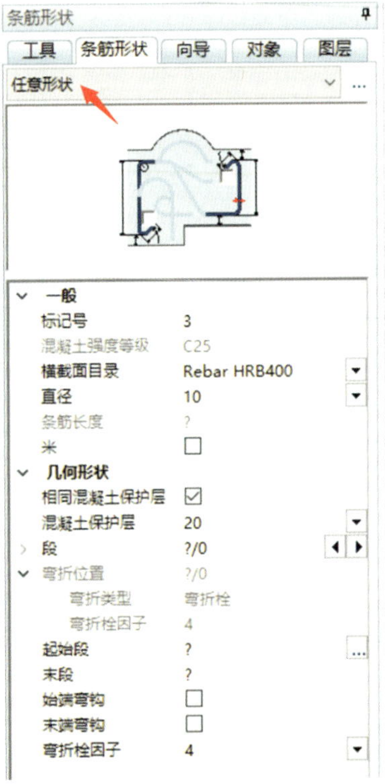

图 5.27　楼梯下部纵筋参数

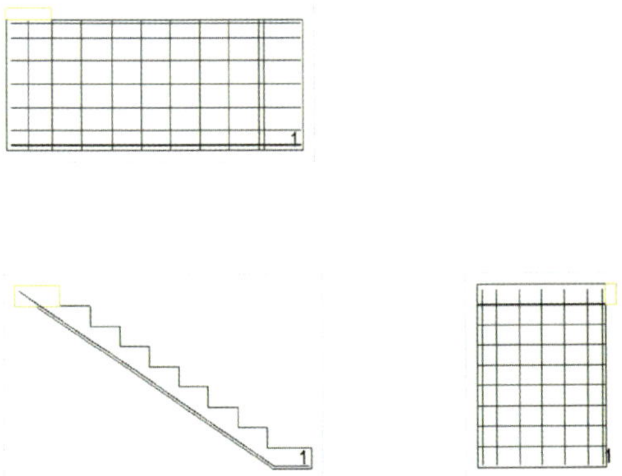

图 5.28　绘制的楼梯下部纵筋(1)

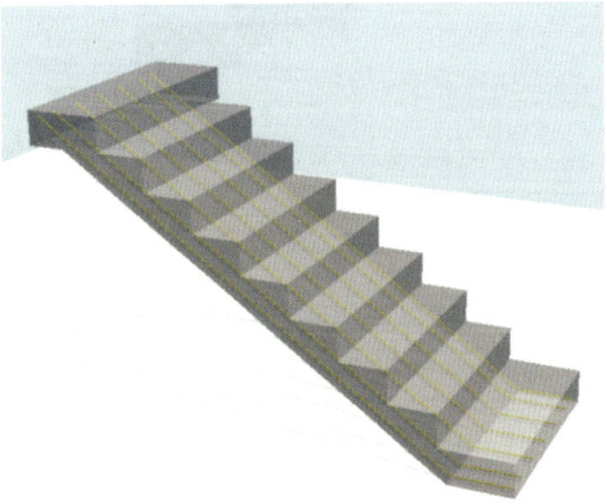

图 5.29　绘制的楼梯下部纵筋(2)

(4) 采用同样的方法，在【快速访问栏(托盘)】的【工具】选项卡→【工程】模块中单击【条筋形状】选项，选择【任意形状】，编辑钢筋参数，如图 5.30 所示，完成上部纵筋绘制，如图 5.31 所示。

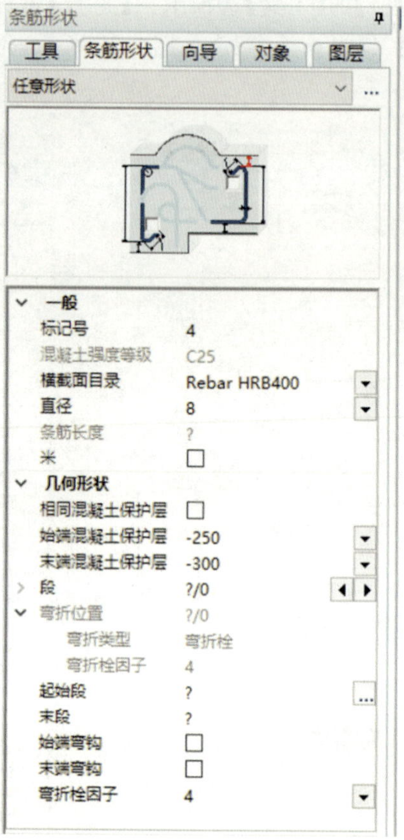

图 5.30 楼梯上部纵筋参数

图 5.31 绘制的楼梯上部纵筋

(5) 在【快速访问栏(托盘)】的【工具】选项卡→【工程】模块中单击【条筋形状】选项，选择【任意形状】，编辑钢筋参数，如图 5.32 所示，在平面视图中绘制下部水平分布筋，单击右下角【角度】选项，如图 5.33 所示，输入自定义角度，单击梯段板底部构件边缘线，如图 5.34

所示，完成下部水平分布筋绘制。

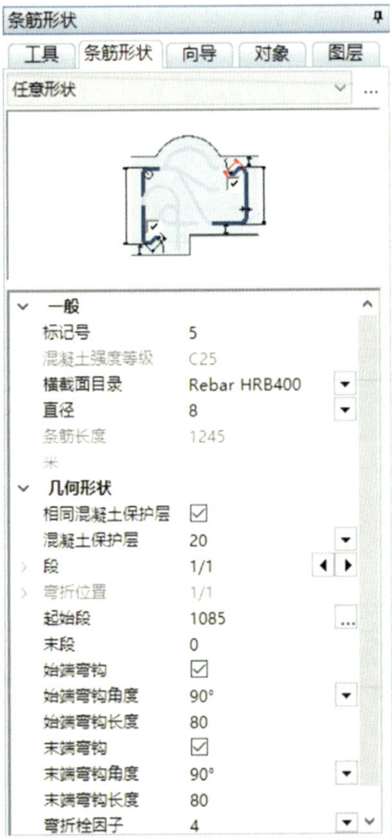

图 5.32　楼梯下部水平分布筋参数

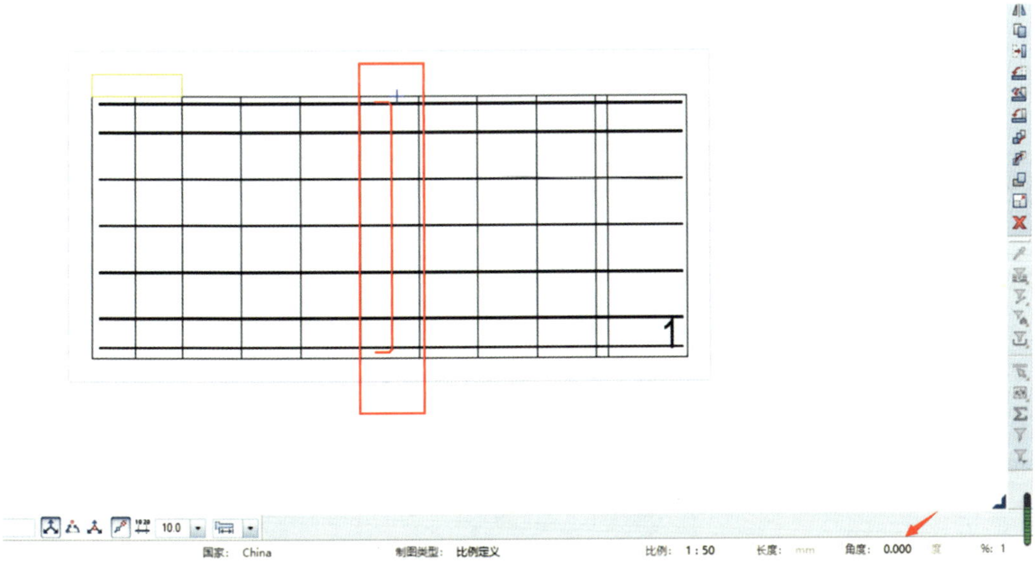

图 5.33　绘制的楼梯下部水平分布筋

图 5.34　梯段板底部构件边缘线

(6) 如图 5.34 绘制下部水平分布筋大样后，单击 ESC，选择【线性放置】，如图 5.35 所示设置参数，完成下部水平分布筋布置，如图 5.36 所示，采用同样的方法，可完成上部水平分布筋布置，如图 5.37 所示。

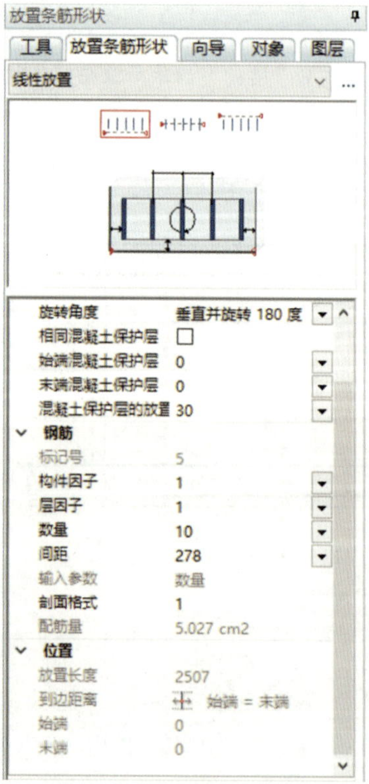

图 5.35　分布筋布置参数

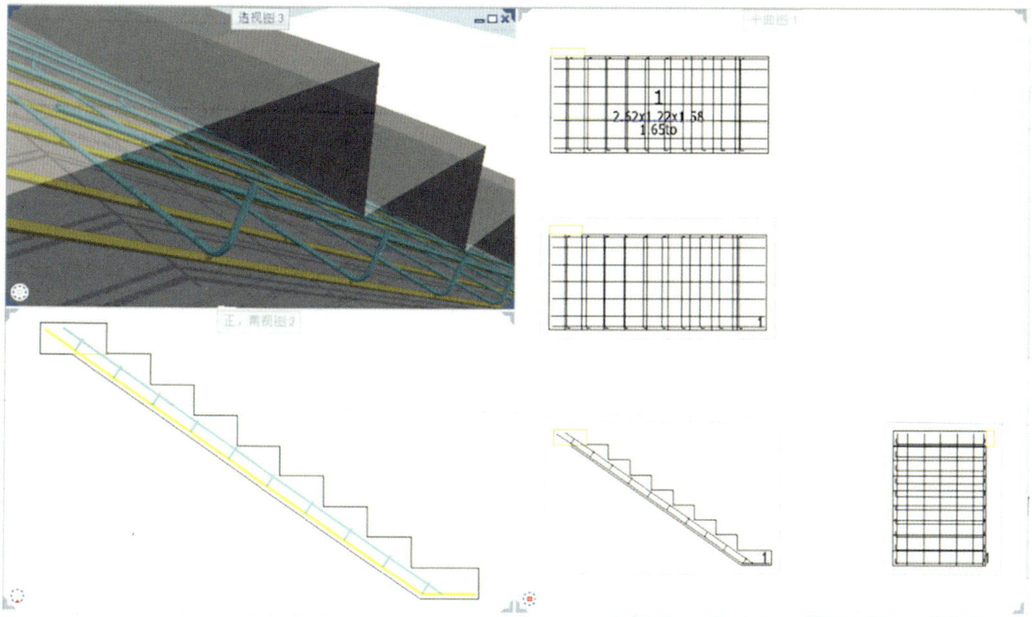

图 5.36　布置的下部水平分布筋

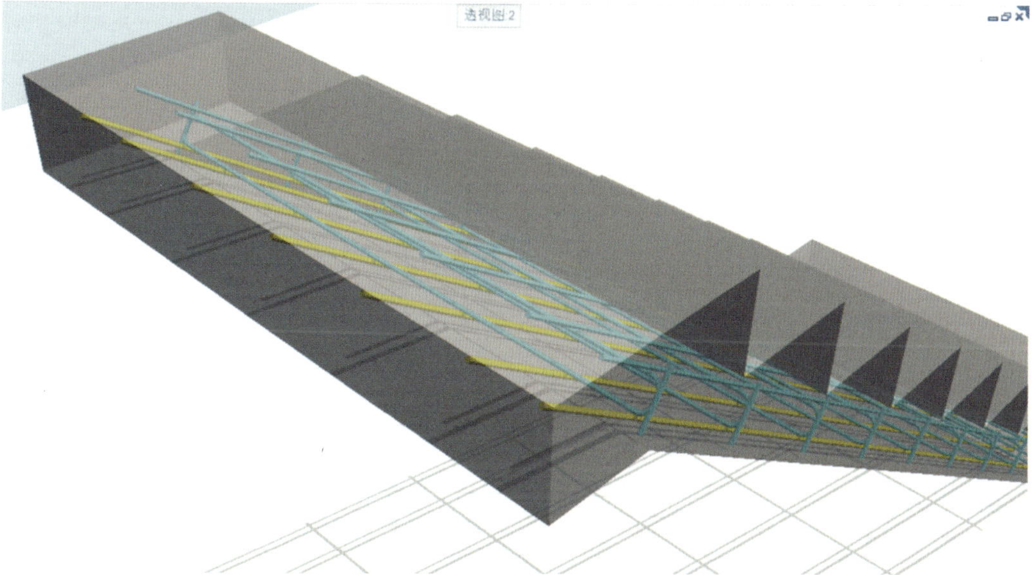

图 5.37　布置的上部水平分布筋

(7) 在【快速访问栏(托盘)】的【工具】选项卡→【工程】模块中单击【条筋形状】选项，选择【封闭式箍筋】，编辑钢筋参数，如图 5.38 所示，绘制顶部楼梯平台箍筋，如图 5.39 所示。选择【线性放置】选项，如图 5.40 所示设置参数，完成顶部楼梯平台箍筋布置，如图 5.41 所示。采用同样的方法可完成底部楼梯平台箍筋布置，如图 5.42 所示。

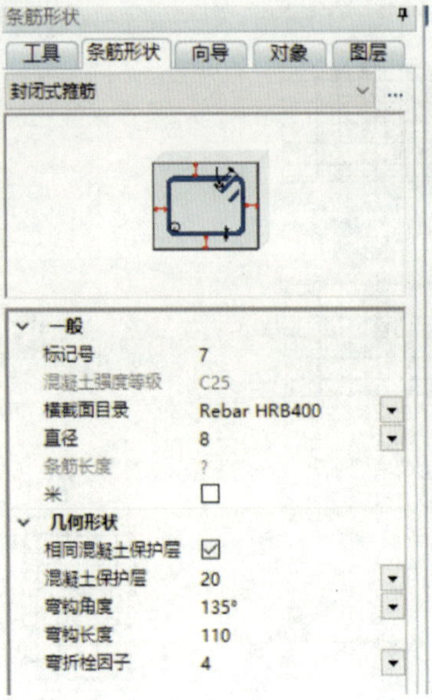

图 5.38 顶部楼梯平台箍筋参数

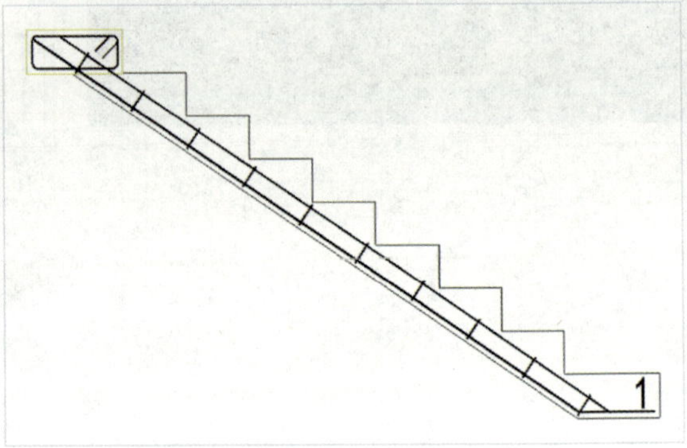

图 5.39 绘制顶部楼梯平台箍筋

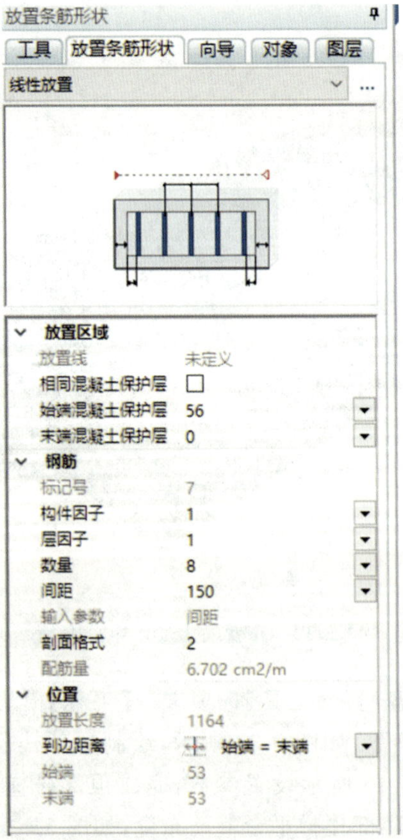

图 5.40 顶部楼梯平台箍筋布置参数

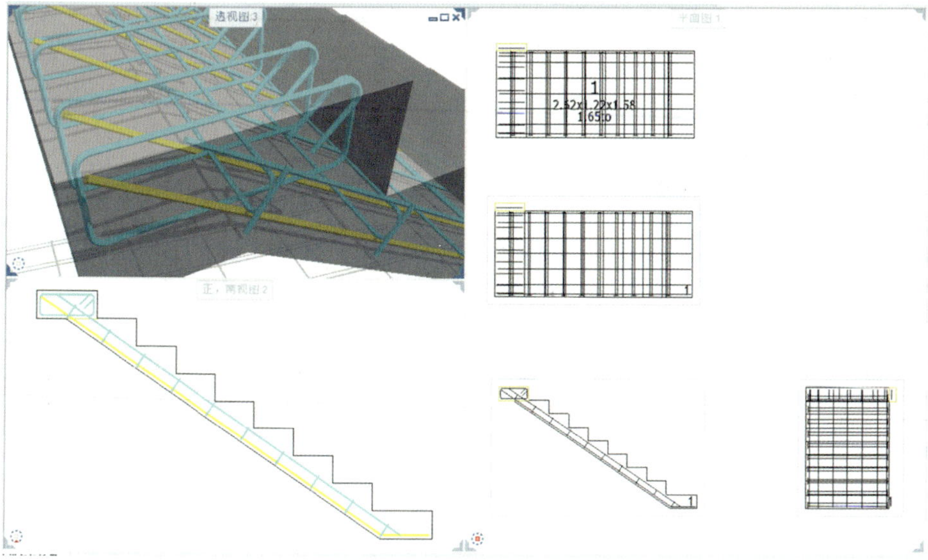

图 5.41　布置的顶部楼梯平台箍筋

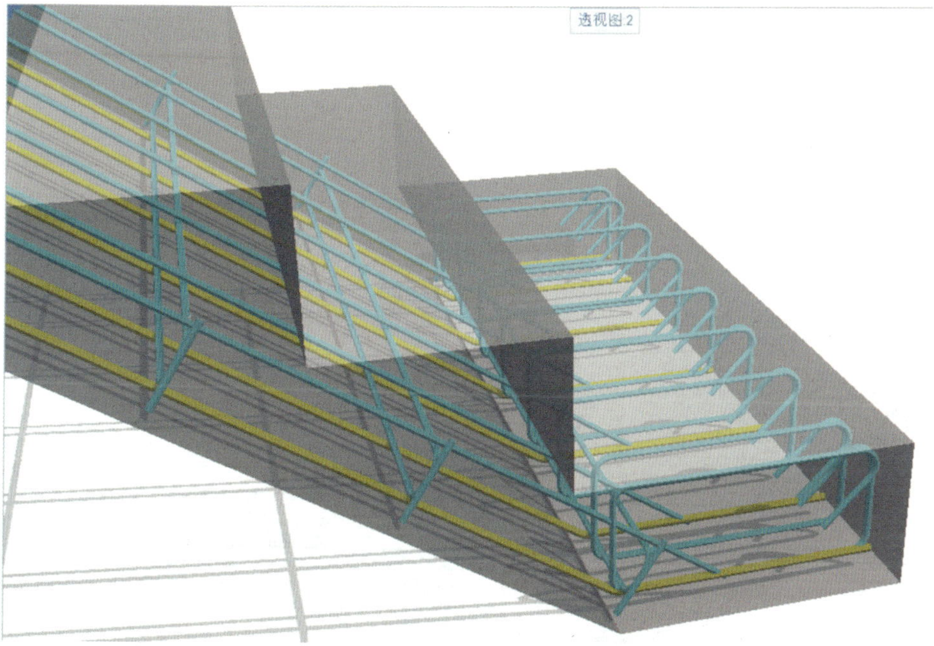

图 5.42　布置的底部楼梯平台箍筋

(8) 在【快速访问栏(托盘)】的【工具】选项卡→【工程】模块中单击【条筋形状】选项，选择【任意形状】，编辑钢筋参数，如图 5.43 所示，绘制顶部楼梯平台纵筋，选择【线性放置】选项，如图 5.44 所示设置参数，完成顶部楼梯平台纵筋布置，如图 5.45 所示。采用同样的方法可布置底部楼梯平台纵筋，如图 5.46 所示。

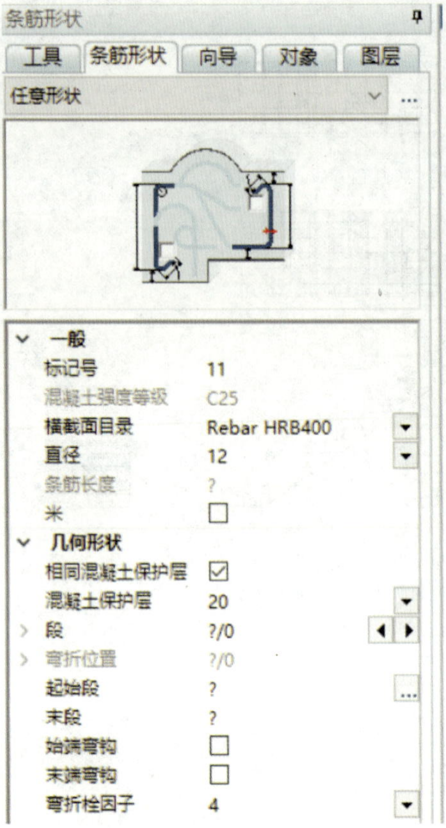

图 5.43　顶部楼梯平台纵筋参数

图 5.44　顶部楼梯平台纵筋布置参数

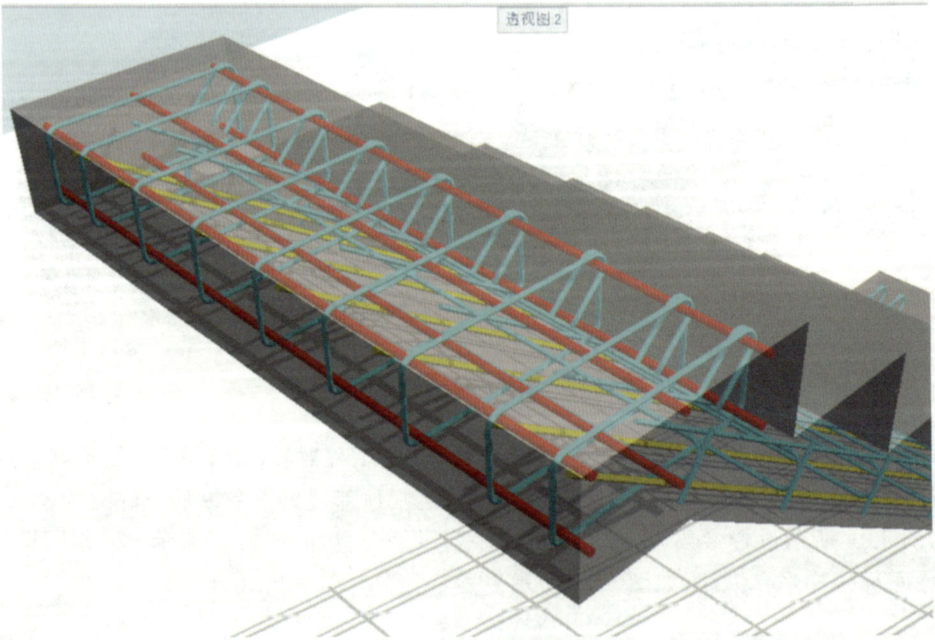

图 5.45　布置的顶部楼梯平台纵筋

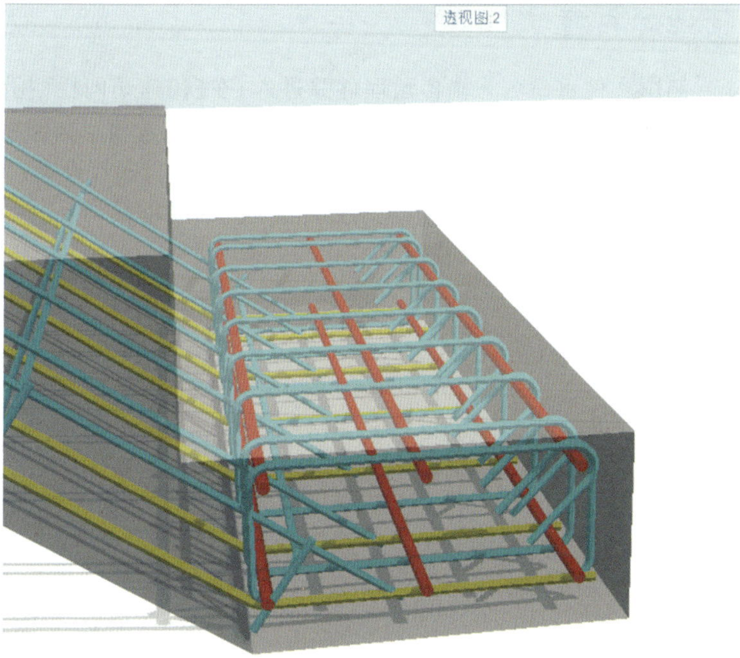

图 5.46　布置的底部楼梯平台纵筋

(9) 在【快速访问栏(托盘)】的【工具】选项卡→【工程】模块中单击【条筋形状】选项，选择【任意形状】，编辑钢筋参数，如图 5.47 所示，绘制吊点加强筋，选择【单一放置】选项，完成吊点加强筋放置，如图 5.48 所示。

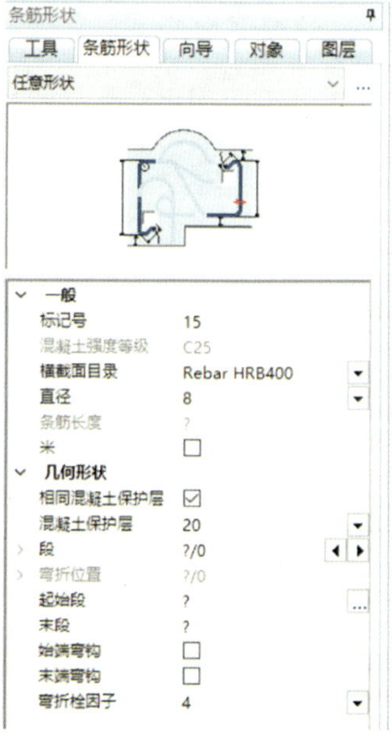

图 5.47　吊点加强筋参数

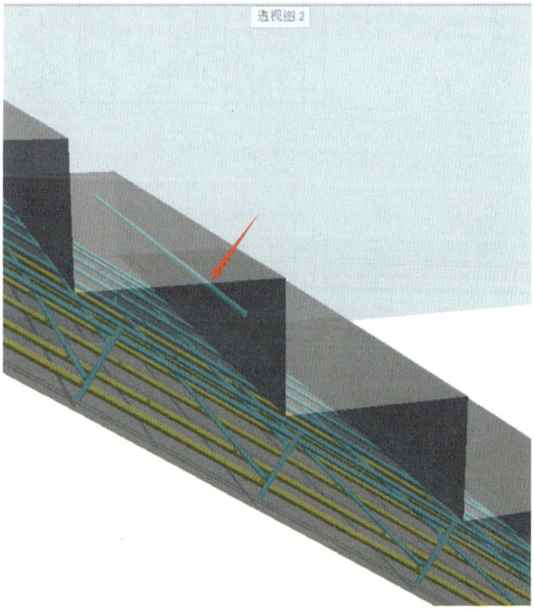

图 5.48　放置的吊点加强筋

5.3.3 预埋件布置

(1) 打开3号制图文件重命名为楼梯预埋件并进入,在【快速访问栏(托盘)】的【工具】选项卡→【预制构件】模块预制构件元素中单击【辅助预制元素】选项。选择楼梯构件,点击【几何形状】选项,进行辅助楼梯尺寸设置。点击【属性】选项,进行属性设置。点击【尺寸】选项,进行尺寸设置。设置完成后,在平面图绘图区单击放置辅助楼梯,完成建模,与5.3.1生成构件模型的方法一样,生成辅助楼梯模型,如图5.49所示。

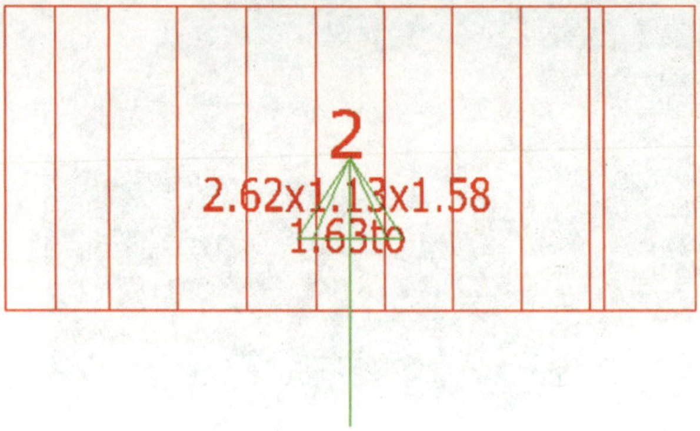

图 5.49 辅助楼梯模型

(2) 在【快速访问栏(托盘)】的【工具】选项卡→【视图、剖面、详细说明】模块中单击【创建视图】选项,分别创建前视图、右视图、平面视图,如图5.50所示。

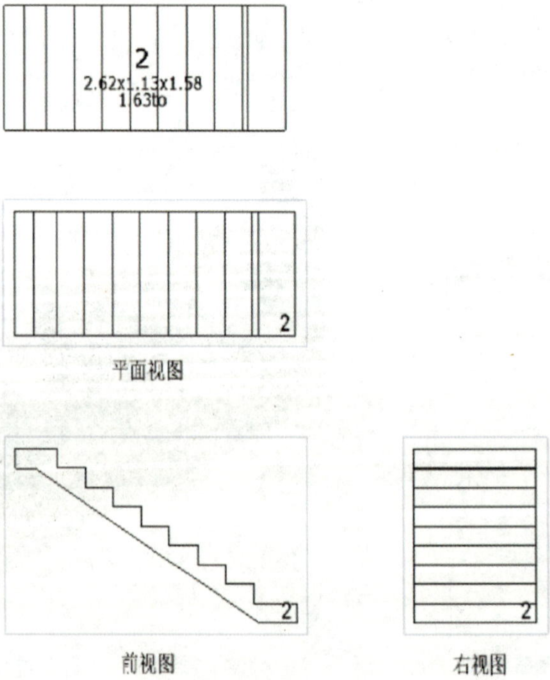

图 5.50 辅助楼梯视图

(3) 在【快速访问栏(托盘)】的【工具】选项卡→【预制构件】模块中单击【预制单元建模】选项,点击设置选项,如图 5.51 所示进行设置,完成凹槽绘制,如图 5.52 所示。

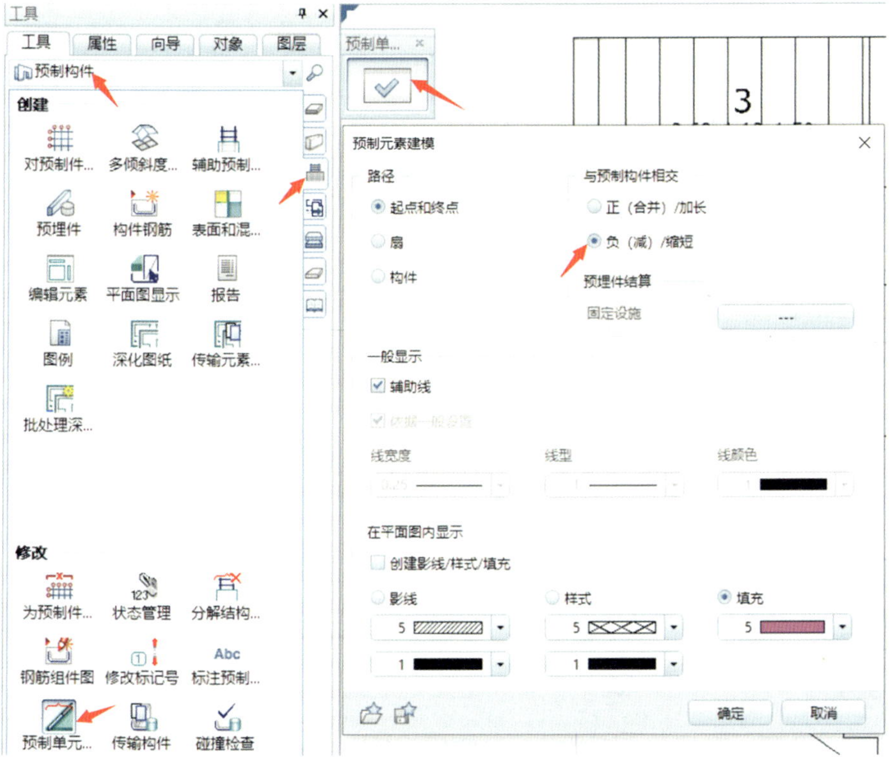

图 5.51　凹槽参数设置

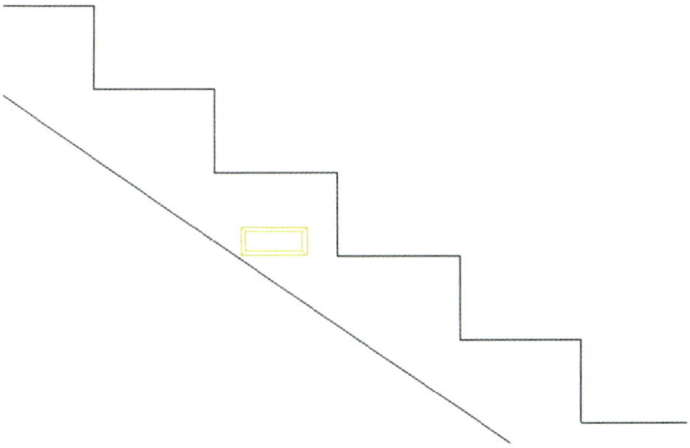

图 5.52　绘制的凹槽

(4) 在【快速访问栏(托盘)】的【工具】选项卡→【工程】模块中单击【条筋形状】选项,选择【任意形状】,如图 5.53 所示设置参数,绘制脱模预埋件吊环,如图 5.54 所示。

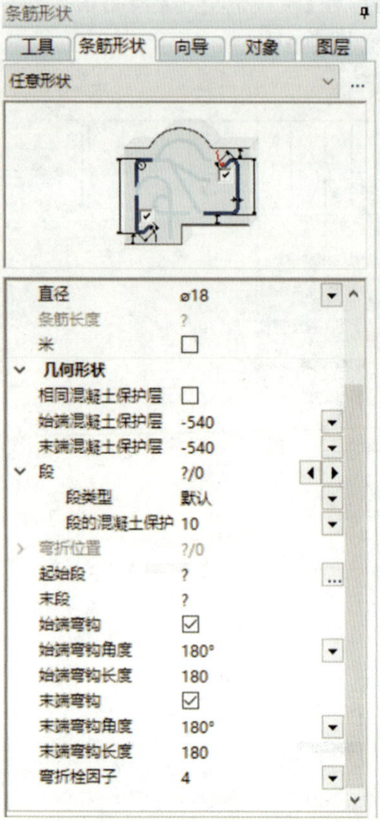

图 5.53　吊环参数

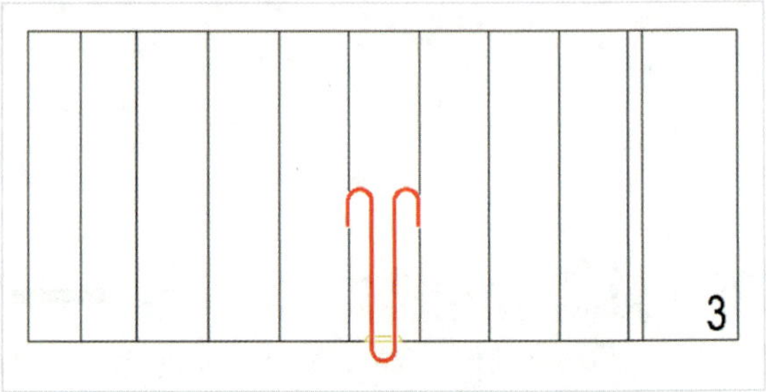

图 5.54　绘制的吊环

(5) 在【快速访问栏(托盘)】的【工具】选项卡→【预制构件】模块中单击【预埋件】选项，点击定义预埋件，选择【固定设施组】，如图 5.55 所示。框选上一步绘制的脱模预埋件，将其定义为新的预埋件并命名为 M2。

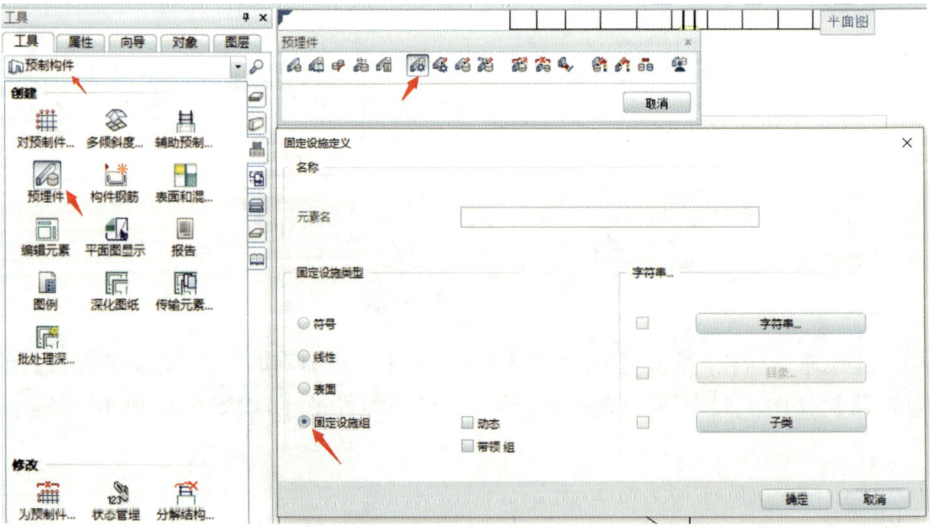

图 5.55　选择【固定设施组】

(6) 在3号制图文件中分别绘制销键预埋件的3D、前、后、左、右、平面及仰视图，如图5.56所示。在【快速访问栏(托盘)】的【工具】选项卡→【预制构件】模块中单击【预埋件】选项，点击定义预埋件，选择【符号】，在【预埋件目录】里选择提前定义好的【销键预埋】选项，如图5.57所示，选择刚刚创建的销键预埋件，将其定义为销键预留洞d50，并保存，如图5.58所示。

图5.56　销键预埋件视图

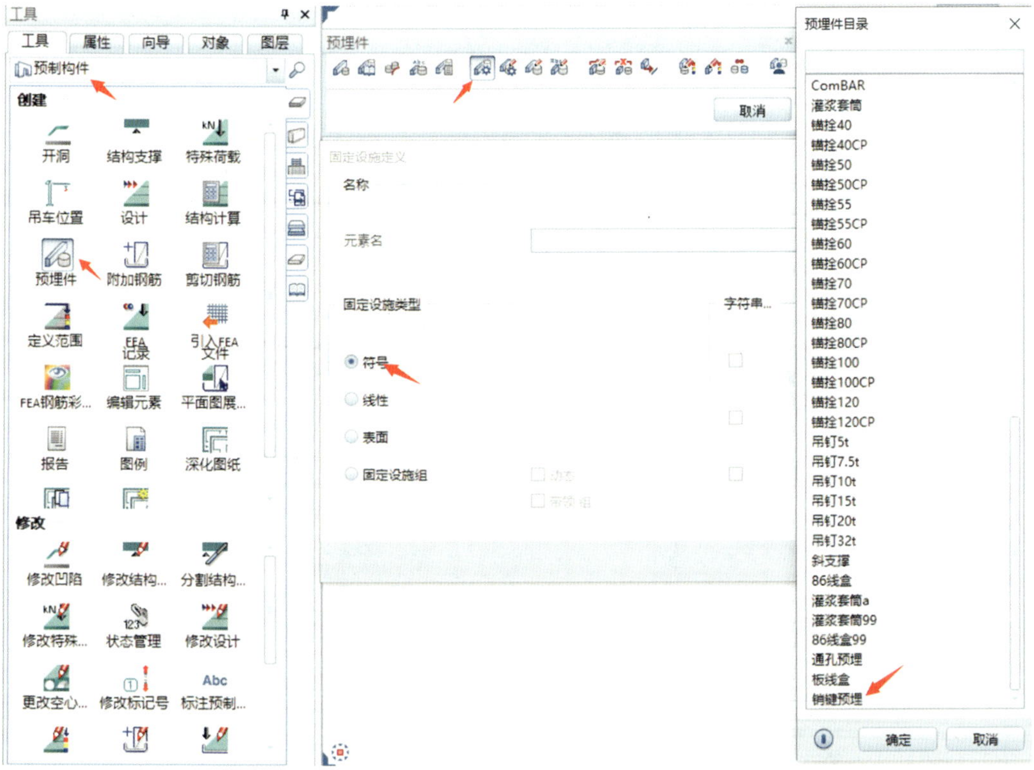

图5.57　选择提前定义好的【销键预埋】选项

(7) 在【快速访问栏(托盘)】的【工具】选项卡→【工程】模块中单击【条筋形状】选项，选择【任意形状】，如图5.59所示设置参数，绘制销键预留洞加强筋，如图5.60所示。按与本节第5步相同步骤将销键预埋件及加强筋定义成预埋件组，如图5.61、图5.62所示。

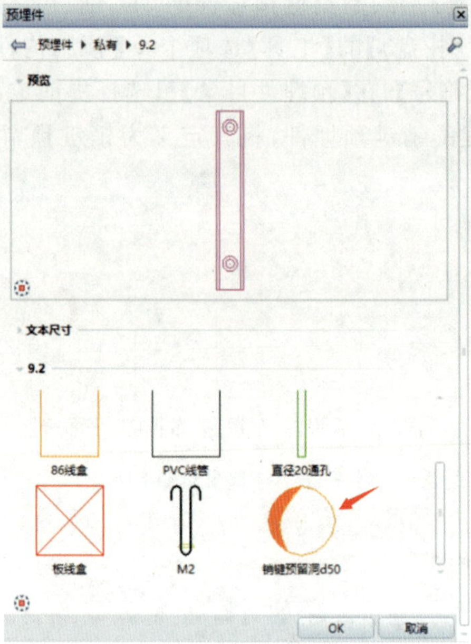

图 5.58　定义销键预留洞 d50

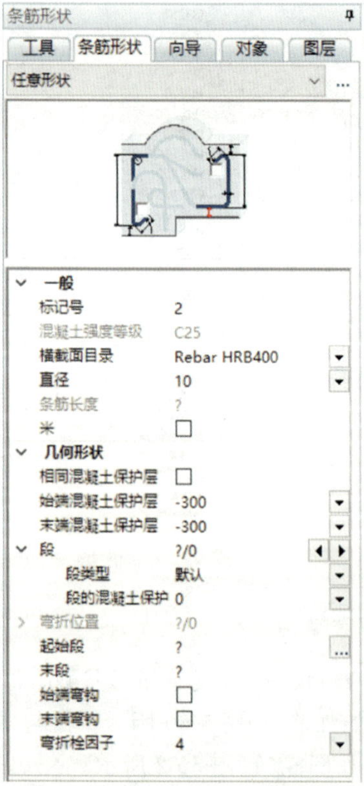

图 5.59　销键预留洞加强筋参数

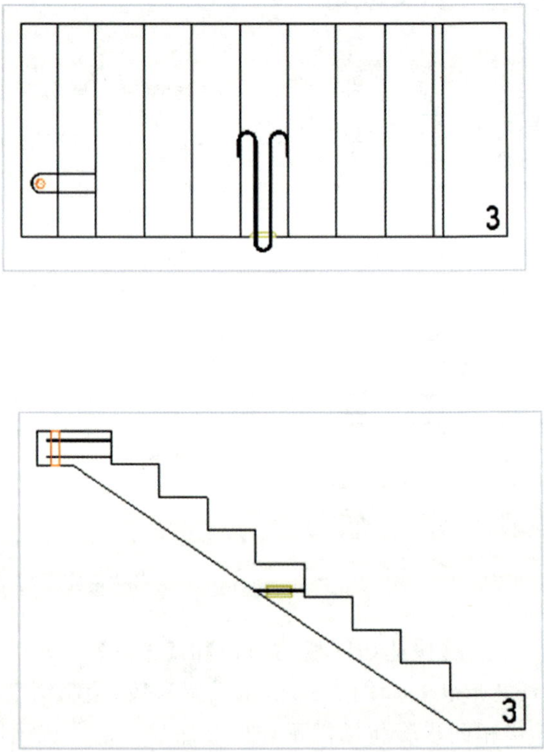

图 5.60　绘制的销键预留洞加强筋

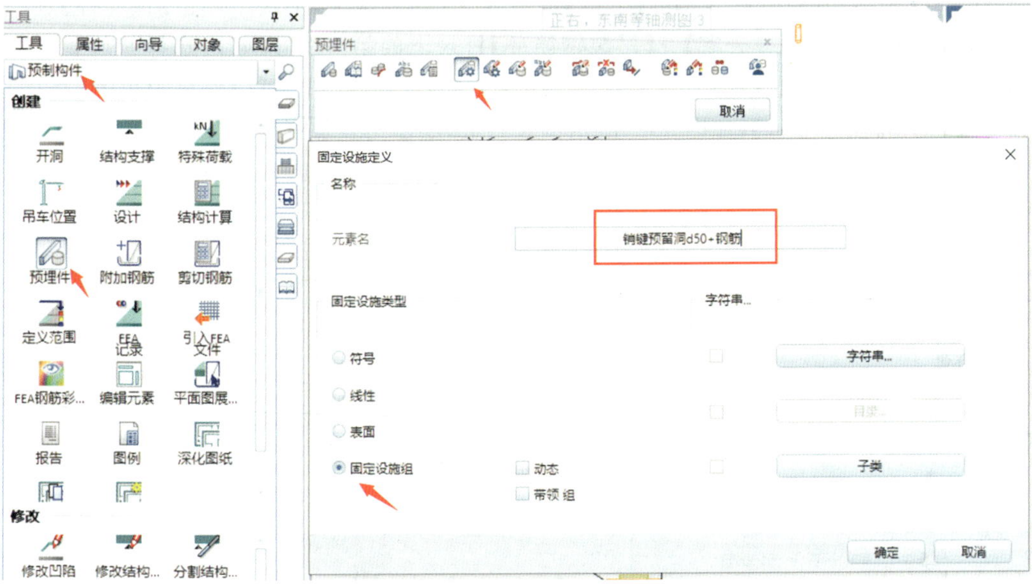

图 5.61　将销键预埋件及加强筋定义成预埋件组(1)

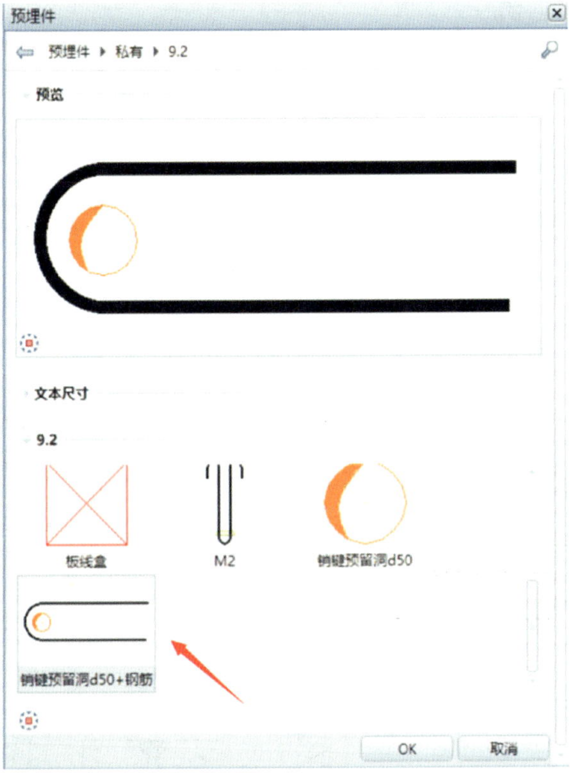

图 5.62　将销键预埋件及加强筋定义成预埋件组(2)

(8) 在【快速访问栏(托盘)】的【工具】选项卡→【预制构件】模块中单击【预埋件】选项，点击调用预埋件，找到【办公室】→【吊装钢筋环】目录下的第一个预埋件，选择并放置，如图5.63、图5.64所示。在【快速访问栏(托盘)】的【工具】选项卡→【工程】模块中单击【条筋形状】选项，选择【任意形状】，如图5.65所示设置参数，绘制吊点加强筋，如图5.66所示。与上一步同样的操作将吊点预埋件及加强筋定义成预埋件组，并定义为吊点M1，如图5.67所示。

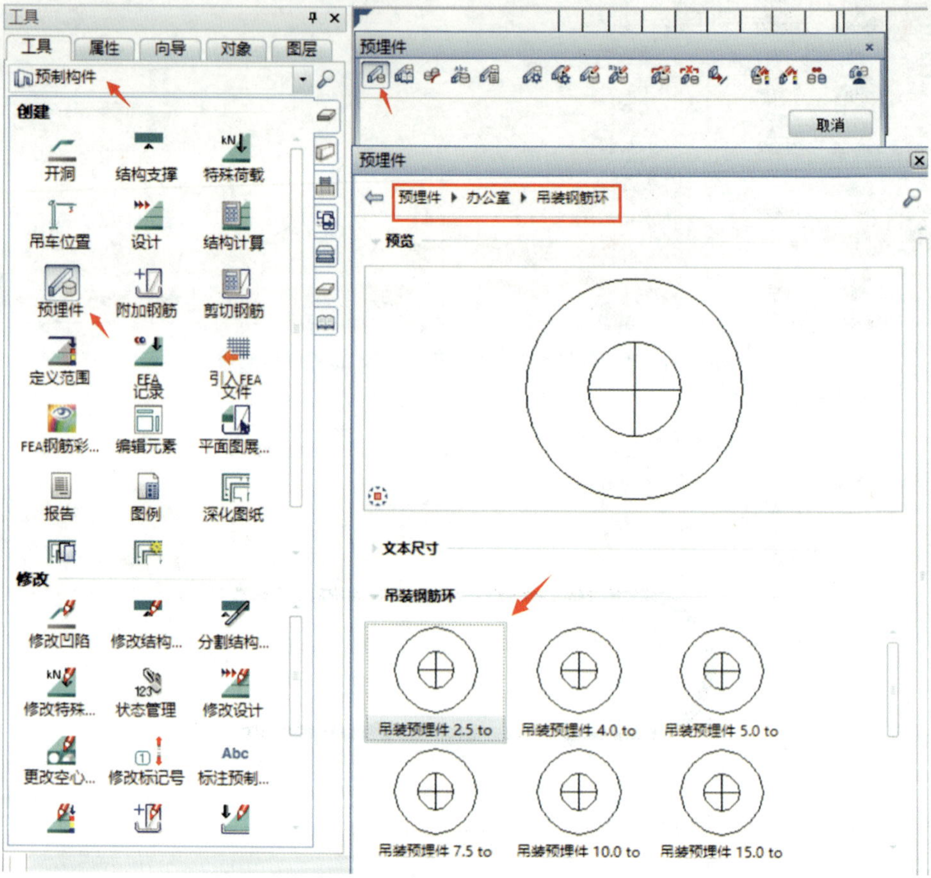

图5.63 放置吊装预埋件(1)

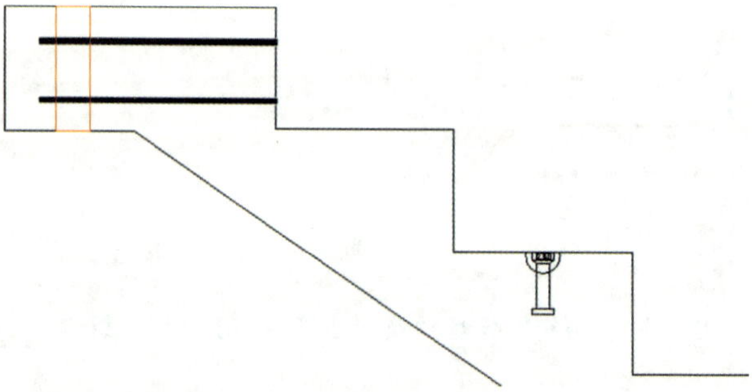

图5.64 放置吊装预埋件(2)

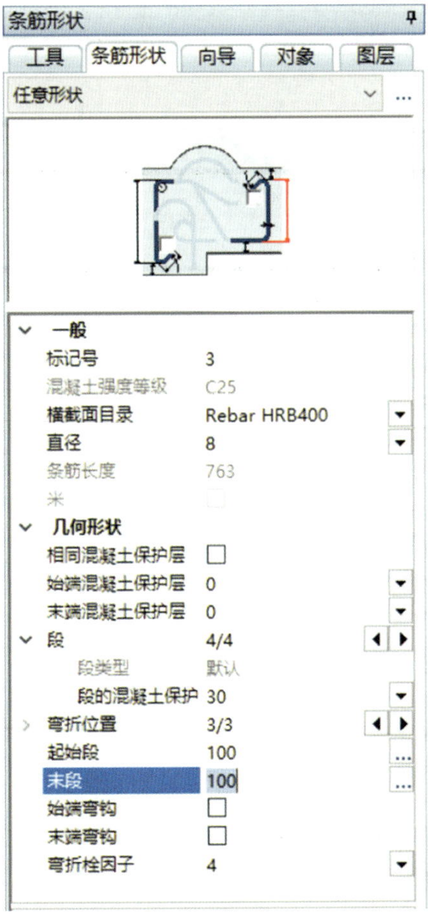

图 5.65　吊点加强筋参数

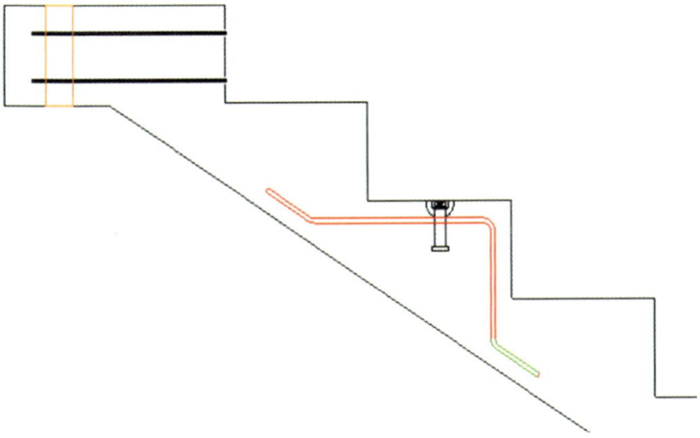

图 5.66　绘制的吊点加强筋

(9) 回到预制楼梯建模制图文件，按图纸定位分别放置前面已定义的预埋件 M1、M2、销键预留洞 d50＋钢筋，完成预制楼梯模型和预埋件创建，如图 5.68 所示。

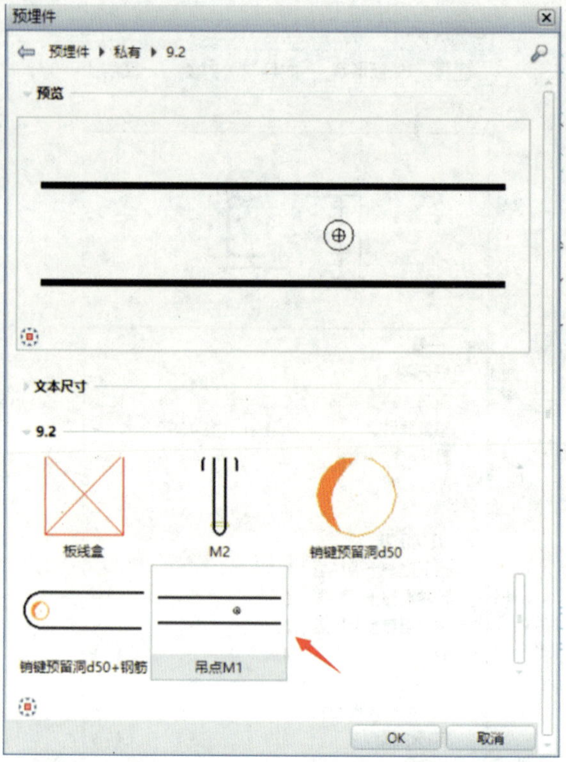

图 5.67 将吊点预埋件及加强筋定义成预埋件组

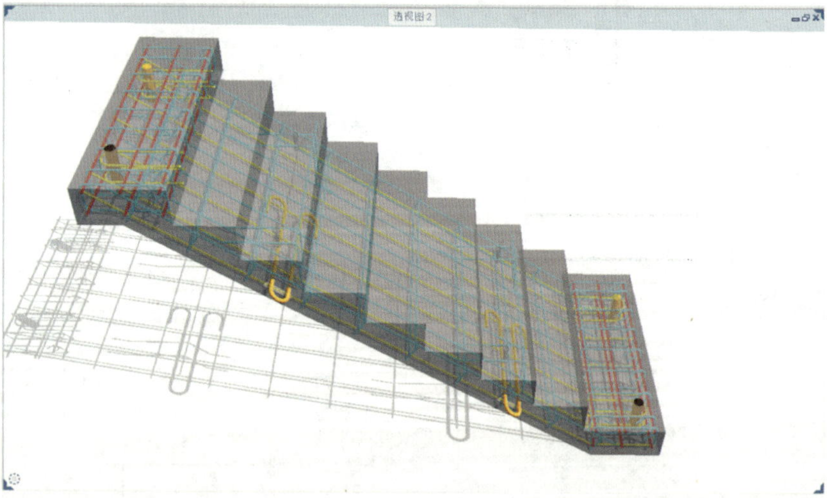

图 5.68 创建的预制楼梯模型和预埋件

5.3.4 生成图纸

在【快速访问栏(托盘)】的【工具】选项卡→【预制构件】模块中单击【深化图纸】选项，框选预制楼梯，生成深化图纸如图 5.69、图 5.70 所示。

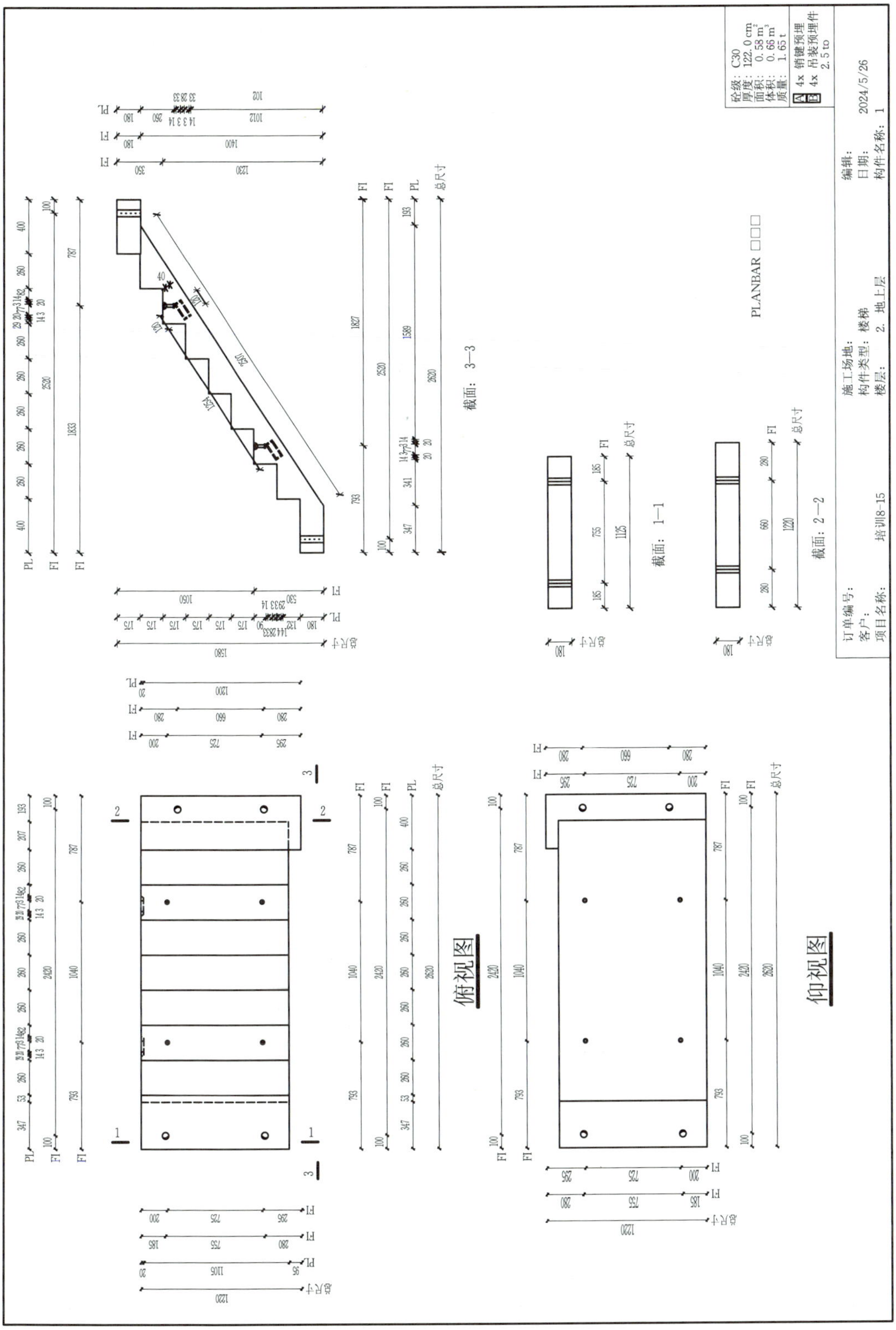

图 5.69　预制楼梯深化图纸（模板图）

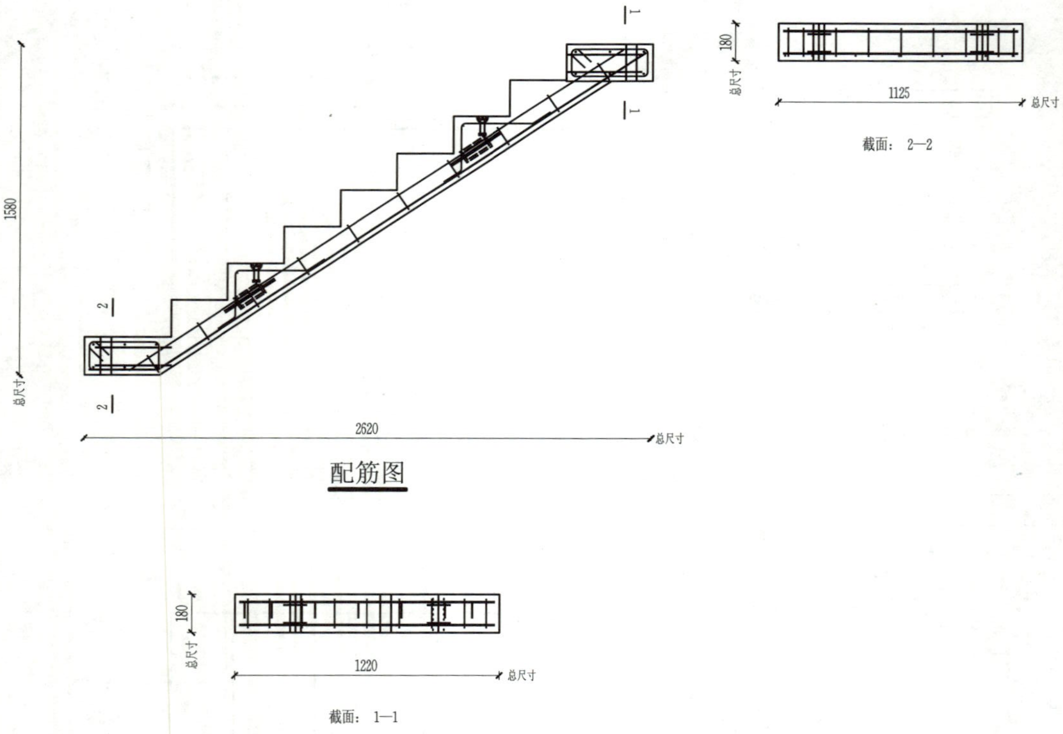

钢筋弯折列表清单

编号	数量	直径 [mm]	单根长度 [mm]	钢筋弯折形状 [mm]	总长度 [mm]	重量 [kg]
1	7	8	2744	2744	19208	7.59
2	20	8	1245	1085, 80	24900	9.84
3	9	8	1220	140, 360, 110	10980	4.34
4	9	8	1154	140, 327, 110	10386	4.10
5	2	8	1085	1085	2170	0.86
6	8	8	763	83, 228, 56, 100, 335, 56, 100, 83, 2251	6104	2.41
7	7	10	3034	1515, 2713, 321	21238	13.08
8	8	10	768	300, r=55, 173, 295	6144	3.78
9	6	12	1180	1180	7080	6.29
10	6	12	1085	1085	6510	5.78
11	2	18	1697	r=50, 180, 590, 157	3394	6.78
					总重(kg)	64.85

订单编号：	施工场地：	编辑：
客户：	构件类型：楼梯	日期：2024/5/26
项目名称：培训8-15	楼层：2. 地上层	构件名称：1

图5.70 预制楼梯深化图纸（配筋图）

5.3.5　导出 BOM 表

(1) 在【快速访问栏(托盘)】的【工具】选项卡→【预制构件】模块中单击【报告】选项，按图5.71所示，选择【构件清单-异型件.rdlc】选项作为生成构件清单模板，框选预制楼梯，生成构件清单表如图 5.72 所示，可选择导出保存。

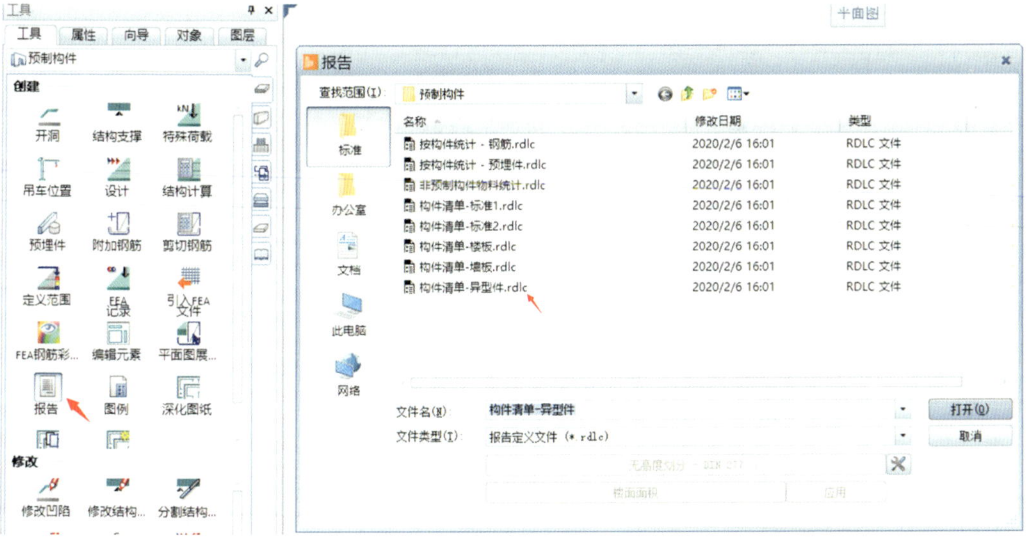

图 5.71　预制楼梯【报告】选项

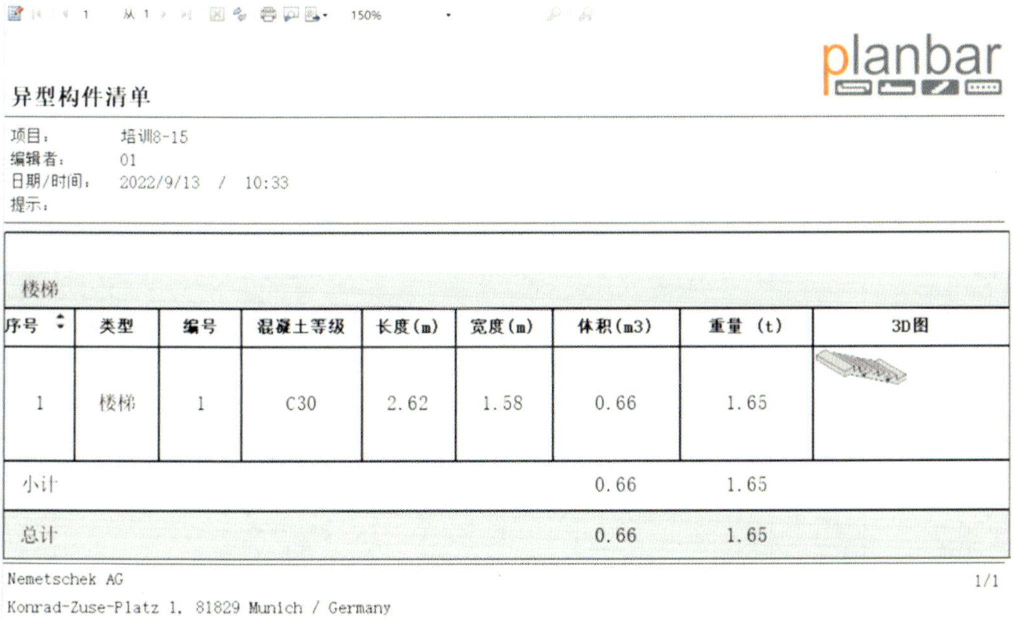

异型构件清单

项目：　培训8-15
编辑者：　01
日期/时间：　2022/9/13　/　10:33
提示：

楼梯

序号	类型	编号	混凝土等级	长度(m)	宽度(m)	体积(m3)	重量 (t)	3D图
1	楼梯	1	C30	2.62	1.58	0.66	1.65	
小计						0.66	1.65	
总计						0.66	1.65	

Nemetschek AG　1/1
Konrad-Zuse-Platz 1, 81829 Munich / Germany

图 5.72　预制楼梯构件清单表

（2）采用同样的方法，可根据需要分别导出构件钢筋清单表、构件预埋件统计表等，分别如图 5.73、图 5.74 所示。

钢筋清单——按构件

项目名称：　培训8-15
楼层：
备注：　请核对！

预制构件		钢筋明细						
件数	编号	钢筋编号	根/件	总计	直径	单根长度	弯折形状	总重
1x	1	(1)	7	7	8	2.744	2744	7.587
		(2)	20	20	8	1.245	1085; 80	9.836
		(3)	9	9	8	2.440	140; 360; 110	3.855
		(4)	9	9	8	1.154	140; 327; 110	4.102
		(5)	2	2	8	1.085	1085	0.857
		(6)	8	8	8	0.763	83; 128; 100; 56; 56; 100; 335; 83	2.411
		(7)	7	7	10	3.034	2251; 1515; 2713; 321	13.083
		(8)	8	8	10	0.768	295; 173; r = 55; 300	3.785
		(9)	6	6	12	1.180	1180	6.287
		(10)	6	6	12	1.085	1085	5.781
		(11)	2	2	18	1.697	r = 50; 157; 180; 590	6.781
							钢筋总计	64.365

图 5.73　预制楼梯构件钢筋清单表

预埋件统计

项目名称：　培训8-15

Ersteller:　01

Datum / Zeit:　2022/9/13　/　10:36

Hinweis:

构件编号	名称	类别	数量	长度 m	面积 m2
001					
符号预埋件					
		销键预埋	4		
	anker25	吊装预埋件25	4		

Nemetschek AG　1/1

Konrad-Zuse-Platz 1, 81829 Munich / Germany

图 5.74　预制楼梯构件预埋件统计表

任务6　智能构件二次开发

6.1　任务导入

将本书提供的 Python 构件示例，按照要求放置到对应的路径中，并尝试修改示例中的一些参数，然后在 Planbar 中查看修改后的显示情况。

6.2　相关知识技能

6.2.1　Python 语言的编程环境配置

① Python 构件在 Planbar 的哪个位置？

打开 Planbar 软件，在左侧的托盘中可以看到【工具】【属性】等多个托盘。单击【库】托盘可以看到有【默认】和【办公室】两个文件夹，如图 6.1 所示。在这两个文件夹中可以创建 Python 构件(可以自定义 Python 构件放置的路径)。

这里以【默认】文件夹中的内容为例。单击【默认】文件夹，可以看到其中包含了多个不同的文件夹。单击打开软件自带的【PythonParts】文件夹，如图 6.2 所示。

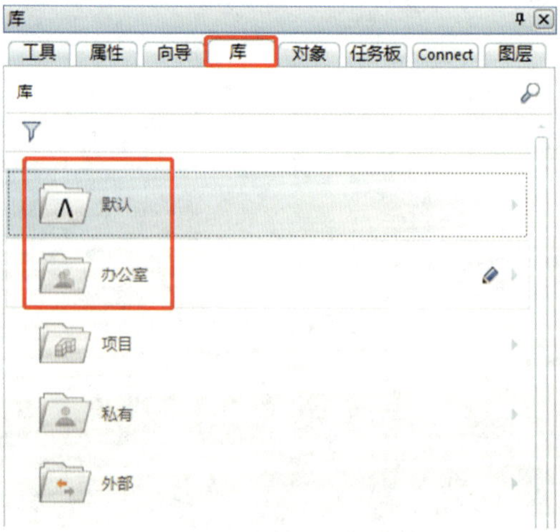

图 6.1　【默认】和【办公室】文件夹

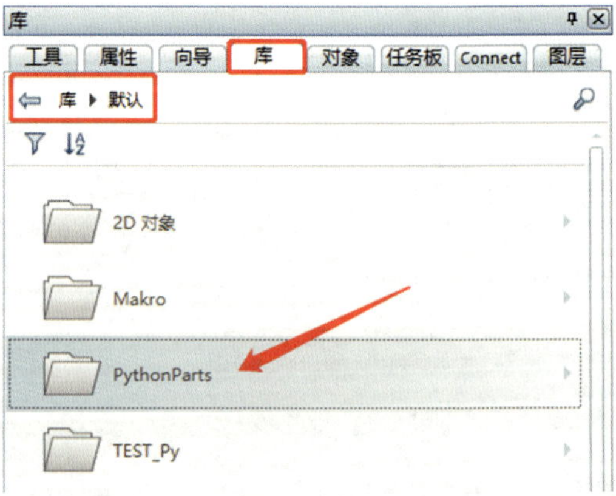

图 6.2　【PythonParts】文件夹

如图 6.3 所示，在【Engineering】文件夹中，所看到的都是 Python 构件。

② 如何使用 Python 构件？

双击示例【处理楼梯】构件，然后在右侧操作区域单击放置，如图 6.4、图 6.5 所示。

图 6.3　【Engineering】文件夹中的 Python 构件

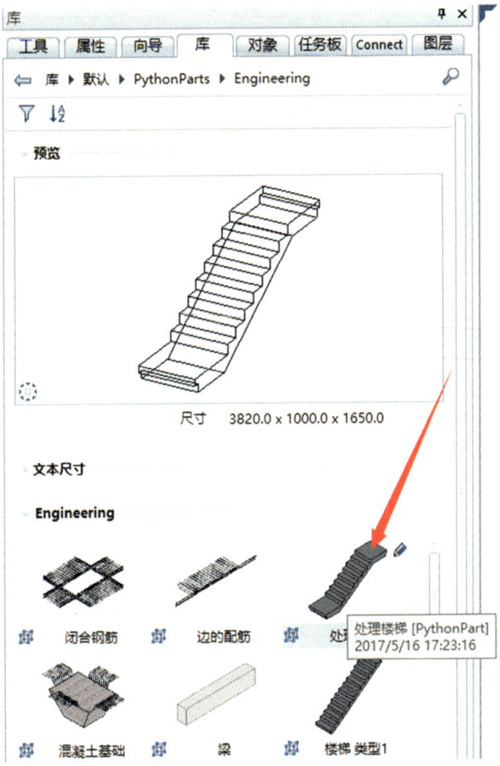

图 6.4　【处理楼梯】示例

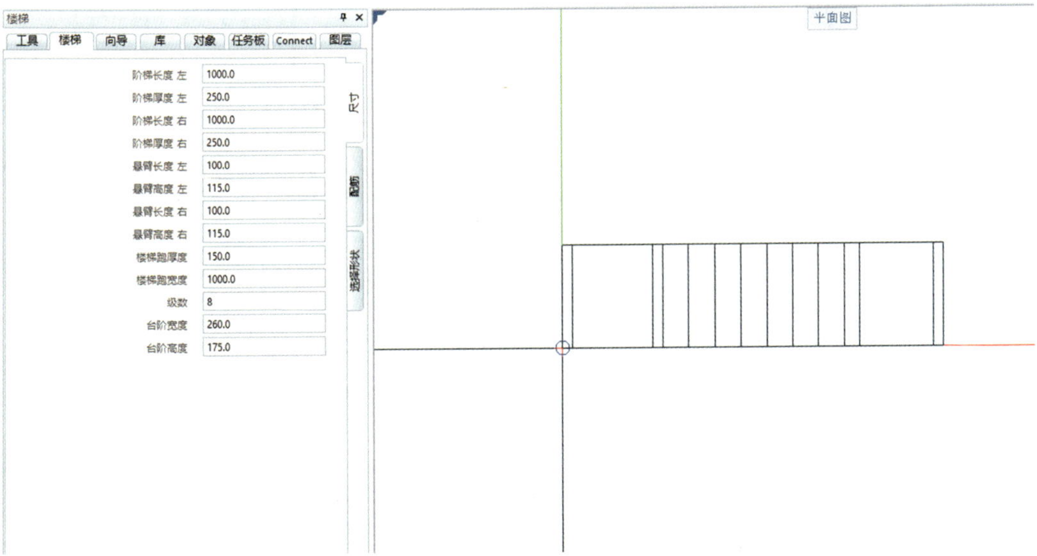

图 6.5　放置楼梯构件

调整楼梯构件需要修改的对应参数，如图 6.6 至图 6.8 所示。

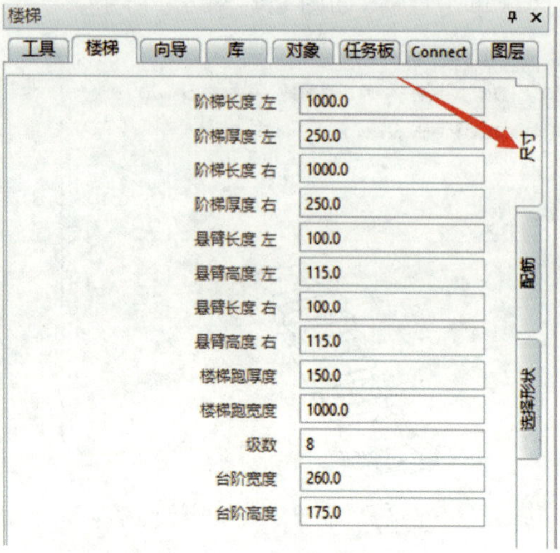

图 6.6　调整楼梯构件尺寸参数

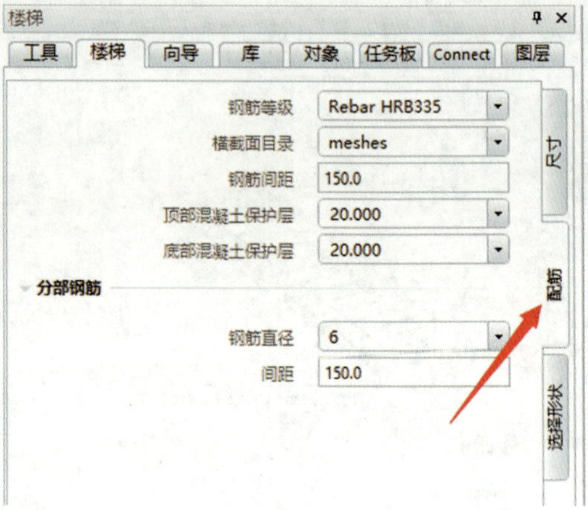

图 6.7　调整楼梯构件钢筋参数

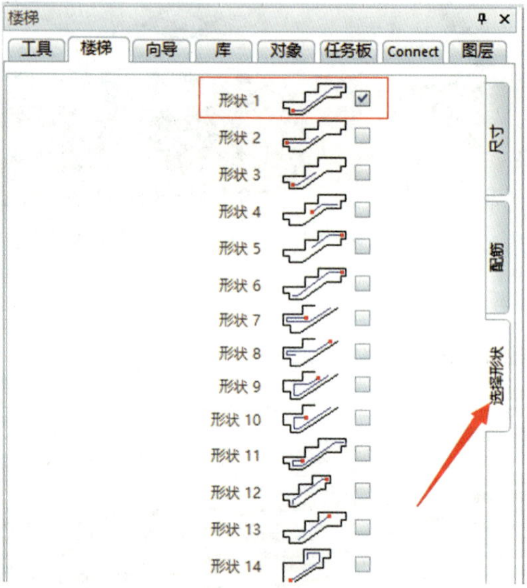

图 6.8　调整楼梯构件形状

参数调整好后，单击【关闭】选项，这样就成功放置了一个包含钢筋的楼梯构件，如图 6.9 至图 6.11 所示。也可以继续调整参数完善内部钢筋的配置再单击【关闭】选项。

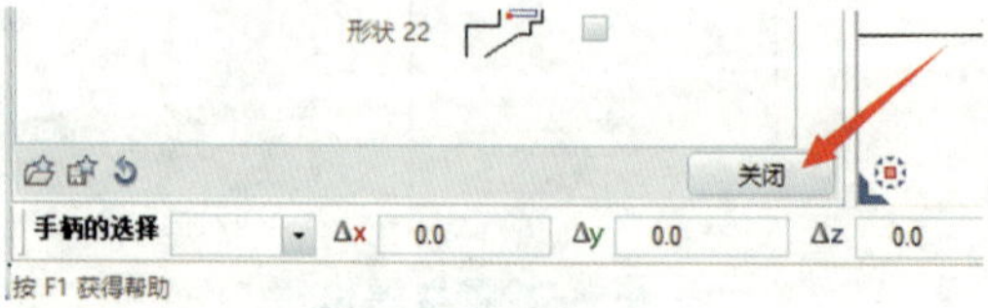

图 6.9　【关闭】选项

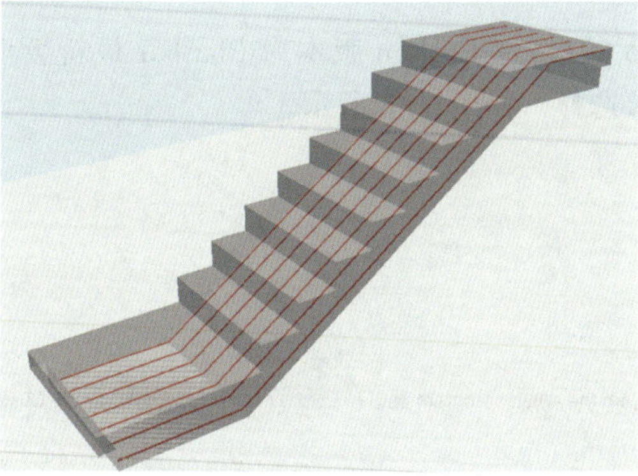

图 6.10　包含钢筋的楼梯构件(1)

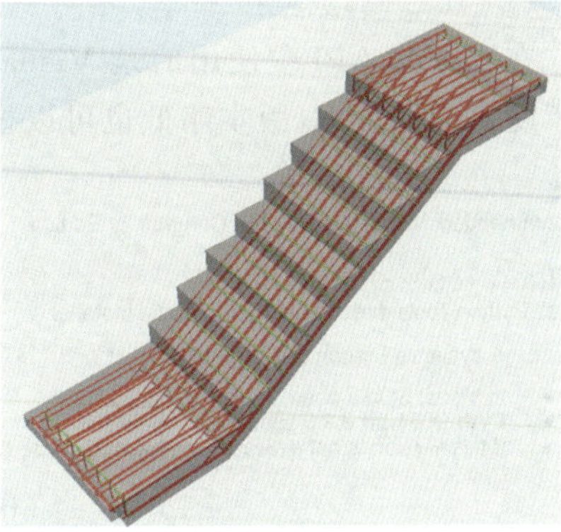

图 6.11　包含钢筋的楼梯构件(2)

6.2.2　Python 构件入门指引

如果要自己创建 Planbar 中的 Python 构件，需要了解软件定义的各种类或方法的含义。可以通过软件官方提供的网址 pythonparts.allplan.com 直接访问 Allplan Python API，了解软件中定义的种类或方法的含义，如图 6.12 所示。学习本章节前建议读者先了解一些 Python 语言的基础知识。

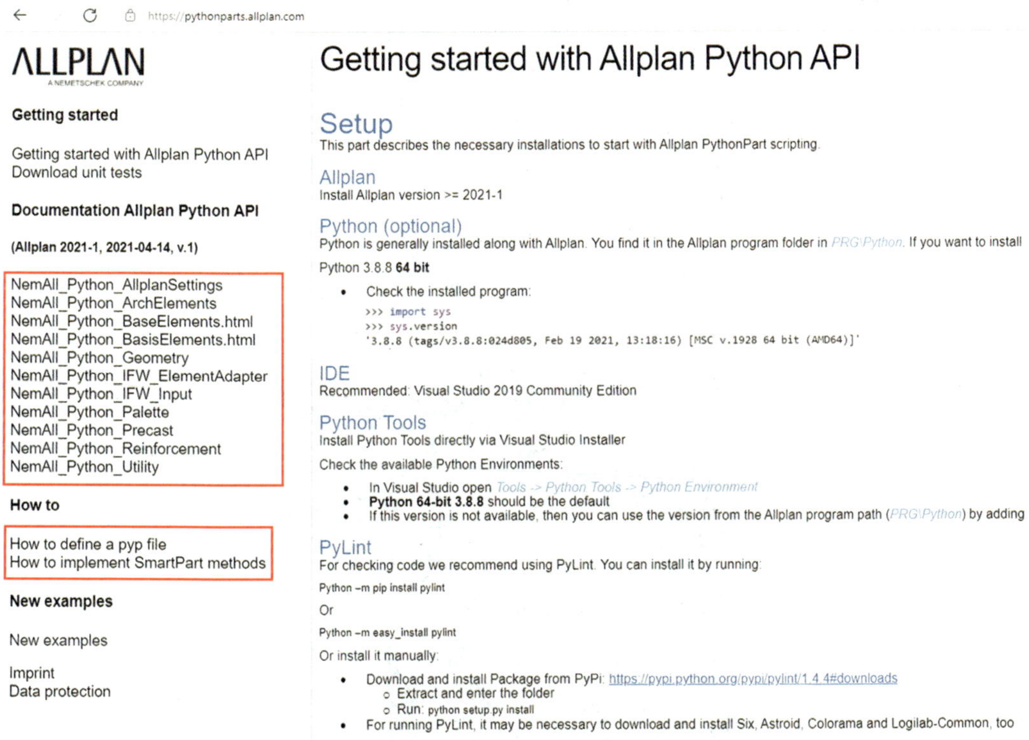
https://pythonparts.allplan.com
ALLPLAN
A NEMETSCHEK COMPANY
Getting started
Getting started with Allplan Python API
Download unit tests
Documentation Allplan Python API
(Allplan 2021-1, 2021-04-14, v.1)
NemAll_Python_AllplanSettings
NemAll_Python_ArchElements
NemAll_Python_BaseElements.html
NemAll_Python_BasisElements.html
NemAll_Python_Geometry
NemAll_Python_IFW_ElementAdapter
NemAll_Python_IFW_Input
NemAll_Python_Palette
NemAll_Python_Precast
NemAll_Python_Reinforcement
NemAll_Python_Utility
How to
How to define a pyp file
How to implement SmartPart methods
New examples
New examples
Imprint
Data protection
Getting started with Allplan Python API
Setup
This part describes the necessary installations to start with Allplan PythonPart scripting.
Allplan
Install Allplan version >= 2021-1
Python (optional)
Python is generally installed along with Allplan. You find it in the Allplan program folder in PRG\Python. If you want to install
Python 3.8.8 64 bit
Check the installed program:
>>> import sys
>>> sys.version
'3.8.8 (tags/v3.8.8:024d805, Feb 19 2021, 13:18:16) [MSC v.1928 64 bit (AMD64)]'
IDE
Recommended: Visual Studio 2019 Community Edition
Python Tools
Install Python Tools directly via Visual Studio Installer
Check the available Python Environments:
In Visual Studio open Tools -> Python Tools -> Python Environment
Python 64-bit 3.8.8 should be the default
If this version is not available, then you can use the version from the Allplan program path (PRG\Python) by adding
PyLint
For checking code we recommend using PyLint. You can install it by running:
Python -m pip install pylint
Or
Python -m easy_install pylint
Or install it manually:
Download and install Package from PyPi: https://pypi.python.org/pypi/pylint/1.4.4#downloads
Extract and enter the folder
Run: python setup.py install
For running PyLint, it may be necessary to download and install Six, Astroid, Colorama and Logilab-Common, too

图 6.12　Allplan Python API

(1) IDE 的选择

在官方的 API 中使用的是 Visual Studio 2019，且 Python 版本为 Planbar 最新版本发布年度对应的版本(版本略低也可以根据需求选择)，如图 6.13 所示。

IDE

Recommended: Visual Studio 2019 Community Edition

Python Tools

Install Python Tools directly via Visual Studio Installer

Check the available Python Environments:

- In Visual Studio open *Tools -> Python Tools -> Python Environment*
- **Python 64-bit 3.8.8** should be the default
- If this version is not available, then you can use the version from the Allplan program path (*PRG\Python*) by adding it with "+ Custom"

图 6.13 Python 版本

当然也可以选择其他 IDE 进行编程，如 PyCharm 或 Visual Studio Code。

(2) 指定解释器

下载 IDE 后需要在 IDE 中指定解释器，如果使用 IDE 中下载的解释器是无法直接访问 Planbar 软件安装文件夹中的相关【库】的。所以需要对 IDE 指定 Planbar 安装文件夹中的解释器及相关环境。

下面以 PyCharm 为例演示如何指定解释器。首先在 PyCharm 中创建一个项目，然后在设置中指定解释器，如图 6.14 所示，单击【文件】然后单击【设置】，在【设置】对话框中单击对应项目下的【Python 解释器】选项，然后选择【添加】，如图 6.15、图 6.16 所示。

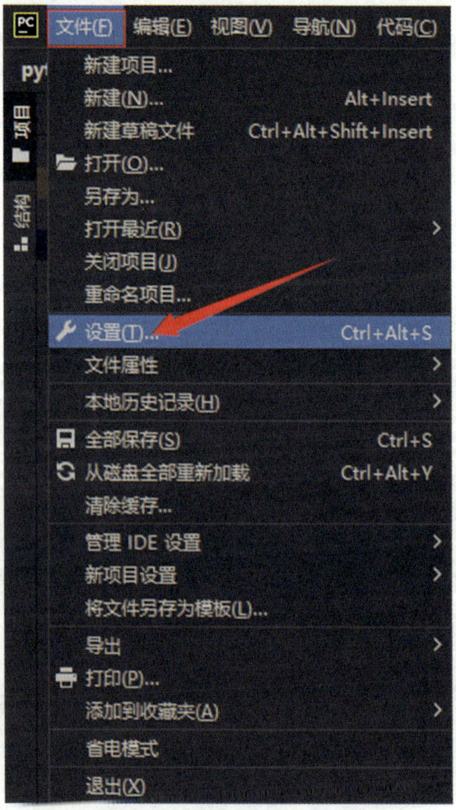

图 6.14 【设置】选项

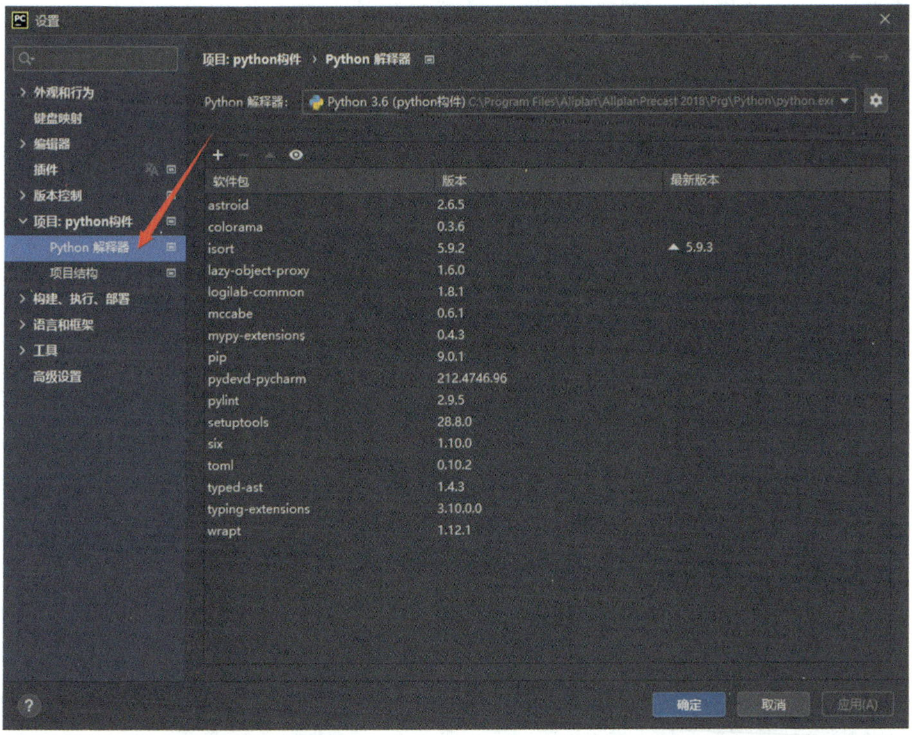

图 6.15 【Python 解释器】选项

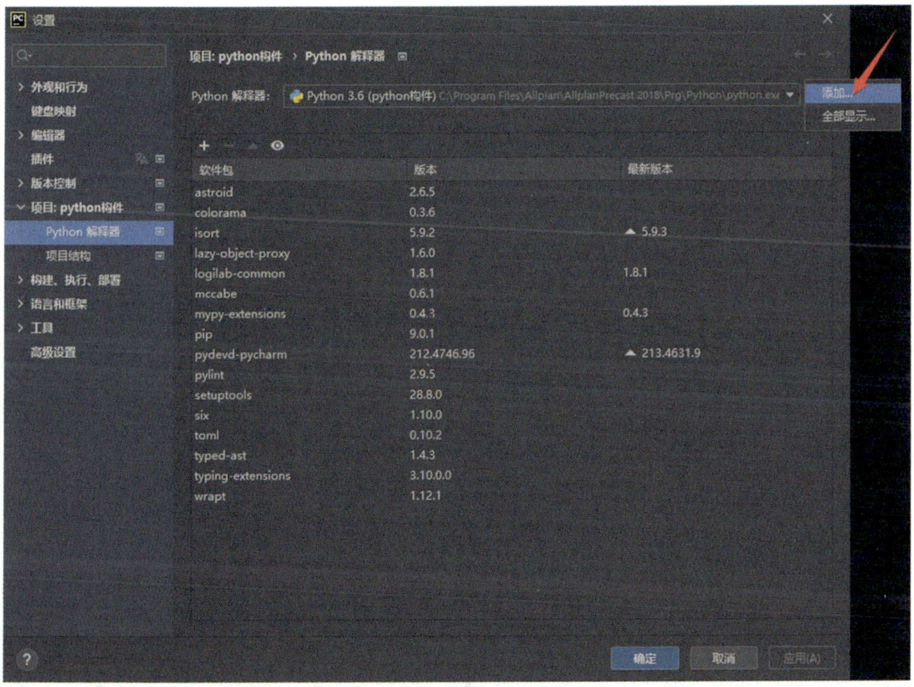

图 6.16 【添加】选项

在【添加 Python 解释器】对话框中选择【现有环境】,然后单击选择路径,如图 6.17、图 6.18 所示。这个路径对应的是软件中自带的 Python。

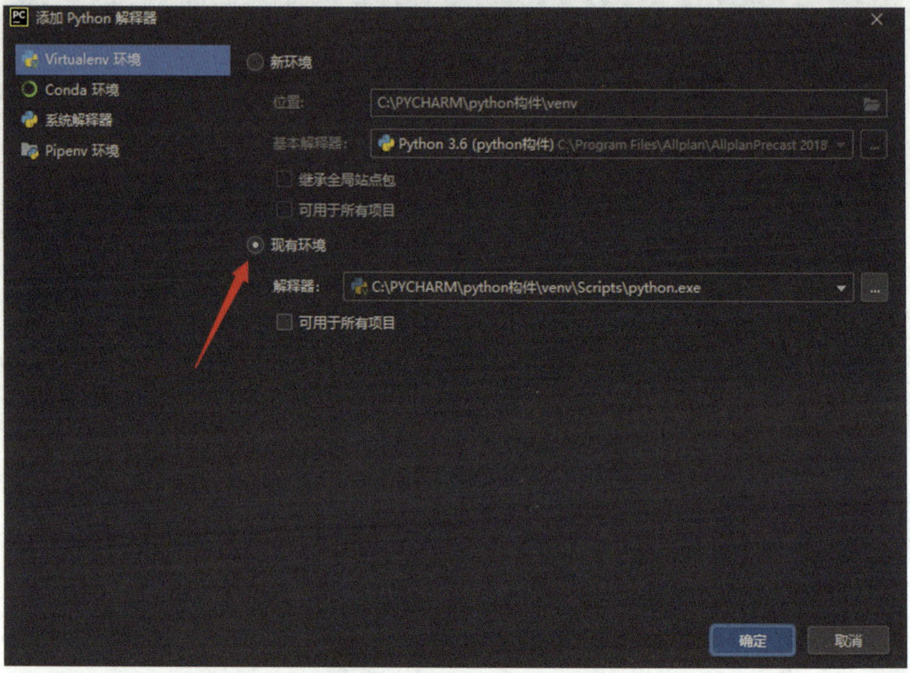

图 6.17 【现有环境】选项

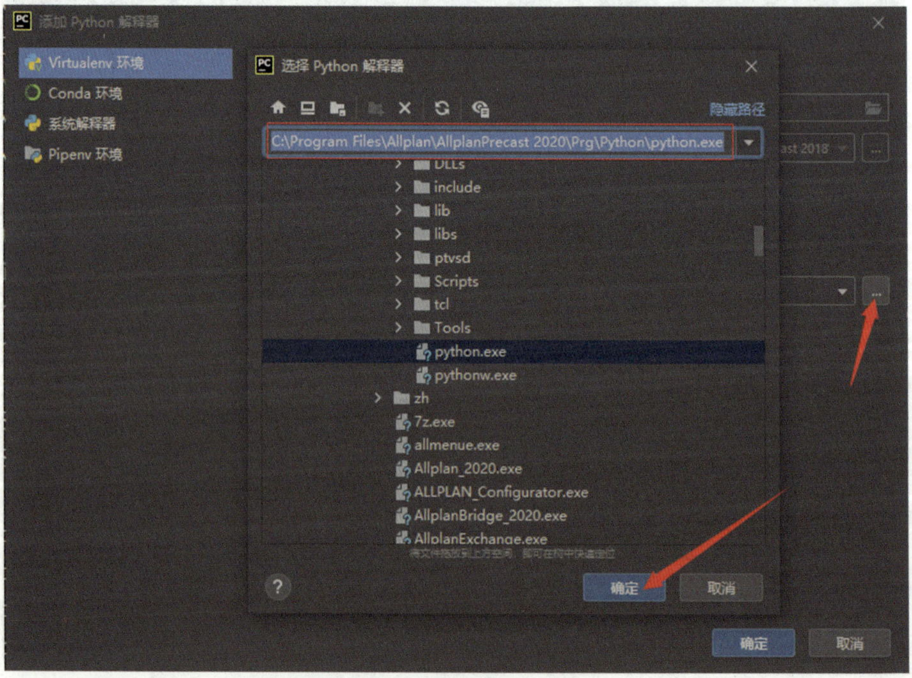

图 6.18 选择路径

提示：Planbar 附带的 Python 解释器的路径如图 6.19 所示，按图打开文件夹即可。

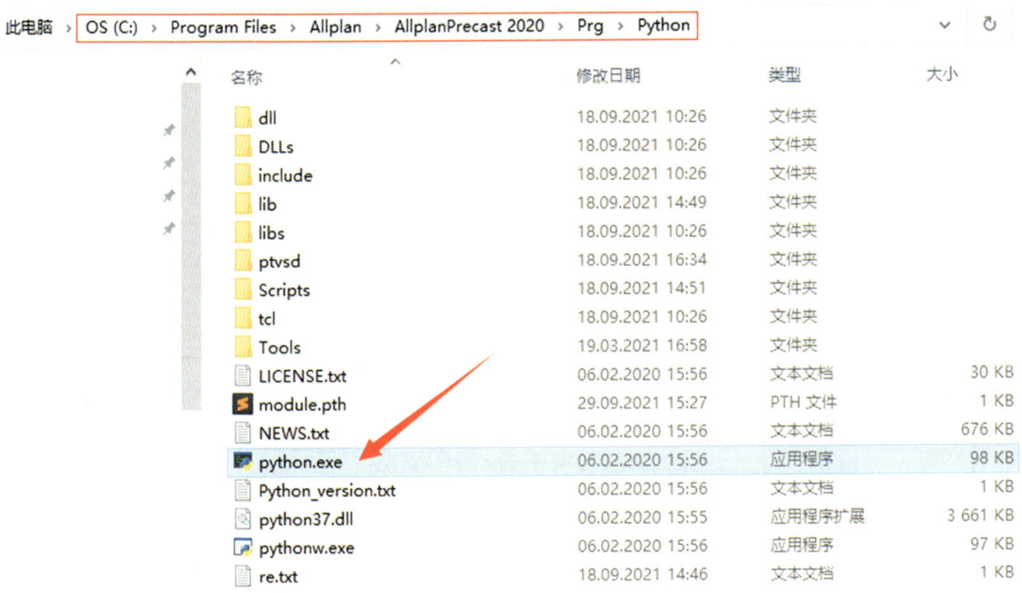

图 6.19　Planbar 附带的 Python 解释器的路径

其他具体设置请参考官方 API。

6.2.3　脚本文件放置路径介绍

前面提到可以在【默认】文件夹和【办公室】文件夹中放置创建好的 Python 构件，那么应该如何将 Python 构件文件放到对应的文件位置呢？

（1）路径 ETC

在【服务】程序中可以快捷地打开部分文件夹，如果要把创建的 Python 构件放置到 Planbar【库】中的【默认】文件夹中，那么就需要打开 ETC 文件夹。

例如：【默认】文件夹中的 Column 构件以及它的 Python 构件文件在 ETC 文件夹中的位置，如图 6.20 所示。

打开【服务】程序，依次选择【服务】→【Windows 资源管理器】→【一般程序数据（ETC，LIC）】选项，如图 6.21 所示。

首先打开 ETC\PythonPartsScripts 文件夹，可以看到对应的【Column.py】文件，如图 6.22、图 6.23 所示。仅有.py 文件是无法形成一个完整的 Python 构件的，要创建最基本的 Python 构件还需要两个文件。

下面看一下 Library 文件夹中对应的文件。在 Library 文件夹中还包含一个.png 文件和一个.pyp 文件，如图 6.24 所示。这两个文件分别对应【库】中构件显示图像以及参数面板中显示内容，如图 6.20、图 6.25 所示。

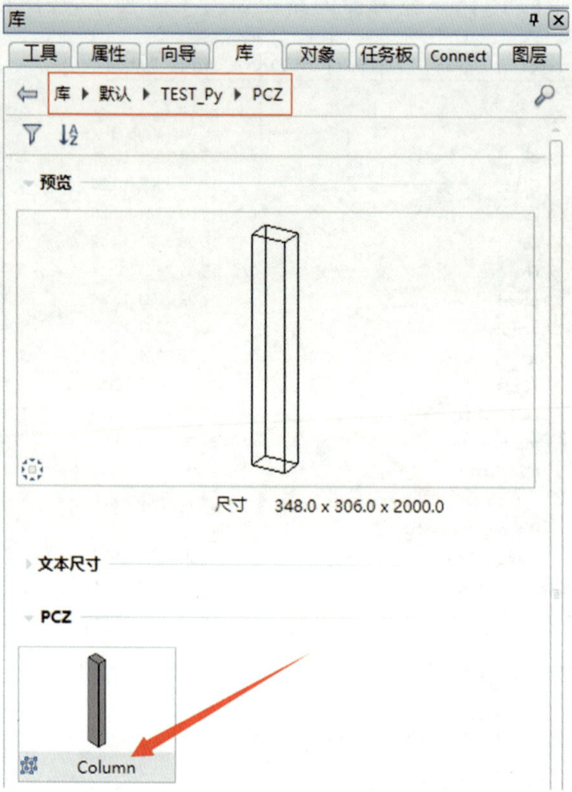

图 6.20 【默认】文件夹中的 Column 构件以及它的 Python 构件文件在 ETC 文件夹中的位置

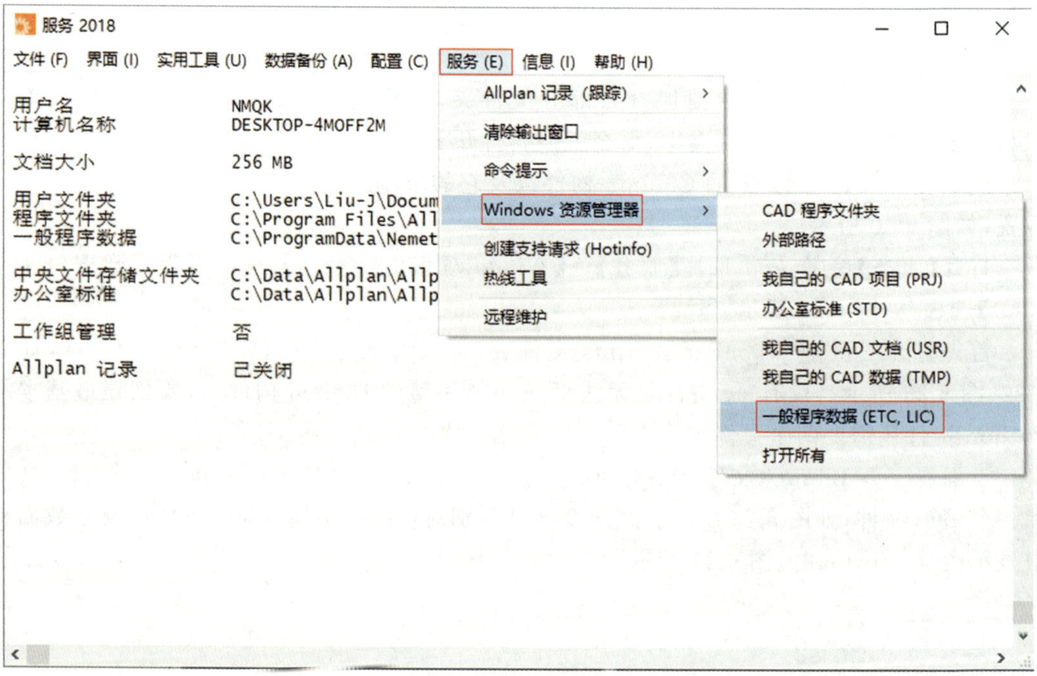

图 6.21 ETC 文件夹路径

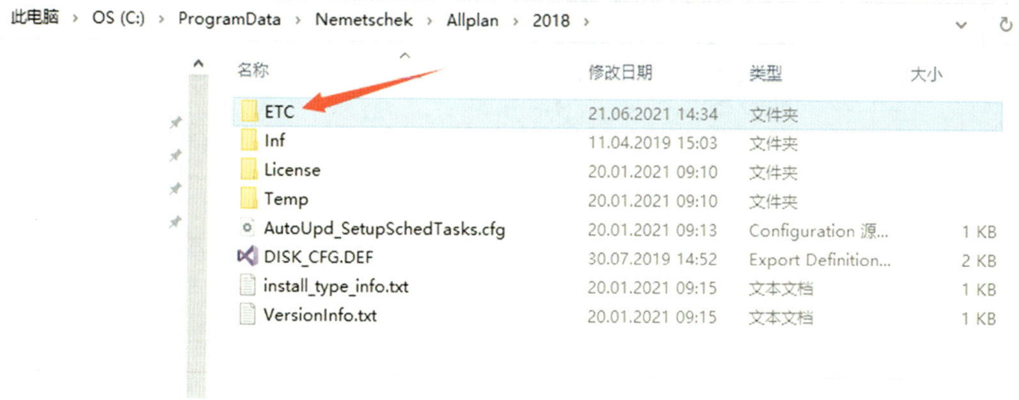

图 6.22　ETC\PythonPartsScripts 文件夹路径

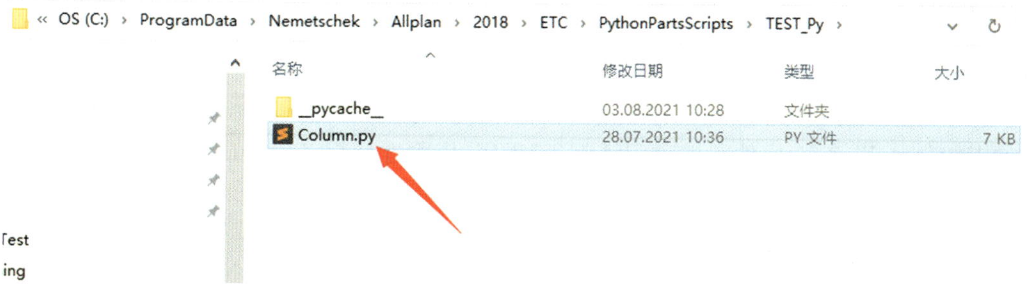

图 6.23　【Column.py】文件

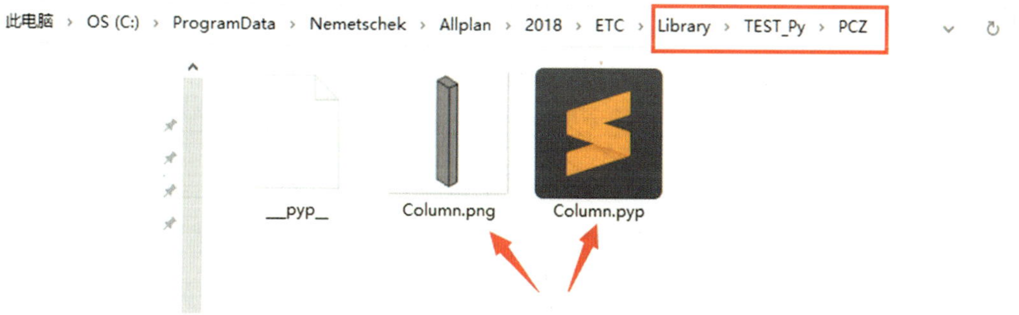

图 6.24　Library 文件夹

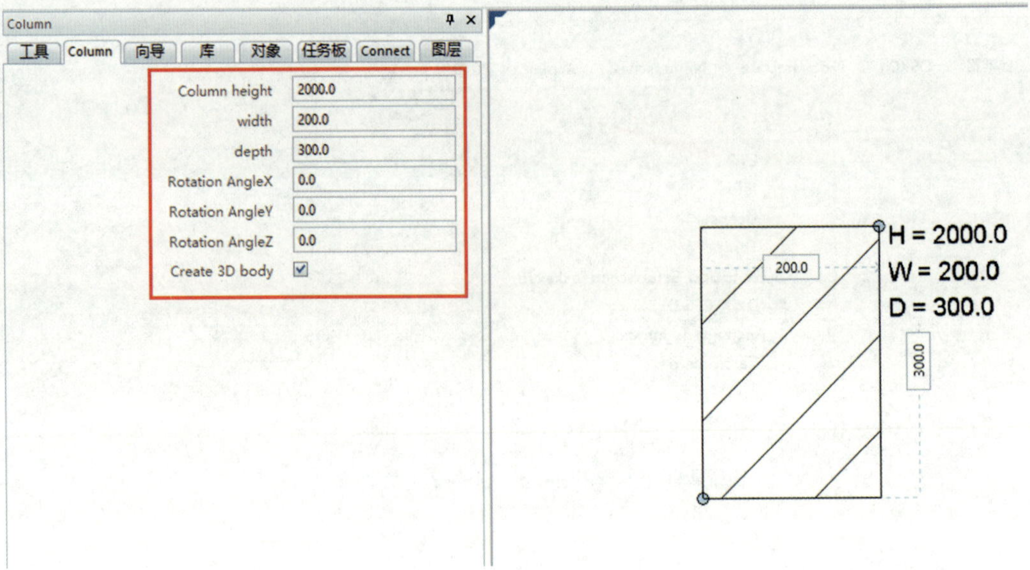

图 6.25 .pyp 文件对应的参数面板内容

(2) 路径 STD

如果想要创建的 Python 构件显示在【办公室】文件中,如图 6.26 所示,就需要在 STD 文件夹中放置 Python 构件文件,打开【服务】程序,依次选择服务\Windows 资源管理器\办公室标准(STD),如图 6.27 所示。

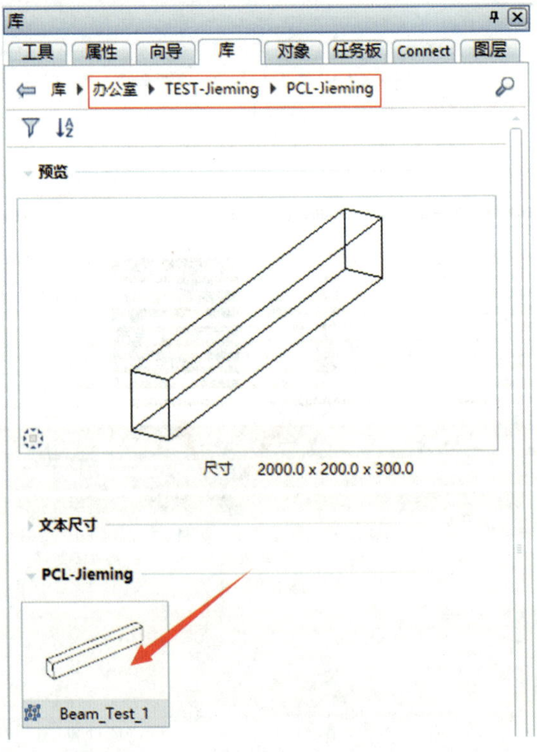

图 6.26 【办公室】文件中显示的 Python 构件

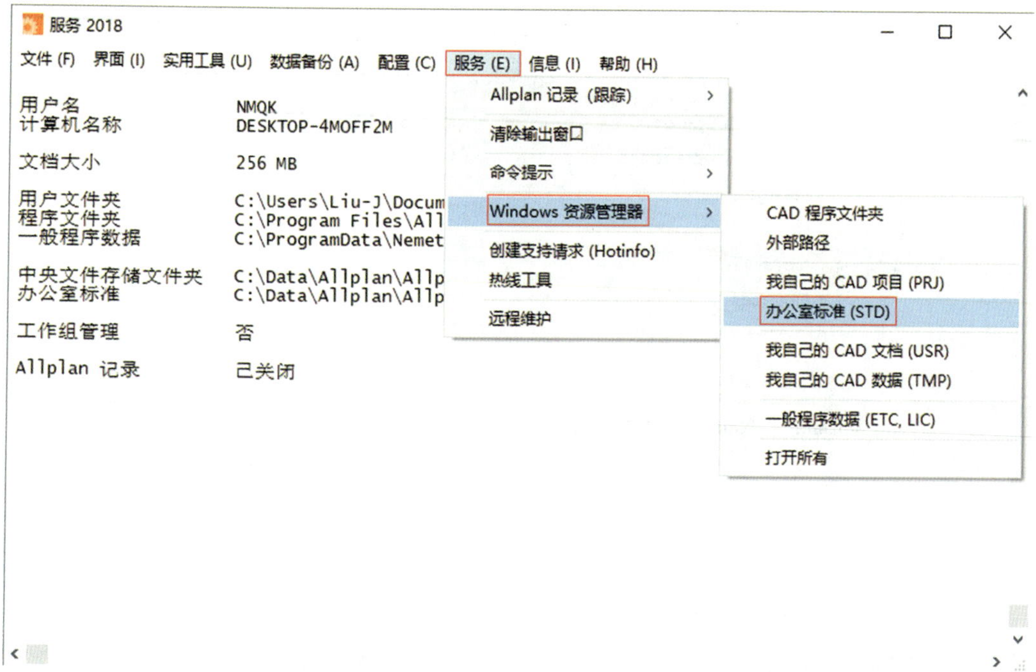

图 6.27　STD 文件夹路径

同样的，STD 文件夹中也包含 PythonPartsScripts 文件夹和 Library 文件夹，这两个文件夹中包含的内容与 ETC 中相同（对应三个最基本的文件：.py 文件，.pyp 文件，.png 文件），因此不再重复介绍。

6.3　任务实施

参考官网 API 中提供的内容以及前面几节中讲解的知识，在【默认】文件夹中创建一个名为【TEST_Py】的文件夹并将本书提供的示例放置到该文件夹中。

6.3.1　添加 Python 构件文件到指定文件夹

(1) 在【默认】文件夹中创建【TEST_Py】文件夹

要在【默认】文件夹中创建内容就需要在 ETC 文件夹中操作。首先打开 ECT\Library 文件夹，然后创建【TEST_Py】文件夹，如图 6.28、图 6.29 所示。

现在打开 Planbar 就可以看到在【默认】文件夹中出现了一个名为【TEST_Py】的文件夹，如图 6.30 所示。

(2) 将.pyp 文件及.png 文件放入 Library\TEST_Py 文件夹

将【Column.pyp】文件和【Column.png】文件放入【TEST_Py】文件夹中，如图 6.31 所示。

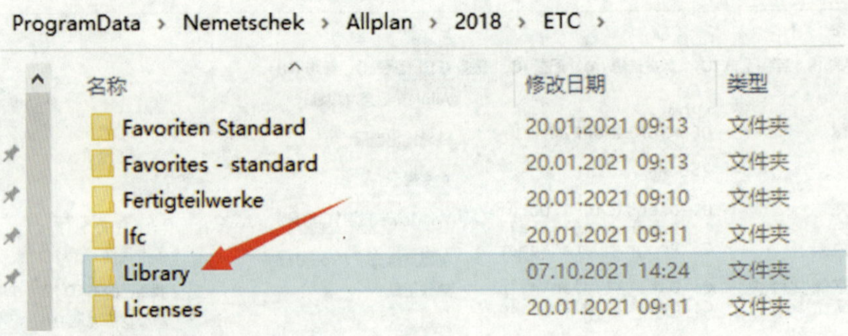

图 6.28　ECT\Library 文件夹

图 6.29　创建【TEST_Py】文件夹

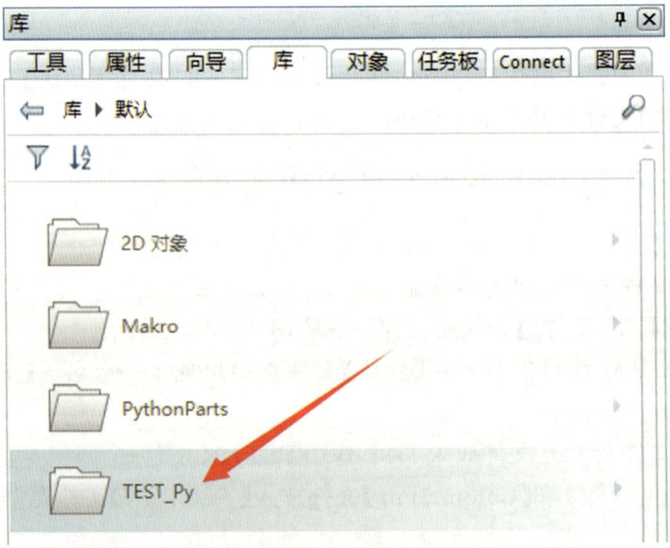

图 6.30　Planbar【默认】文件夹中的【TEST_Py】文件夹

图 6.31　【TEST_Py】文件夹中的【Column.pyp】和【Column.png】文件

打开 Planbar 可以看到出现了 Python 构件 Column，如图 6.32 所示，但是却无法使用，因为还缺少一个文件。

图 6.32　Planbar 中显示的 Python 构件 Column

(3) 将.py 文件放入 ETC\PythonPartsScripts 文件夹

将【Column.py】文件放入 PythonPartsScripts\TEST_Py 文件夹，如图 6.33 所示。

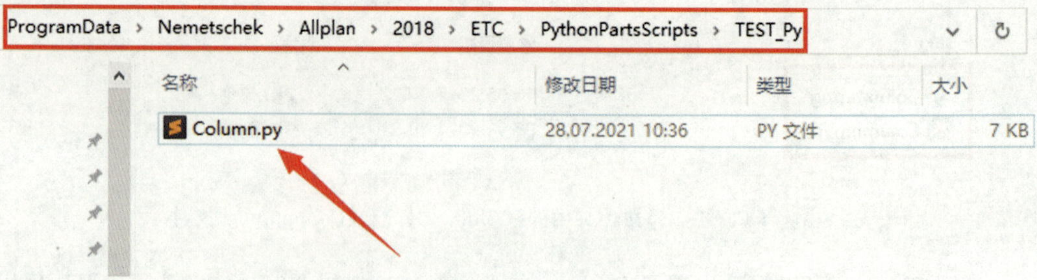

图 6.33 【TEST_Py】文件夹中的【Column.py】文件

打开 Planbar 查看显示效果，如图 6.34、图 6.35 所示可以看到在预览中出现了模型，并且可以正常使用。

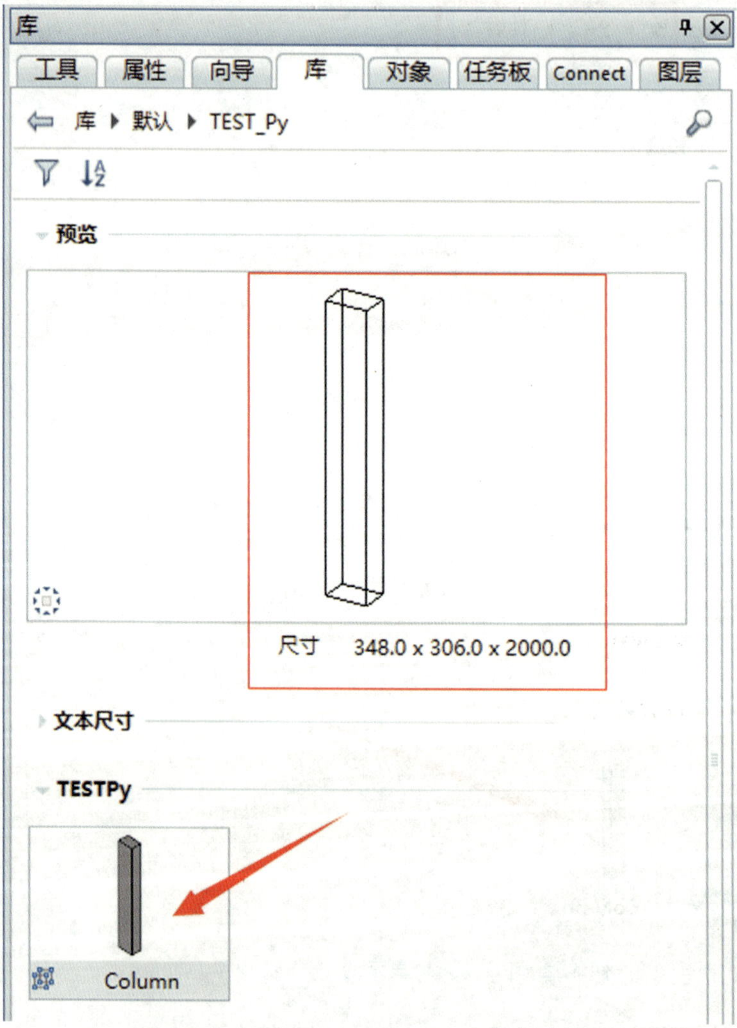

图 6.34 Planbar 中显示的能正常使用的模型

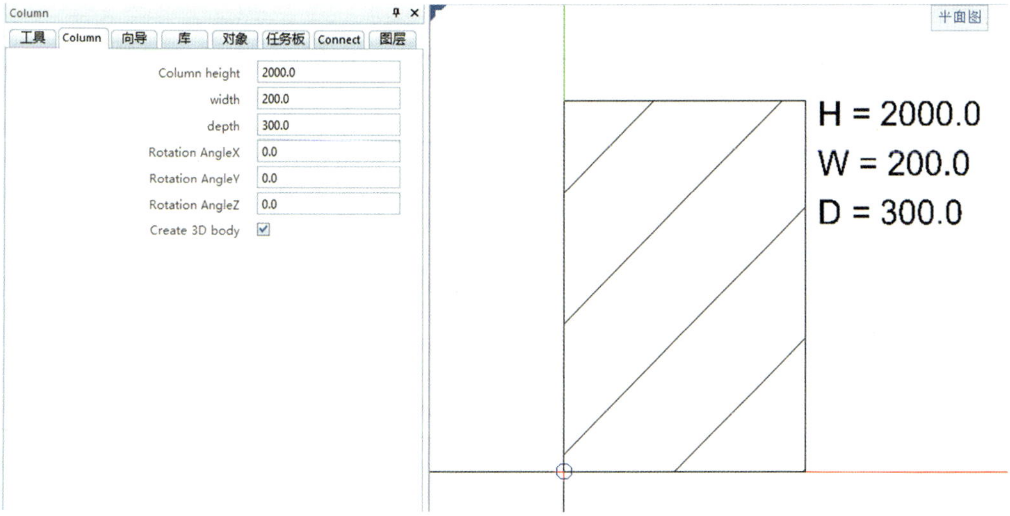

图 6.35　Planbar 中显示的能正常使用的模型参数

6.3.2　修改 Python 构件内容

上一节介绍了如何将 Python 构件的相关文件放置到对应的路径中，下面看一下如果对相关文件内容进行修改会有什么变化。

为了方便操作，先将 Column.py、Column.pyp、Column.png 文件进行复制，并改名为 Column1.py、Column1.pyp、Column1.png，如图 6.36、图 6.37 所示。后面的操作都在文件 Column1 上进行。

图 6.36　复制并改名的 Column1.py 文件

图 6.37　复制并改名的 Column1.pyp、Column1.png 文件

(1) 修改面板初始参数

如图 6.38 所示，示例中柱的初始高度为 2000 mm，下面修改初始高度为 2500 mm，然后再打开 Planbar 查看显示效果。

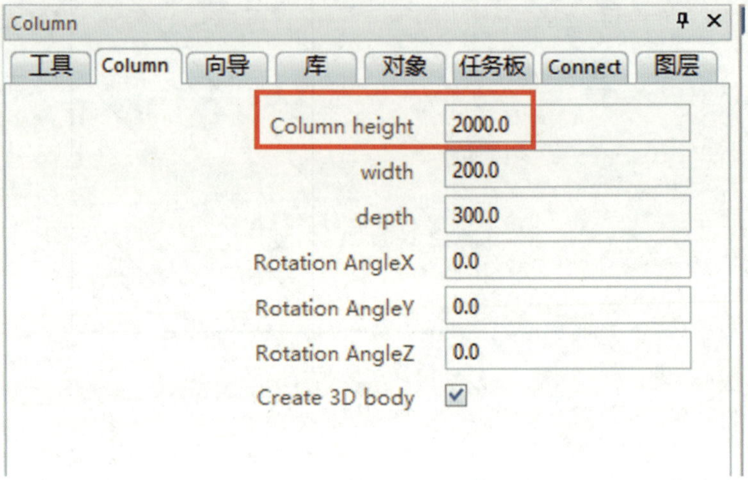

图 6.38 柱的初始高度

打开 ETC\Library 文件夹中的 Column1.pyp 文件，然后将 2000 改为 2500 后保存文件，如图 6.39、图 6.40 所示。

文件(F) 编辑(E) 选择(S) 查找(I) 视图(V) 跳转(G) 工具(T) 项目(P) 首选项(N

Column1.pyp

```
<?xml version="1.0" encoding="utf-8"?>
<Element>
    <Script>
        <Name>TEST_Py\Column.py</Name>
        <Title>Column</Title>
        <Version>1.0</Version>
    </Script>
    <Page>
        <Name>Page1</Name>
        <Text>Page1</Text>
        <Parameter>
            <Name>Height</Name>
            <Text>Column height</Text>
            <Value>2000.</Value>
            <ValueType>Length</ValueType>
            <MinValue>10</MinValue>
        </Parameter>
        <Parameter>
            <Name>Width</Name>
            <Text>        width</Text>
            <Value>200.</Value>
```

图 6.39 修改前 ETC\Library 文件夹中的 Column1.pyp 文件

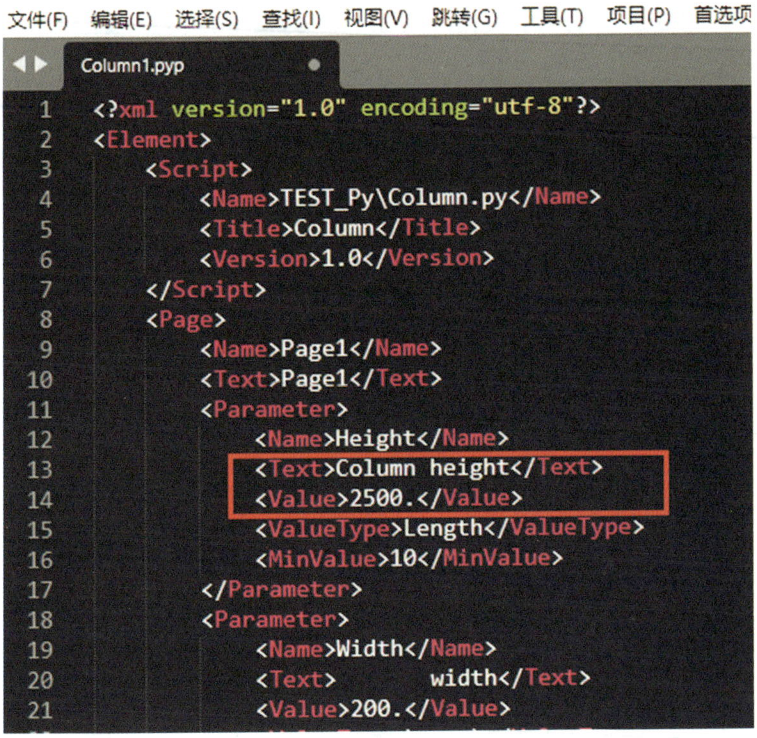
文件(F) 编辑(E) 选择(S) 查找(I) 视图(V) 跳转(G) 工具(T) 项目(P) 首选项
Column1.pyp
<?xml version="1.0" encoding="utf-8"?>
<Element>
<Script>
<Name>TEST_Py\Column.py</Name>
<Title>Column</Title>
<Version>1.0</Version>
</Script>
<Page>
<Name>Page1</Name>
<Text>Page1</Text>
<Name>Height</Name>
<Text>Column height</Text>
<Value>2500.</Value>
<ValueType>Length</ValueType>
<MinValue>10</MinValue>
<Name>Width</Name>
<Text> width</Text>
<Value>200.</Value>

图 6.40 修改后 ETC\Library 文件夹中的 Column1.pyp 文件

重新打开 Planbar\库\默认文件夹(重新打开更新数据),然后再次调用 Column1,放置到右侧操作区域,可以看到现在柱高的初始数据已改变(如果保存了修改文件数据还是没有变化请重启 Planbar 软件),如图 6.41 至图 6.43 所示。

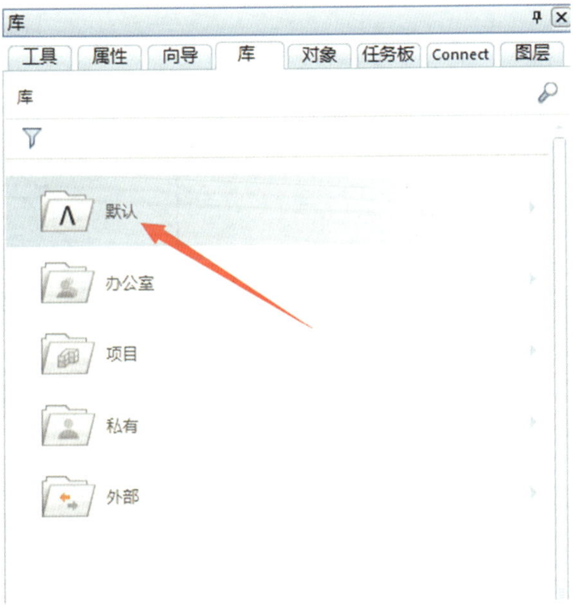
库
工具
属性
向导
库
对象
任务板
Connect
图层
库
默认
办公室
项目
私有
外部

图 6.41 Planbar\库\默认文件夹

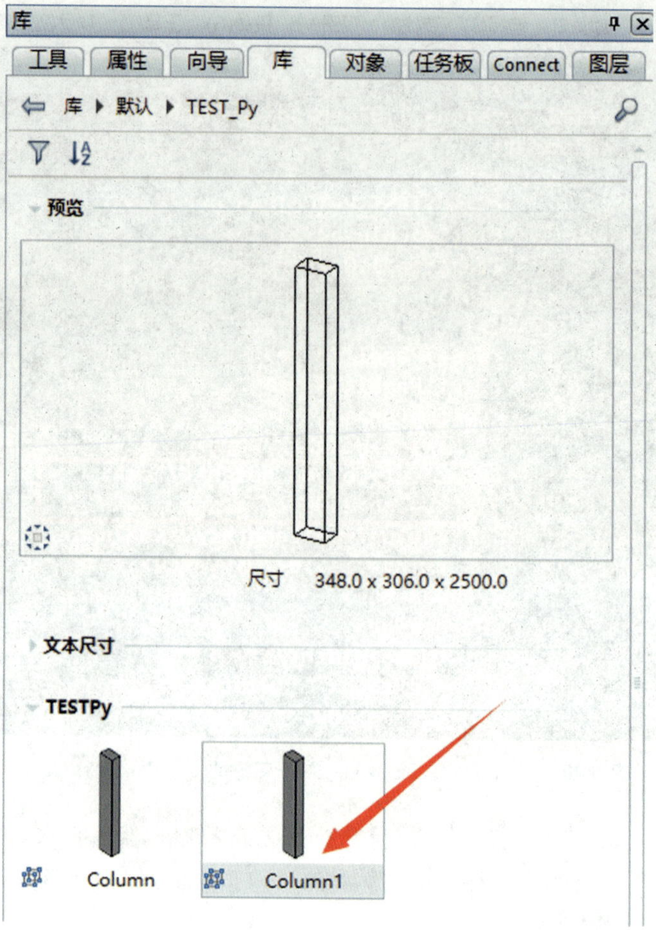

图 6.42 修改后的模型

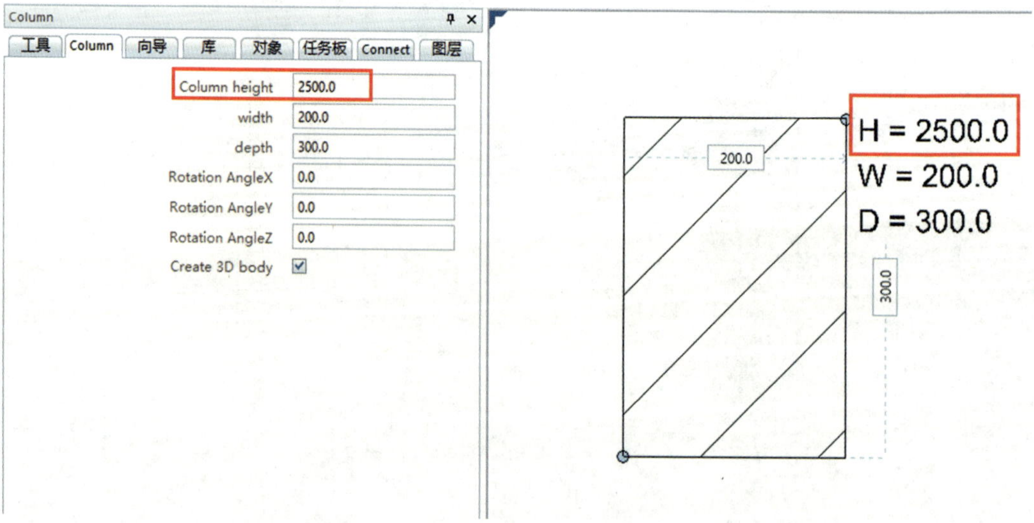

图 6.43 修改后的模型参数

(2) 修改面板默认文字

示例中面板文字都是采用英文，为了方便以后的使用可以将英文修改为中文。同样打开 Column1.pyp 文件，然后将【Column height】修改为【柱高】(这里演示的方法并不是唯一的方法)，如图 6.44、图 6.45 所示。

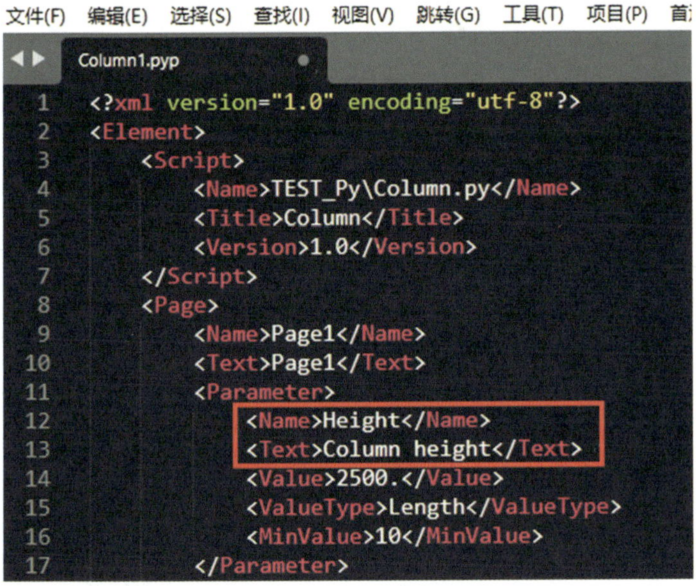

```
<?xml version="1.0" encoding="utf-8"?>
<Element>
    <Script>
        <Name>TEST_Py\Column.py</Name>
        <Title>Column</Title>
        <Version>1.0</Version>
    </Script>
    <Page>
        <Name>Page1</Name>
        <Text>Page1</Text>
        <Parameter>
            <Name>Height</Name>
            <Text>Column height</Text>
            <Value>2500.</Value>
            <ValueType>Length</ValueType>
            <MinValue>10</MinValue>
        </Parameter>
```

图 6.44 修改前的英文

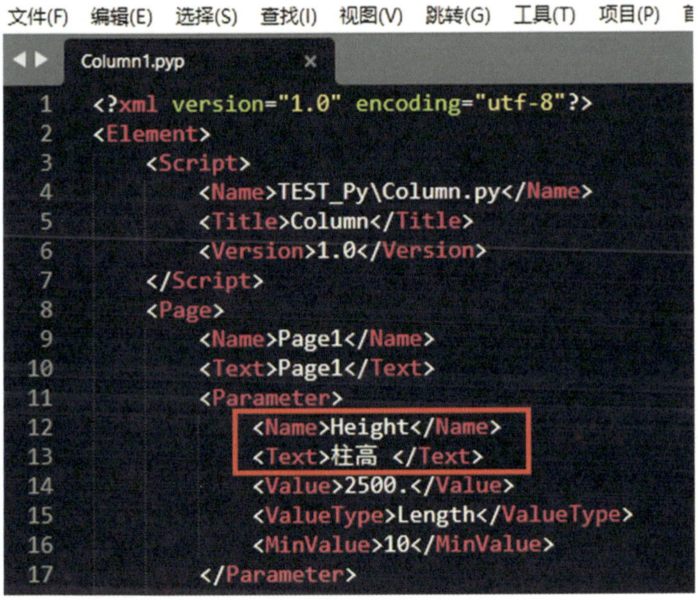

```
<?xml version="1.0" encoding="utf-8"?>
<Element>
    <Script>
        <Name>TEST_Py\Column.py</Name>
        <Title>Column</Title>
        <Version>1.0</Version>
    </Script>
    <Page>
        <Name>Page1</Name>
        <Text>Page1</Text>
        <Parameter>
            <Name>Height</Name>
            <Text>柱高 </Text>
            <Value>2500.</Value>
            <ValueType>Length</ValueType>
            <MinValue>10</MinValue>
        </Parameter>
```

图 6.45 修改后的中文

重新打开 Planbar\库\默认文件夹，然后再次调用 Column1 查看变化，可以看到面板中的文字已经改变了，如图 6.46 所示。

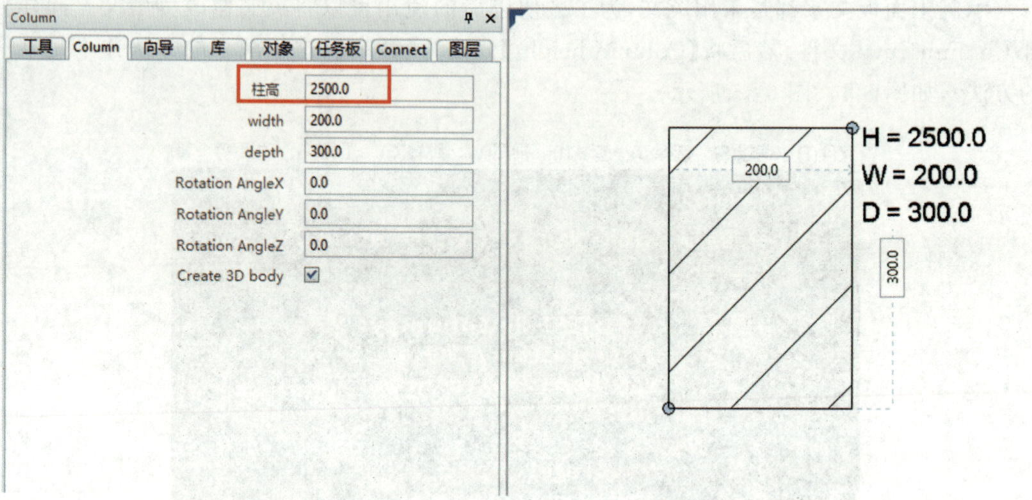

图 6.46　修改后参数面板中的文字

以上都是基于示例的 .pyp 文件进行修改，当然也可以对 .py 文件内容进行修改。但是这些操作都需要充分地了解 Planbar 官方提供的 API（pythonparts.allplan.com）文件内容以及 Python 语言的相关知识。

例如将 Column 文件进行简单的修改就可以创建一个简单的梁构件，如图 6.47 所示。

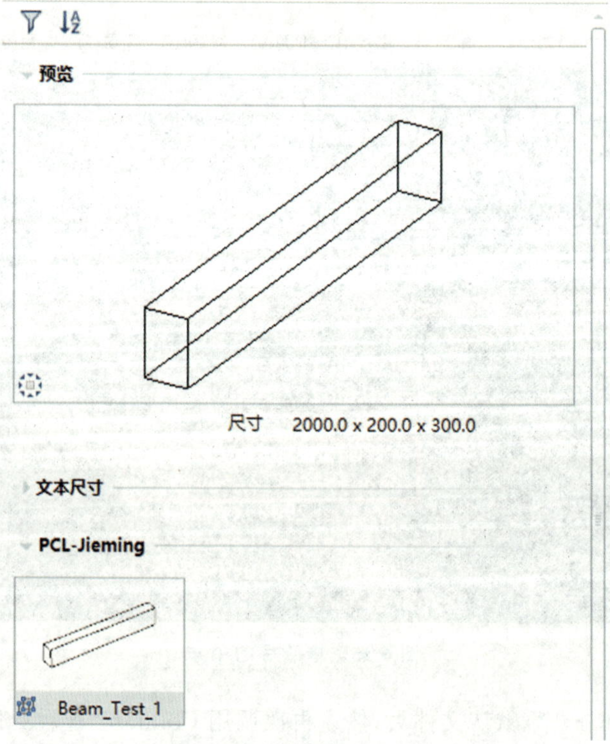

图 6.47　创建的梁构件

图 6.48、图 6.49 所示为.py 文件和.pyp 文件的代码示例，可以参照示例进行修改以便对.py 文件内容进行进一步理解。

```python
# @File : Beam_Test.py
# @Software : PyCharm

import NemAll_Python_Geometry as AllplanGeo
import NemAll_Python_BaseElements as AllplanBaseElements
import NemAll_Python_BasisElements as AllplanBasisElements
from HandleDirection import HandleDirection
from HandleProperties import HandleProperties
from GeometryExamples.GeometryElements import GeometryElements
from PythonPart import View2D, View3D, PythonPart

def check_allplan_version(build_ele, version):
    del build_ele
    del version
    return True

def create_element(build_ele, doc):
    element = MacroBeamExample(doc)
    return element.create(build_ele)

def move_handle(build_ele, handle_prop, input_pnt, doc):
    build_ele.change_property(handle_prop, input_pnt)
    return create_element(build_ele, doc)

class MacroBeamExample():
    def __init__(self, doc):
        self.model_ele_list = []
        self.handle_list = []
        self.document = doc
        self._length = 0.
        self._width = 0.
        self._height = 0.
        self._create_3d_body = True
        self._hash_value = ""
        self._python_file = ""

    def create(self, build_ele):
        self._length = build_ele.Length.value
        self._width = build_ele.Width.value
        self._height = build_ele.Height.value
        self._create_3d_body = build_ele.Create3DBody.value
        self._hash_value = build_ele.get_hash()
        self._python_file = build_ele.pyp_file_name

        self.create_column(build_ele)
        self.create_handles()

        AllplanBaseElements.ElementTransform(AllplanGeo.Vector3D(),
                                             build_ele.RotationAngleX.value,
                                             build_ele.RotationAngleY.value,
                                             build_ele.RotationAngleZ.value,
                                             self.model_ele_list)

        return (self.model_ele_list, self.handle_list)

    def create_column(self, build_ele):
        com_prop = AllplanBaseElements.CommonProperties()
        com_prop.GetGlobalProperties()

        poly_geo = GeometryElements(self.document).create_rectangle2d(AllplanGeo.Point2D(0, 0),
                                                                      self._length, self._width)
        polygon = AllplanBasisElements.ModelElement2D(com_prop, poly_geo)

        hatch_props = AllplanBasisElements.HatchingProperties()
        hatch_props.HatchID = 302
        hatch = AllplanBasisElements.HatchingElement(com_prop, hatch_props, poly_geo)

        color = AllplanBasisElements.ARGB(255, 185, 0, 0)
        filling_props = AllplanBasisElements.FillingProperties()
        filling_props.FirstColor = color
        filling = AllplanBasisElements.FillingElement(com_prop, filling_props, poly_geo)

        cuboid_geo = AllplanGeo.BRep3D.CreateCuboid(AllplanGeo.AxisPlacement3D(),
                                                    self._length, self._width, self._height)
        cuboid = AllplanBasisElements.ModelElement3D(com_prop, cuboid_geo)

        borderview = View2D([polygon])
        views = [View2D([filling], 0, 49), View2D([hatch], 49, 9999), borderview]
        if self._create_3d_body:
            views.append(View3D([cuboid]))

        pythonpart = PythonPart("MacroBeamExample", build_ele.get_params_list(),
                                self._hash_value, self._python_file, views)
        self.model_ele_list = pythonpart.create()

    def create_handles(self):
        origin = AllplanGeo.Point3D(0, 0, 0)
        corner = AllplanGeo.Point3D(self._length, self._width, 0.0)
        uppercorner = AllplanGeo.Point3D(0, 0, self._height)

        handle1 = HandleProperties("UpperRightCorner",
                                   corner,
                                   origin,
                                   [("Length", HandleDirection.x_dir),
                                    ("Width", HandleDirection.y_dir)],
                                   HandleDirection.xy_dir,
                                   True)
        self.handle_list.append(handle1)

        handle2 = HandleProperties("Height",
                                   uppercorner,
                                   origin,
                                   [("Height", HandleDirection.z_dir)],
                                   HandleDirection.z_dir,
                                   True)
        self.handle_list.append(handle2)
```

图 6.48　.py 文件代码示例

文件(F) 编辑(E) 选择(S) 查找(I) 视图(V) 跳转(G) 工具(T) 项目(P) 首选项(N) 帮助(H)

Beam_Test_1.py　Beam_Test_1.pyp

```
            <Version>1.0</Version>
        </Script>
        <Page>
            <Name>Page1</Name>
            <Text>Page1</Text>
            <Parameter>
                <Name>Length</Name>
                <Text>Beam length</Text>
                <Value>2000.</Value>
                <ValueType>Length</ValueType>
                <MinValue>10</MinValue>
            </Parameter>
            <Parameter>
                <Name>Width</Name>
                <Text>Width</Text>
                <Value>200.</Value>
                <ValueType>Length</ValueType>
                <MinValue>10</MinValue>
            </Parameter>
            <Parameter>
                <Name>Height</Name>
                <Text>Height</Text>
                <Value>300.</Value>
                <ValueType>Length</ValueType>
                <MinValue>10</MinValue>
            </Parameter>
            <Parameter>
                <Name>RotationAngleX</Name>
                <Text>Rotation AngleX</Text>
                <Value>0</Value>
                <ValueType>Length</ValueType>
            </Parameter>
            <Parameter>
                <Name>RotationAngleY</Name>
                <Text>Rotation AngleY</Text>
                <Value>0</Value>
                <ValueType>Length</ValueType>
            </Parameter>
            <Parameter>
                <Name>RotationAngleZ</Name>
                <Text>Rotation AngleZ</Text>
                <Value>0</Value>
                <ValueType>Length</ValueType>
            </Parameter>
            <Parameter>
                <Name>Create3DBody</Name>
                <Text>Create 3D Body</Text>
                <Value>True</Value>
                <ValueType>Checkbox</ValueType>
            </Parameter>
        </Page>
</Element>
```

图 6.49　.pyp 文件代码示例

参考文献

[1] 中华人民共和国住房和城乡建设部.装配式混凝土建筑技术标准:GB/T 51231—2016[S].北京:中国建筑工业出版社,2017.

[2] 中华人民共和国住房和城乡建设部. 装配式混凝土结构技术规程:JGJ 1—2014[S].北京:中国建筑工业出版社,2014.

[3] 中华人民共和国住房和城乡建设部. 钢筋套筒灌浆连接应用技术规程:JGJ 355—2015[S].北京:中国建筑工业出版社,2015.

[4] 中国建筑标准设计研究院.装配式混凝土结构表示方法及示例(剪力墙结构):15G107—1[S].北京:中国计划出版社,2015.

[5] 中国建筑标准设计研究院.预制混凝土剪力墙外墙板:15G365—1[S].北京:中国计划出版社,2015.

[6] 中国建筑标准设计研究院.预制混凝土剪力墙内墙板:15G365—2[S].北京:中国计划出版社,2015.

[7] 中国建筑标准设计研究院.桁架钢筋混凝土叠合板(60 mm 厚底板):15G366—1[S].北京:中国计划出版社,2015.

[8] 中国建筑标准设计研究院.预制钢筋混凝土板式楼梯:15G367—1[S].北京:中国计划出版社,2015.

[9] 中国建筑标准设计研究院.预制钢筋混凝土阳台板、空调板及女儿墙:15G368—1[S].北京:中国计划出版社,2015.

[10] 中国建筑标准设计研究院.装配式混凝土结构连接节点构造(楼盖结构和楼梯):15G310—1[S].北京:中国计划出版社,2015.

[11] 中国建筑标准设计研究院.装配式混凝土结构连接节点构造(剪力墙):15G310—2[S].北京:中国计划出版社,2015.

[12] 中国建筑标准设计研究院.混凝土结构施工图平面整体表示方法制图规则和构造详图(现浇混凝土框架、剪力墙、梁、板):22G101 1[S].北京:中国计划出版社,2022.

[13] 肖明和,杨勇.装配式混凝土结构识图与深化设计[M].北京:北京理工大学出版社,2019.

[14] 王光炎,吴琳.装配式建筑混凝土构件深化设计[M].北京:中国建筑工业出版社,2020.

[15] 陈鹏,叶财华,姜荣斌.装配式混凝土建筑识图与构造[M].北京:机械工业出版社,2020.

[16] 王刚,司振民.装配式混凝土结构识图[M].北京:中国建筑工业出版社,2019.